Easy Java

（第7版）

[日]高桥麻奈　著
徐慧芳 汤怡雪　译

中国水利水电出版社
www.waterpub.com.cn
·北京·

内容提要

《Easy Java（第7版）》一书系统介绍了Java语言从基本语法到类，再到面向对象程序设计的所有重要知识点，既涵盖Java入门的相关知识，也包括实际开发中的一些Java核心技术及编程思想。全书共16章，用通俗易懂的语言，结合大量的插图和中小示例，详细介绍了Java编程基础、变量、表达式和运算符、条件语句、循环语句、数组、类、继承、接口、异常、输入/输出、线程、图形应用程序GUI等Java程序设计必须掌握的知识点，读者可边学习边动手实践，即使没有任何编程经验的编程新手也可以通过本书高效地学习Java编程相关知识。

《Easy Java（第7版）》内容丰富、知识点安排由浅入深、循序渐进，带领大家零基础学Java，特别适合初学者全面学习Java编程相关知识，也适合Java从入门到精通层次的读者通过本书提升编程水平，同时本书也适合作为高校计算机相关专业程序设计的教材。

图书在版编目（CIP）数据

Easy Java : 第7版 / (日) 高桥麻奈著 ; 徐慧芳, 汤怡雪译. — 北京 : 中国水利水电出版社, 2022.1

ISBN 978-7-5170-9888-1

Ⅰ. ①E… Ⅱ. ①高… ②徐… ③汤… Ⅲ. ① JAVA 语言—程序设计 Ⅳ. ① TP312.8

中国版本图书馆 CIP 数据核字 (2021) 第 172075 号

北京市版权局著作权合同登记号　图字 01-2021-4275

书　　名	Easy Java（第7版） Easy Java (DI 7 BAN)
作　　者	[日] 高桥麻奈　著
译　　者	徐慧芳　汤怡雪　译
出版发行	中国水利水电出版社 （北京市海淀区玉渊潭南路1号D座 100038） 网址：www.waterpub.com.cn E-mail：zhiboshangshu@163.com 电话：（010）62572966-2205/2266/2201（营销中心）
经　　售	北京科水图书销售中心（零售） 电话：（010）88383994、63202643、68545874 全国各地新华书店和相关出版物销售网点
排　　版	北京智博尚书文化传媒有限公司
印　　刷	北京富博印刷有限公司
规　　格	148mm×210mm　32开本　15.25印张　598千字
版　　次	2022年1月第1版　2022年1月第1次印刷
印　　数	0001—5000册
定　　价	99.90元

前　言

Java是目前广泛使用的编程语言。很多人想尝试学习Java编程，但又认为Java很难。本书就是专门为这些人编写的Java语言入门书，因为是从编程的基础知识切入，即使没有学过编程、完全不需要其他语言的相关知识，也能够毫不费力地学习。此外，本书中使用了大量的插图，尽可能用图解的方式让概念简单易懂，让读者能够轻松理解学会。

为了加深对知识点的理解，并提高读者的动手能力，**本书设计了大量的中小示例**。读者可一边学习知识点，一边上机实践，快速掌握知识点的应用方法。

“提高编程水平的捷径就是实际输入程序，并试着执行。”请读者记住这句话，一定要将本书中的示例代码全部实际输入一遍，一个一个地执行，一步一步地调试。调试程序与解决问题的过程，其实也是大脑不断思考的过程，这样整本书学下来，相信读者的编程水平一定会有大幅度的提升。

希望本书能为大家带来帮助。

说明：因操作系统不同，书中的“￥”在实际程序中可能显示为“\”（反斜杠）。

本书资源下载

本书中所介绍的示例程序，可通过下面的方式下载：

（1）扫描右侧的二维码，或在微信公众号中直接搜索“人人都是程序猿”，关注后输入j9888并发送到公众号后台，即可获取资源下载链接。

（2）将链接复制到计算机浏览器的地址栏中，按Enter键即可下载资源。注意，在手机中不能下载，只能通过计算机浏览器下载。

（3）如果对本书有什么意见或建议，请直接将信息反馈到2096558364@QQ.com邮箱，我们将根据你的意见或建议及时做出调整。

Windows PowerShell 的用法

因为本书讲解的程序都在 Windows PowerShell（或命令提示符 Command Prompt）上进行操作，须掌握 Windows PowerShell 基本的使用方法。

1. 启动 Windows PowerShell

启动 Windows PowerShell（或命令提示符 Command Prompt），请按下述方法启动。

■ Windows 7

单击【开始】→【所有程序】→【附件】→【命令提示符 Command Prompt / 运行】。

■ Windows 8.1/10

右击桌面左下角【开始】菜单，选择【Windows PowerShell】或【命令提示符 Command Prompt / 运行】。

2. 当前目录

启动 Windows PowerShell 后，出现当前目录。

在 Windows PowerShell 界面，把 Windows 的文件夹称为目录，把此刻操作的对象称为当前目录。例如【C:\Users】表示在 C 盘上的 Users 目录，如下图所示。

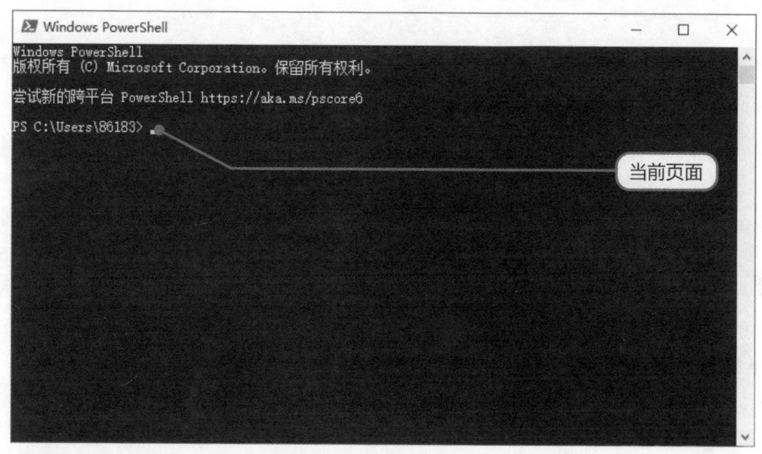

3. 移动目录

在用 Java 语言编写程序的过程中，有时必须移动目录来操作。在【cd】命令后，输入想要移动的目录。

目录以“\”分开，例如【C 盘 YJSample 目录下的 01 目录】，就是【c:\YJSample\01】。

按照下面的方法输入命令后按【enter】键，就能移动指定目录了。在 cd 命令后按空白键，在空白后面输入指定的目录名。

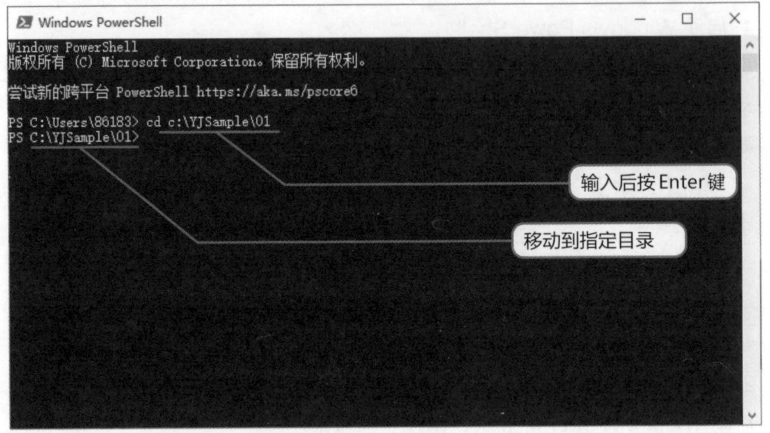

Java 语言开发环境

如本书第 1 章所述，用 Java 语言编写程序是按照【1 编写源文件】→【2 进行编译】→【3 运行程序】的顺序进行。因此，这里以开发 Java 语言程序的工具为例，通过 Open JDK 的使用方法，来对运行程序之前的步骤进行说明。1~3 的详细内容，请参照本书第 1 章。

Open JDK 的使用方法

Open JDK 是开源（open source）的 Java 语言开发环境。通常称为 JDK，是 Java 基本的开发环境。本书使用 Open JDK 编写 Java 程序。

■ 使用前的设置

1. 下载 Open JDK

（1）打开 Open JDK 的网页：http://jdk.java.net/，单击打开合适的版本页面。

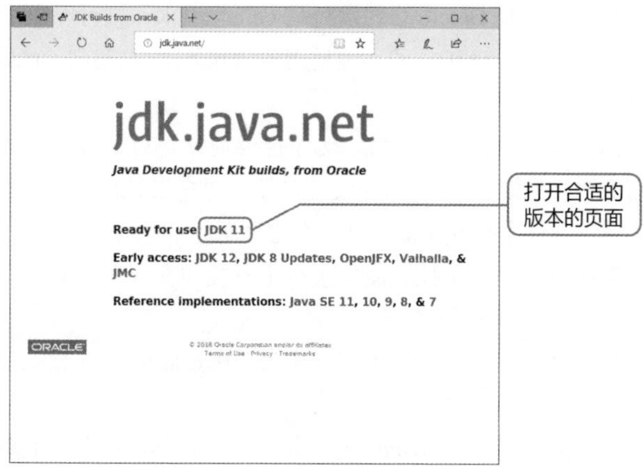

（2）下载使用环境的相关文件，如下图所示。

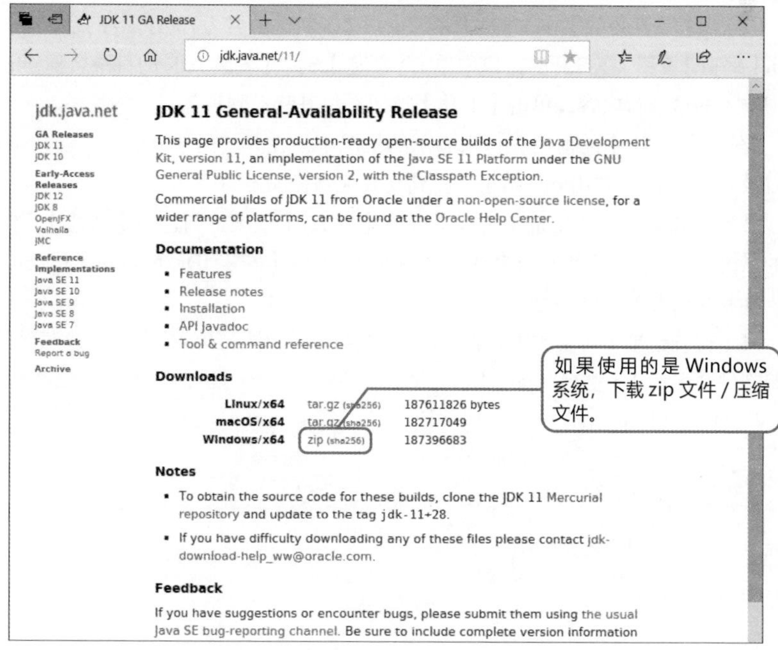

2. 安装 Open JDK

打开下载的 zip 文件 / 压缩文件，把文件夹安装到合适的位置，请牢记安装目录的路径。

本书假定将它作为“jdk- 版本名称”安装在 C 驱动器上的“程序文件（program files）”目录下的 Java 目录下，即在本书中，将它安装在 C:\Program Files\Java\jdk-11 上。

此外，如果使用的是 Oracle 公司发行的 Oracle JDK，则可以通过可执行安装程序安装 JDK。有关 Oracle JDK 的详细使用条款和条件，请访问 Oracle 网站查看。

3. 设置路径

安装完成后，开始设置运行环境。为了能够简便地启动编写程序的软件（编译器、解释器等，详见第 1 章），需要设置路径。请按照下面的顺序来进行设置。

（1）从【系统属性】打开环境变量的设置页面。

Windows 7 :【开始】→【控制面板】→【系统和安全】→【系统】→【高级系统设置】。

Windows 8.1 : 右击桌面左下角的【开始】，在页面中选择【系统】→【高级系统设置】。

Windows 10 :【开始】→【Windows 系统】→【控制面板】→【系统】→【高级系统设置】。

打开【系统属性】窗口之后，单击【高级】窗口的【环境变量】。

（2）在【环境变量】窗口中的【系统变量】区域选中名为【PATH】的系统变量，单击【编辑】按钮。在打开的窗口中单击【新建】，输入【安装 JDK 的目录名称 \bin】。选中输入的这一行内容，单击【上移】按钮，将其移动到顶部。

此外，【PATH】的值用一行来表示的情况下，在开始的地方输入【安装 JDK 的目录名称 \bin】，并用分号结束，将其与其他路径隔开。

另外，如果【系统变量】窗口下没有【PATH】选项，则选择【新建】，添加新的系统变量。【变量名】为【PATH】，【变量值】输入【安装 JDK 的目录名称 \bin】。

■ 程序运行的步骤

（1）打开记事本等文本编辑器，输入并保存本书中介绍的代码，创建源文件。将源文件命名为【<类名>.java】。

（…①源文件的创建）

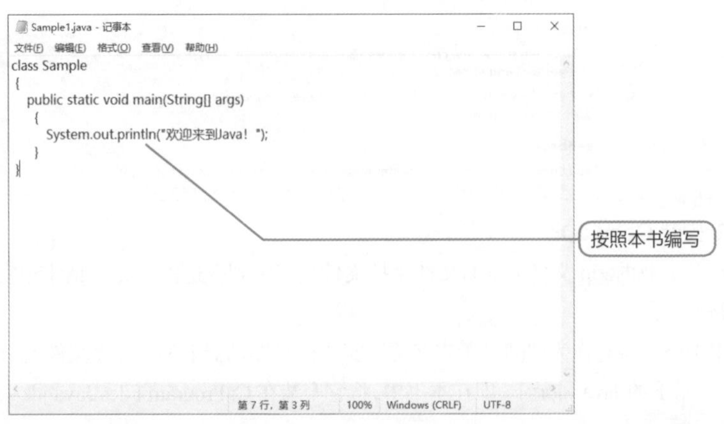

（2）启动 Windows PowerShell，将当前目录移动到保存源文件的目录。操作步骤请参考前述说明。

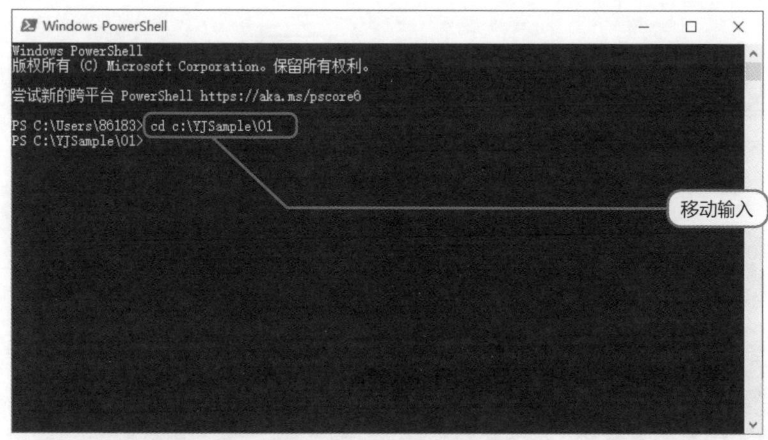

（3）打开编译器开始编译程序。输入【javac <源文件名称>】后按 Enter 键。例如，原文件名称是【Sample1.java】，输入【javac Sample1.java】，则在同一目录下生成类文件【Sample1.class】。

如果在 Windows PowerShell 中没有显示任何内容，并且目录名称再次出现，则表示编译完成。

（…②实施编译）

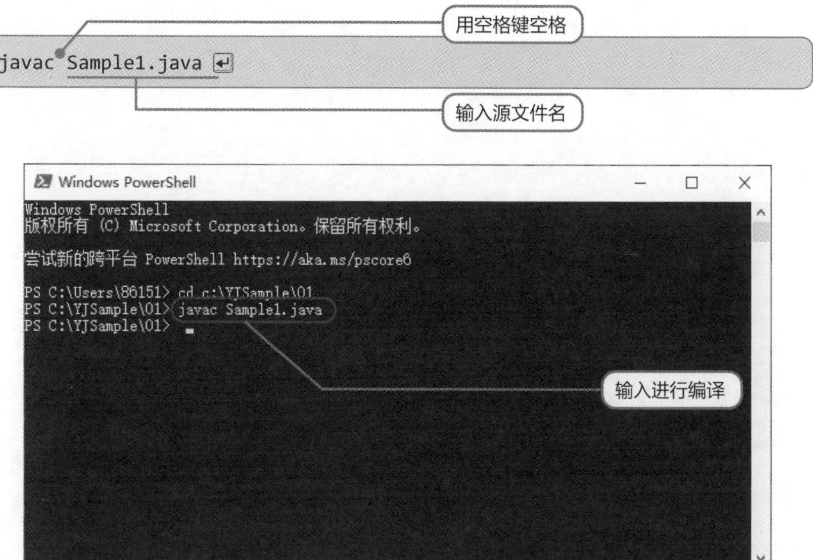

（4）启动解释器并运行程序。输入 java < 类名 >，然后按 Enter 键。例如类文件名为 Sample1.class，输入下图所示内容。

（…③运行程序）

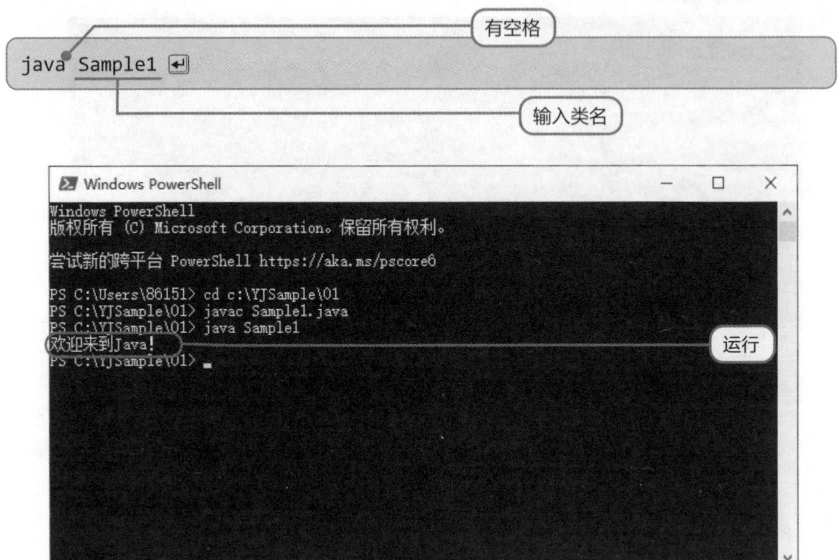

目 录

第8章 类的基础知识......193

第1章

第一步

本章将学习使用 Java 语言编写程序的步骤。刚开始学习 Java 时，可能会因为不熟悉程序语言而苦恼。但是，如果能够理解本章介绍的关键词，那么对 Java 语言的理解也会变得容易。好好掌握吧。

Check Point

- 程序
- Java 语言
- JDK
- 源文件
- 编译
- 类文件
- 程序的运行

1.1 Java 的程序

程序的构成

我们每天都使用各种“程序”，包括安装在计算机上的文字处理器和电子表格软件。使用文字处理器这样的“程序”，也可以认为是对计算机下达处理**文字、整理格式、打印**等特定的“工作”指令。

计算机是能够准确、快速地处理各种“工作”的机器。“程序”用于对计算机下达指令。

下面将使用 Java 语言来编写一个程序，对计算机下达执行处理某项工作的指令，如图 1–1 所示。

图 1–1 程序

创建程序是为了对计算机发出指令。

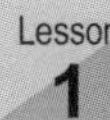

Java 语言

为了让计算机处理某些“工作”，计算机必须能够理解该工作的“内容”。为此，就需要使用被称为**机器码**（machine code）的语言编译程序。但令人困扰的是，这种机器语言是由 0 和 1 这两个数字组成的。计算机可以理解这些数字的组合（即机器语），但是对于人类而言就是难以理解的内容了。

因此，至今为止已经有好几种比机器语言更接近人类语言的编程语言被设计出来。本书中学习的 Java 就是这些编程语言之一。

Java 语言将使用编译器（compiler）和解释器（interpreter）来将指令翻译成机器语言。使用 Java 语言来进行编程能使计算机处理指令，如图 1-2 所示。

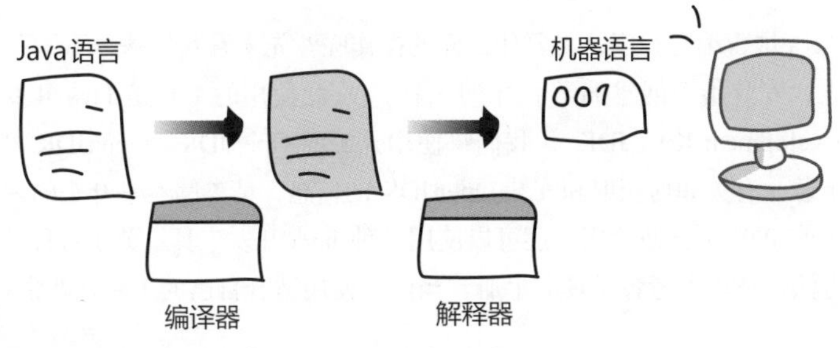

图 1-2　程序的创建与运行

Java 语言的程序，使用编译器和解释器来创建并运行。

1.2 输入代码

安装 JDK

用 Java 语言编写程序，需要什么样的操作呢？先来看看最基本的编程方法。

首先，安装用于创建 Java 程序的工具。广泛使用的工具是 Java 开发工具包（Java Development Kit，JDK），我们将使用开源的 OpenJDK。OpenJDK 可从互联网免费下载。有关如何获取和安装 OpenJDK 的信息，请参阅本书开头的说明。

为了使 JDK 更方便使用，还可以使用各种 Java 开发工具。关于各种开发工具的使用方法，可以参考各工具的手册。当然，使用适合自己的工具是非常重要的。

了解代码的构成

准备好 JDK 等工具后，就可以编写程序了。接下来必须做的是，**按照 Java 语言的语法在文本编辑器中输入程序**。Java 程序可以使用 Windows 的“记事本”和 UNIX 的 vim 等文本编辑器创建。在文本编辑器中输入 Java 程序的画面如图 1-3 所示。本书就是这样在文本编辑器中输入程序的。

这种文本格式的程序称为**源代码**（source code）。本书将此程序简单地称为**代码**。

不要使用文字处理器

与文本编辑器类似的功能是“文字处理器”，可以设置字符的大小和粗细。但是，保存字符大小等格式信息的文字处理器不适合保存 Java 代码。创建程序时不要使用文字处理器。

Sample1.java - 记事本

文件(F)　编辑(E)　格式(O)　查看(V)　帮助(H)

```
class Sample
{
   public static void main(String[] args)
     {
       System.out.println("欢迎来到Java！ ");
     }
}
```

第 7 行，第 3 列　100%　Windows (CRLF)　UTF-8

图 1-3　使用 Java 编写代码

创建 Java 程序，从在文本编辑器中输入代码开始。

将代码输入文本编辑器

现在，让我们试着在文本编辑器中输入 Java 代码。请注意以下几点：

- 英文、数字和记号不能用全角，要用半角输入。
- 英文字母的大、小写字母要区别开。在输入时，大、小写字母不要弄错。例如，[main] 不能输成 [MAIN]。
- 空格在英文模式下按空格键或 tab 键。
- 行尾和空白行，按 Enter 键换行。Enter 键又叫执行键或回车键。
- 输入时请注意区分分号（ ; ）和冒号（ : ）。
- 请注意区分 { }、[ ] 和 ( )。
- 请注意区分数字 0 和字母 o，以及数字 1 和小写的 L。

Sample1.java　最初的代码

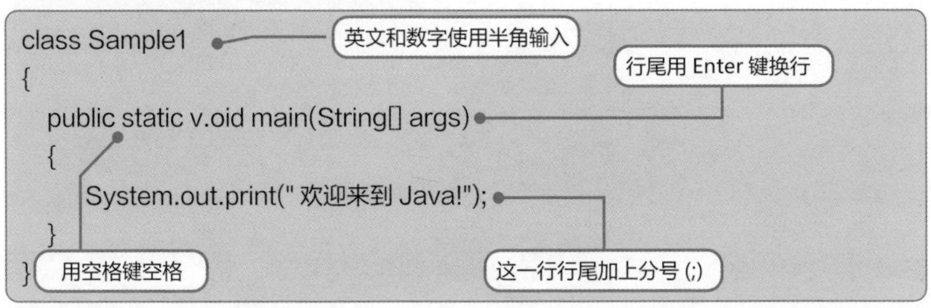

输入完成后，给文件命名并保存。本书以 Sample1 作为源代码文件的名称。此外，在 Java 语言中，在文件名的后面添 .java，这个叫作**后缀**。因此，这个文件以 Sample1.java 的名称保存。

以这样的方式得到的 Sample1.java 就是我们编写出来的第一个 Java 代码。保存这个代码的文件夹，叫作源文件夹。

集成开发环境

此外，为了编写源代码，也可以使用 Java 集成开发环境，让 JDK 更容易使用。在集成开发环境中，通常配有专用的文本编辑器。下图便是作为集成开发环境而普及的 Eclipse 界面（页面）。

使用方法请参考网上的资源和相关书籍等。

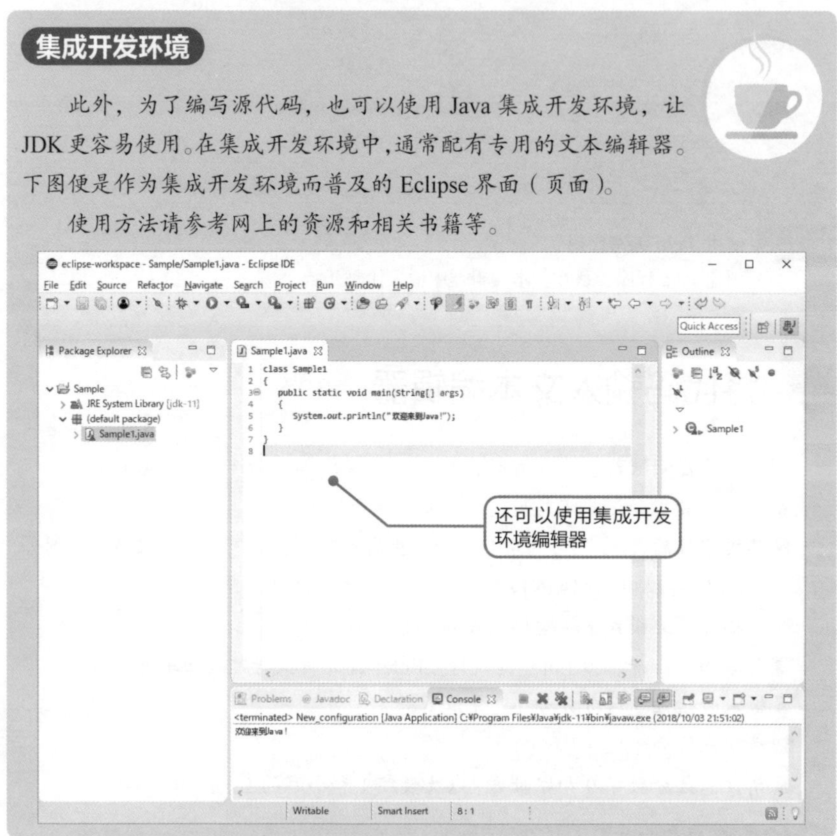

1.3 编写程序

了解编译器的工作原理

1.2 节输入的 Sample1 是在计算机的显示屏上会显示“欢迎来到 Java！”文本的程序。但是，只靠源文件不能运行程序和显示文本。在 Java 中写出的源文件必须进行**编译**（compile）。

所谓编译，就是把代码变成**字节码**（byte code）这一特殊形式的过程。这个过程需要用到**编译器**（compiler）。

首先，来看看编译的方法。

编译

如果使用 Windows，首先启动 Windows PowerShell（或命令提示符）。接着，使用 cd 这一指令，移动到保存了源文件的目录。所谓目录，即 Windows 文件夹。目录的移动方法在本书的开头已经介绍了，具体内容请参照前述内容。

如果源文件保存在 C 盘下的 YJSample 目录下的 01 号目录，请按照下面的方法移动。

```
C:¥Users>cd c:¥YJSample¥01
```

在 cd 指令后面输入空格，输入要移动到的目录名称

接下来启动编译器，编译 1.2 节编写的 Sample1.java 程序。启动 JDK 的编译器，输入 javac 这一指令。

Sample1.java 的编译方法

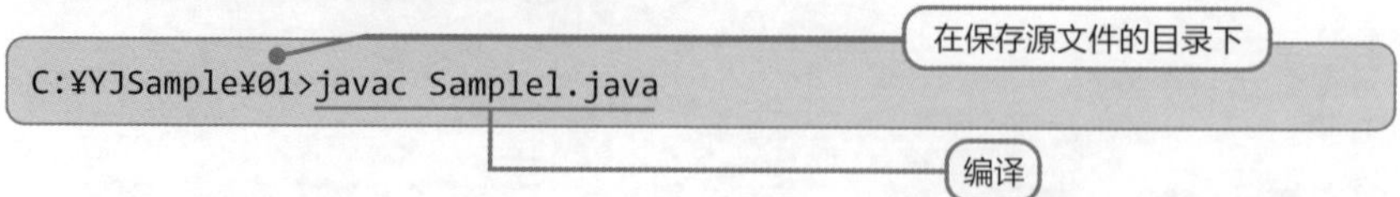

在 javac 后面输入一个空格，输入源文件的名称，然后按 Enter 键。这个时候不要忘记输入 .java 这一后缀。

如果没有什么特殊的内容，再次出现“C:¥YJSample¥01>”时编译就完成了。保存到源文件的目录下，就会自动生成 Sample1.class 这一新文件。这个文件叫作**类文件**（class file）。类文件是将代码转换成字节码后生成的。请打开文件夹确认是否生成了正确的类文件。

要进行编译，需要输入“Javac < 源文件名 >”启动编译器，如图 1-4 所示。

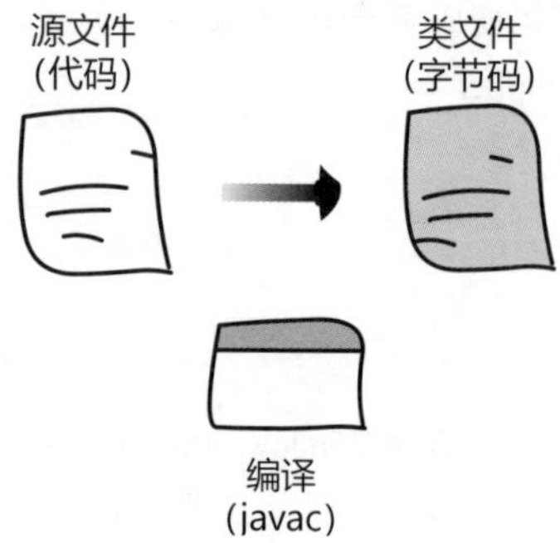

图 1-4 源文件的编译

编译 Java 的源文件后，就生成了类文件（字节码）。

如果显示 error 怎么办

在编译时，显示器上有时会显示 error，无法生成类文件。这时请检查一下输入的代码是否有误。确认无误之后再次进行编译。常见的错误有以下几种：

- 应该用半角输入的文本用了全角输入。
- 没有区分大小写。

■ 括号不对应。

此外，也需确认一下需要编译的源文件名称输入得正确与否。

Java 语言和英语、日语一样，有“语法”规则。如果我们在输入代码的过程中没有遵照其语法规则，编译器就无法正确理解（我们）输入的代码，编译器也就无法将其翻译成正确的字节码。这时，编译器就会显示 error，提示修正输入中出现的错误。

1.4 运行程序

运行程序

类文件生成之后，就可以运行程序了。要在 JDK 上运行程序，需要用到**解释器**（interpreter），输入 java 这一指令便可启动解释器。

如果要运行刚才编写的程序，在 java 后面空一格，输入 Sample1，按 Enter 键。Sample1 是**类名**。输入类名时，需要区分大小写。

Sample1 的运行方式

```
C:¥YJSample¥01>java Sample1
```

在生成类文件的目录下

运行程序

于是，程序就开始运行了，如图 1-5 所示，屏幕上便出现了下面的文本。

Sample1 的运行结果

```
欢迎来到 Java！
```

程序运行文本如图 1-5 所示。

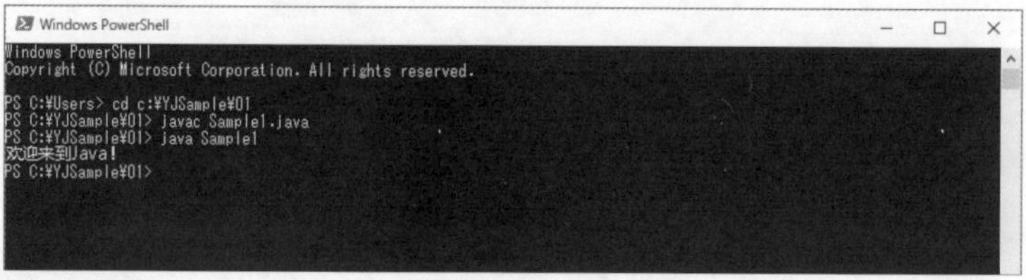

```
Windows PowerShell
Windows PowerShell
Copyright (C) Microsoft Corporation. All rights reserved.

PS C:¥Users> cd c:¥YJSample¥01
PS C:¥YJSample¥01> javac Sample1.java
PS C:¥YJSample¥01> java Sample1
欢迎来到Java!
PS C:¥YJSample¥01>
```

图 1-5 程序的运行

运行程序，屏幕上就出现了“欢迎来到 Java！”的文本。

此刻能顺利运行程序吗？解释器的作用就是解释字节码，让计算机执行指令。Java 解释器，也被叫作 Java 虚拟机。

要运行程序，需要输入“java < 类文件名 >”

接下来，总结一下本章中编写和运行程序的步骤吧。本书第 2 章以后的章节中出现的示例代码，也按照下面所示步骤输入和运行，请牢记。

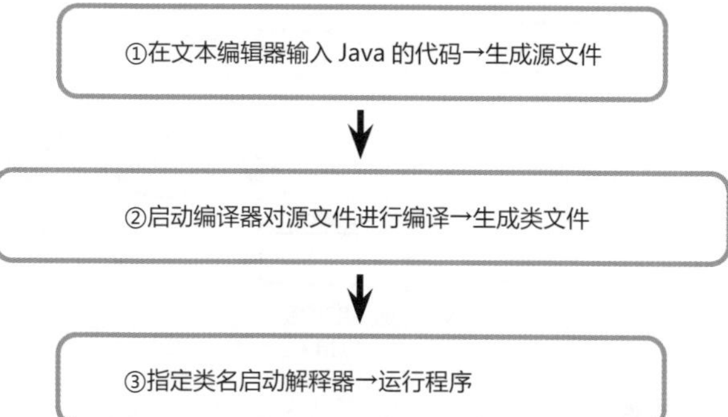

编译和运行

在集成开发环境下，就可以进行 Java 程序的编写和运行了。

另外，如果是最新版的 Java 11，像本章介绍的这样简单的程序，无须编译，输入“java < 源文件名 >”就可以直接运行。

但是，我们从第 8 章开始将学习编写复杂的程序，此时就要分别编译和运行了。

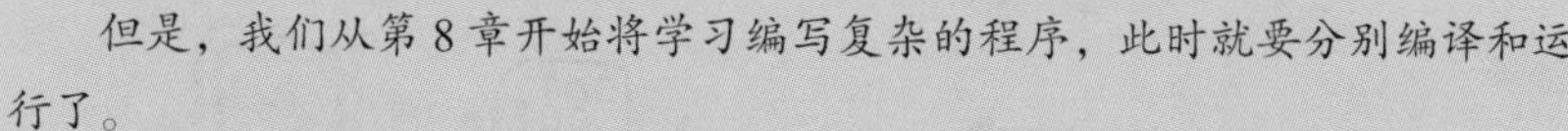

请牢记基本的步骤。

在其他操作系统中使用 Java 程序

本章讲述了 Java 程序的编写和运行。按照这种方法编写出来的 Java 的字节码（即类文件），原则上在 Windows 和 UNIX 上都能运行。即使是不同系统的计算机，只要有类文件，正常都可以运行。

通常情况下，其他编程语言是不能这样的。在 Windows 和 UNIX 这样不同的计算机系统中，需要编写不同的运行程序，如图 1–6 所示。通过互联网在不同的计算机系统中都可以运行，这就是 Java 的优点了。

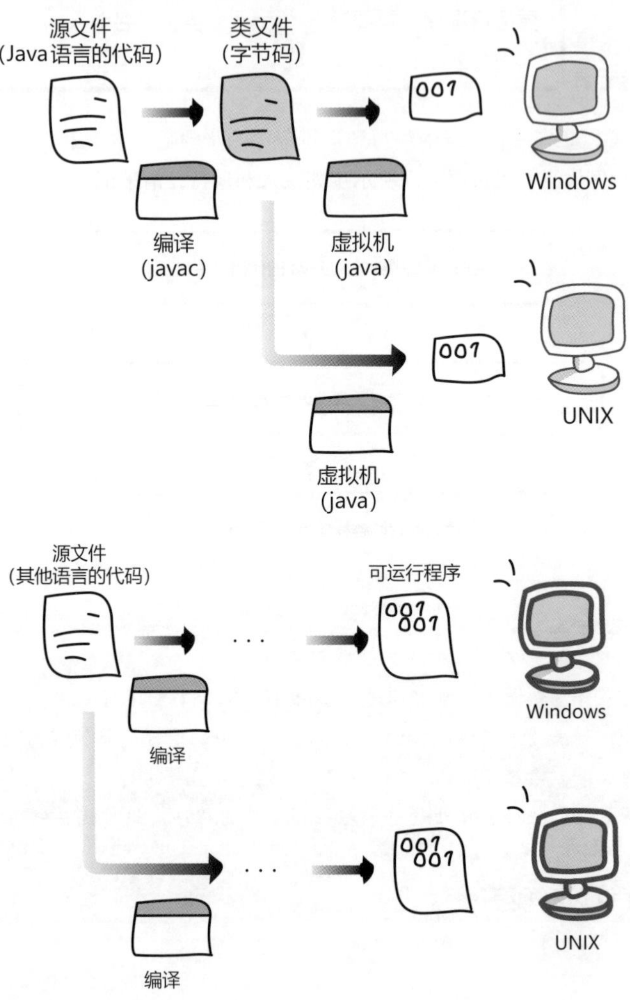

图 1–6 Java 的类文件

使用 Java 语言编写的程序可以在不同的操作系统中运行（上图）。其他编程语言需要根据操作系统分别编写程序（下图）。

1.5 本章小结

总结一下本章所学内容。在本章中，我们学习了以下内容：

- 程序是给计算机下达特定的工作指令。
- Java 代码用文本编辑器输入。
- Java 代码在输入时要区分大小写。
- 在输入 Java 的文件名时要区分大小写。
- 对源文件进行编译后会生成类文件。
- 启动解释器就能够运行程序了。
- 运行程序，计算机可以完成指定的工作。

我们在本章学习了输入 Java 代码编写程序的步骤，并在最后尝试着运行了程序。但是本章内容没有讲解输入的 Java 代码所代表的具体内容。从 2 章开始，将要学习 Java 的代码内容。

练习

1. 判断下列语句是否正确。

   ①只用 Java 的源代码就可以运行程序了。

   ② Java 语言在输入英文字母时要区别大小写。

   ③ Java 语言在输入时可以不区别半角和全角。

   ④代码中的空格必须按空格键才能输入。

   ⑤即使违背 Java 代码的语法规则，也可以正常编译。

2. 将本文中编写的 Sample1 的类名变更为 Sample2 后，以 Sample2.Java 的文件名进行保存。编译和运行这一文件。

第 2 章

Java 的基础

第 1 章讲述了 Java 代码的输入、编译以及使用解释器运行程序的方法。接下来，将要讲述应当输入怎样的代码。为了写代码和编写程序，必须掌握 Java 的语法规则。本章就来学习 Java 的基础吧。

Check Point

- 输出文本
- main() 方法
- 块
- 注释
- 类
- 字符
- 转义序列

2.1 输出文本

输入新代码

在第 1 章中，我们编写了在屏幕上显示一行文字的程序。想必大家已经学会怎样让计算机执行指令了吧。在本章中，试着来编写能够显示多行文字的程序吧。

请输入下列代码并保存。

Sample1.java　输出文本到屏幕

```
// 向屏幕输出文字的代码
class Sample1
{
    public static void main(String[] args)
    {
        System.out.println(" 欢迎来到 Java!");
        System.out.println(" 开始 Java 吧 !");
    }
}
```

在正确的位置输入分号（;）和中括号（{ }）了吗？输入完成后，请按照第 1 章中说明的顺序进行编译和运行。屏幕中应该会出现下面所示的两行文字。

Sample1 的运行结果

```
欢迎来到 Java !
开始 Java 吧!
```

输出文本

如第 1 章所述，Sample1.java 表示在屏幕上显示文字的 Java 代码。在屏幕上显示文字，在编程语言中，被称为输出文本。

在本书中，首先记住在屏幕上显示文字的代码吧。请看下面的代码。

输出字符串

```
class 类名
{
    public static void main(String[] args)
    {
        System.out.println(" 要输出的字符串 ");
        …
    }
}
```

在 () 中输入要输出的字符串

以上代码就是输出文字到屏幕的基本代码形式。画线的那一部分，就是对计算机下达输出文本指令的范围，也就是说，将画线部分的文字显示到屏幕上。

也许有人会认为这些代码很复杂，但是，这一阶段的首要任务就是要熟悉 Java 的代码。在这里请记住**输出文字到屏幕的代码**。这个代码在接下来的示例代码中将会用到。关于字符串、文字（字符）、数值等的详细书写方法，请参照 2.3 节中的内容。这里只需对此有一个大致的印象就可以了。

了解不同的输出方法

虽然有点偏离了常规，但先试着习惯屏幕上字符串形式的代码吧。

在前面的代码中，请注意“System.out.println…”这样一组词出现在了想要输出的字符串之前。这个“System.out”是指**标准输出**（standard output）。这是一个与计算机设备相关联的词语。是不是感觉对这个说法并不熟悉，但这并不难。

“标准输出”指的是将文字输出到目前使用的计算机屏幕。“println”意味着在该屏幕上输出字符串。也就是说，“System.out.println…”对于计算机而言，正是下达了“**请将字符串显示到屏幕上**”这一指令。也可以使用 print 一词代替 println。两个词都表达了在屏幕上显示文字这一指令，print 和 println 的差异出现在句尾。

请尝试输入以下代码。

Sample2.java　使用 print 方法

```
class Sample2
{
    public static void main(String[] args)
    {
        System.out.print(" 欢迎来到 Java!");
        System.out.print(" 开始 Java 吧 !");
    }
}
```

使用 print

Sample2 的运行结果

Sample2 将 Sample1 中的 println 更改为 print。与 Sample1 不同，Sample2 的字符串是连续输出的。如果使用 println，每次输出都会换行，而使用 print 则连续输出。根据实际情况来使用 print 和 println 是十分方便的。

2.2 代码内容

顺着代码的流程看

现在，让我们详细了解一下本章开头输入的 Sample1.java 的内容吧。请仔细看一下 Sample1.java 的代码。这个代码对计算机下达了怎样的指令呢？

Sample1.java 的代码内容

```
// 输出文本到屏幕
class Sample1
{
    public static void main(String[] args)
    {
        System.out.println(" 欢迎来到 Java!");
        System.out.println(" 开始 Java 吧 !");
    }
}
```

这是注释

main( ) 方法开始部分

先执行这一句

再执行这一句

main( ) 方法结束部分

main() 方法

首先要弄清楚这个代码的指令从哪里开始到哪里结束。

请看下面这行。

```
public static void main(String[] args)
```

Java 的程序原则上是对 main( ) 方法中的内容进行处理。

接下来，请看 Sample1 倒数第二行的这一部分。

```
}
```

原则上处理到这一部分，程序就结束了。

用中括号（{}）括起来的部分称为**块（block）**。带有 main 的块被特别命名为 **main() 方法（main method）**。关于“方法”这个词的意义，将在第 8 章中详细介绍，这里先有个印象。

```
public static void main(String[] args)
{
    ...
}
```

main( ) 方法

从 main( ) 方法开始处理程序。

 一个语句一个语句地进行处理

那么，让我们看一下 main( ) 方法。在 Java 中，我们把一个小的处理单位称为**语句（statement）**，在语句后面加上分号（;）。于是，这些语句便**从头开始按顺序一个语句一个语句地进行处理**。

也就是说，运行程序时，main( ) 方法中的 2 个语句按照下面的顺序进行处理。

System.out.println…这个语句表示“在屏幕上输出一行字符串”。因此，这个语句执行后，屏幕上会输出两行文字，如图 2-1 所示。

语句后面加分号。语句原则上是从头开始按顺序进行处理。

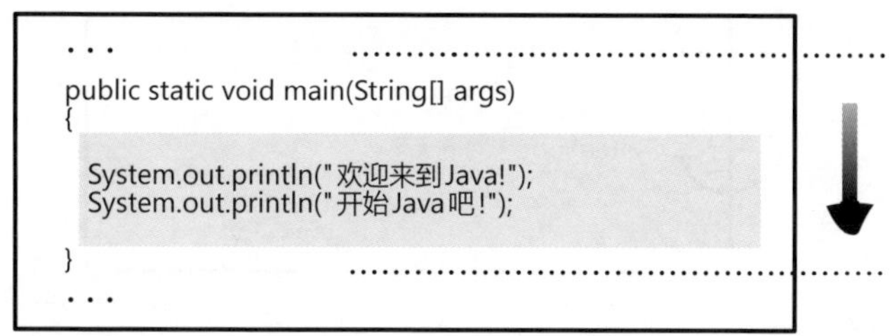

图 2-1　**处理流程**

运行程序时，原则上从 main( ) 方法的开头开始按语句顺序进行处理。

使代码更易于阅读

但是，Sample1 的 main( ) 方法有好几行，在 Java 的代码中，**可以在句子的中间或块内换行**。因此，Sample1 的代码中，把 main( ) 方法分成几行，可以使其更容易阅读。

另外，在 Java 中如果不是在相关联的词语中间，那就可以自由地插入空格和换行符。

```
pub lic sta tic void m ain (String[] args){
```

像上面这样的表达是无效的。

```
public static void main (String[] args){
```

但可以像上面这样，加入空格或进行换行。

在 Sample1 中，为了使块的部分更容易理解，在“{”部分换行，使内部行的开头部分向里缩进了一点。但是不能在要输出的字符串中换行。

在代码中进行缩进，在行首按空格键或 Tab 键即可。

现在开始逐步编写复杂的代码。要学会熟练地运用缩进，才能写出易于阅读的代码，如图 2 –2 所示。

为了让代码更易于阅读，使用缩进或换行。

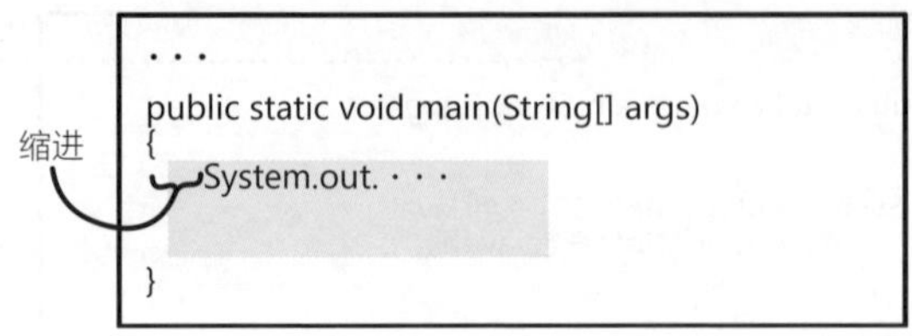

图 2-2 缩进

在块中缩进，使代码更易于阅读。

编写注释

了解 main( ) 方法了吧？ 接下来，看看代码里的其他内容。首先看一下最先输入的“//”符号所在的行。

实际上，Java 的编译器**在处理的时候将从“//”符号开始忽略到该行末尾**。因此，在“//”符号之后，可以输入与程序的处理没有直接关系的内容作为笔记，这被称为**注释**（comment）。通常，将代码的内容写得通俗易懂会比较方便。

在 Sample1 中，如下所示，在代码的开头进行了注释。

```
// 在屏幕上输出字符的代码
```

这部分在处理时将被无视

不仅仅是 Java，很多编程语言对人类来说都不是容易看懂的语言。通过标注注释，可以使代码内容更容易理解。

通过标注注释，使代码内容更容易理解。

用另一种方法标注注释

在标注注释时，除了使用“//”符号以外，还可以使用“/* */”，如下所示。

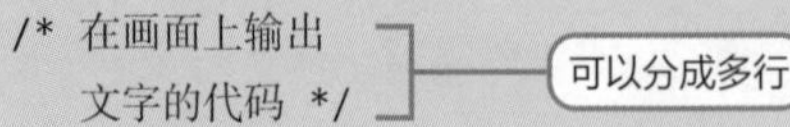

可以分成多行

使用“/* */”符号时，“/* */”**括起来的部分是注释的内容**。因此，使用“/* */”符号时，可以用好几行来注释。像 Sample1 这样使用“//”的方式，只会忽略从注释符号开始到行尾的部分，所以注释部分不能跨行。Java 这两种格式都可以使用。

回到类

代码的内容大概理解了吧？最后，请看整个 Sample1. java 代码，如下所示，它被下面的块整个包含在内。

```
class Sample1
{
    …
}
```


Java 语言代码由以 class 开头的块组成，这个块被称为**类**（class）。写在 class 之后的单词（此处为 Sample1）称为**类名**。

Java 程序必须至少包含一个类。例如，Sample1.java 中有一个名称为 Sample1 的类。类名可以自由命名，但在本书中，大部分都会命名为 Sample×。

关于类，会在第 8 章进行详细介绍，在这里请记住类就是用这样的块括起来的部分。

Java 代码由一个或多个类组成，如图 2-3 所示。

```
class Sample1
{
  public static void main(String[] args)
  {
    . . .
  }
}
```


图 2-3　类

Java 代码由一个或多个类组成。

开发规则

基于 Java 的编程中，如果有很多人同时进行系统开发，在进行这样的开发时，除了 Java 语言的语法规则外，开发团队还会制定各种各样的规则，一定要遵守这些规则。在开发过程中，常用的规则如下：

● **注释**

注释中要写上程序的开发者、版本和制作日期等。

● **类的名称**

类名通常以大写字母开头。

遵守规则进行编程是很重要的。

2.3 文字和数值

字面量是什么

在 2.2 节，我们学习了把文字输出到屏幕的简单代码。本节将运用之前学过的代码对 Java 的字符、数值和字符串的书写方法进行学习。

首先，完成下列代码。

Sample3.java　输出不同的值

```
class Sample3
{
    public static void main(String[] args)
    {
        System.out.println('A');
        System.out.println(" 欢迎来到 Java!");
        System.out.println(123);
    }
}
```

输出文本

输出字符串

输出数值

Sample3 的运行结果

```
A
欢迎来到 Java!
123
```

Sample3 输出了各种文字和数据。这个代码中的“A”“欢迎来到 Java！”“123”这样的特定文字和数字，在 Java 中被称为**字面量**（literal）。字面量就是**用来表达**

特定值，类似 Java 的单词一类的东西。

字面量的类型有以下几种：

- 字符。
- 字符串。
- 数值（整数、浮点数）。

接下来，我们一个个地看这些基本数据类型。

各种各样的令牌

与日语和英语这一类人类的语言相同，Java 语言也是用类似单词的成分构成的。字符就是 Java 使用的单词中的一种。

单词也就是有特定意思的文字。在 Java 中被称为**令牌**（token）。

根据令牌发挥的作用，可以分为以下几类。

- 基本数据类型
- 关键字
- 标识符
- 运算符
- 分隔符（逗号等）

在本章中将学习基本数据类型，关键字和标识符将在第 3 章学习，运算符将在第 4 章学习。

字符常量

在 Java 语言中，有以下两种类型的字符：

- 单独的一个字符。
- 字符的排列（字符串）。

这两种类型的字符需要区别使用。单独一个文字，被称为**字符常量**（character literal）。在书写代码时，用 ' ' 把它引起来，如图 2–4 所示。在 Sample3 中，'A' 就是字符。此外，从 Sample3 的运行结果可以看到，屏幕中并不会出现单引号（''），请注意这一点。

单独的一个字符，用 ' ' 引起来表述。

'H' ←—— 单个字符

图 2-4　单个字符

当出现单个字符的时候，用单引号（''）来表示。

转义序列符

有些特殊字符是无法通过键盘输入的。对于这样的字符，可以用两个字符的组合来表示“一个字符”，前缀是“¥”，称为**转义序列符**，也称**转义字符**（escape sequence）。常见的转义序列符所表达的意义见表 2-1。

表 2-1　转义序列符

转义序列符	表达的意义
¥b	退格
¥t	水平制表符
¥n	换行
¥f	换页
¥r	回车
¥'	单引号
¥"	双引号
¥¥	¥
¥ooo	八进制（三位，o 为 0 ~ 7 的数字）
¥uhhhh	十六进制（四位，h 为 0 ~ 9 的数字或 A ~ F 的字母）

根据不同的操作系统，请注意“¥”也有可能显示为“\”（反斜杠）。

让我们试着用转义序列符来描述要输出到屏幕上的代码，请输入以下代码。

Sample4.java 使用转义序列符

```
class Sample4
{
    public static void main(String[] args)
    {
        System.out.println("显示人民币符号：¥¥");
        System.out.println("显示撇号：¥'");
    }
}
```

使用转义序列

Sample4 的运行结果

```
显示人民币符号：¥
显示撇号：'
```

由此可知，书写为“¥¥”和“¥'”的部分，在屏幕上输出为“¥”和“'”。

使用转义序列符可以表达特殊的字符，如图 2-5 所示。

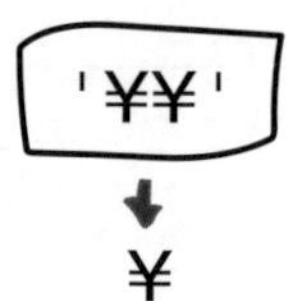

图 2-5 转义序列符
使用转义序列符表示特殊字符。

字符编码

关于字符让我们再学得更详细一点吧。实际上在计算机里，文字同样也被作为数据来处理。这样对应不同字符的数据，被称为**字符编码**（character code）。在 Java 语言中，使用 Unicode 这种字符编码。

如果输入转义序列符中的“¥ooo”和“¥uhhhh”（表 2-1），就会输出与指定的字符编码相对应的字符。试着运行一下下列代码。

Sample5.java　使用字符编码

```
class Sample5
{
    public static void main(String[] args)
    {
        System.out.println(" 八进制 \101 的字符是 A。");
        System.out.println(" 十六进制 \u0061 的字符是 a。");
    }
}
```

指定字符编码

Sample5 的运行结果

```
八进制 101 的字符是 A。
十六进制 0061 的字符是 a。
```

Unicode 中八进制的 101 是 A，十六进制的 61 对应 a。因此上面示例中的输出结果为 A 或 a。

此外，关于八进制和十六进制，会在这一节的最后进行讲解，作为参考。

指定字符编码，可以输出字符，如图 2-6 所示。

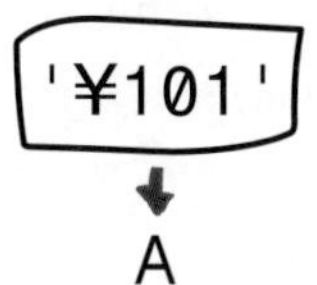

图 2-6　字符编码

如果要显示字符，可以使用指定字符编码的方式。

字符串

与单独的一个字符相对，多个字符的并排叫作字符串（string literal），在 Java

中，字符串与字符常量不同，不是用单引号（''）而是用双引号（""）将其括起来进行记述。例如，下述内容就是字符串。

```
"Hello"
"Goodbye"
" 你好 "
```

Sample1 的“欢迎来到 Java！”等也是字符串。但是请注意输出到屏幕时，并不会出现双引号（""）。

关于字符串，会在第 10 章详细讲解。

字符串用""括起来表示，如图 2-7 所示。
字符和字符串的处理方式不同。

"Hello" ⟵ 字符串

图 2-7 字符串

表示字符串的时候，使用""。

数值

Java 的代码中，也可以记述数值。数值有以下几类：

- 整数字符（integer literal）：1、3、100 等。
- 浮点数字符（floating-point literal）：2.1、3.14、5.0 等。

请注意数值不用''和""来表示。

整数除了一般的表示方法外，还有各种各样的写法。例如，可以使用八进制和十六进制来表示数值。

- 八进制：在数值开头加上 0。
- 十六进制：在数值开头加上 0x。

也就是说，在 Java 中，按照下面的方法表示数值。

```
10          十进制的 10。表示 10
010         八进制的 10。表示 8
0x10        十六进制的 10。表示 16
0xF         十六进制的 F。表示 15
```

下面试着用各种方法来表示数值。

Sample6.java　用十进制以外的方式表示数值

```
class Sample6
{
    public static void main(String[] args)
    {
        System.out.println(" 十进制的 10 是 "+ 10 +"。");
        System.out.println(" 八进制的 10 是 "+ 010 +"。");
        System.out.println(" 十六进制的 10 是 "+ 0x10 +"。");
        System.out.println(" 十六进制的 F 是 "+ 0xF +"。");
    }
}
```

Sample6 的运行结果

```
十进制的 10 是 10。
八进制的 10 是 8。
十六进制的 10 是 16。
十六进制的 F 是 15。
```

在上面的例子中输出了分别用十进制、八进制、十六进制表示的 10。用十进制来表达，八进制的 10 是 8，十六进制的 10 是 16。

在数值中,不使用双引号（" "）。要将数值和字符串组合在一起输出,使用“+”号。关于“+”号将在第 4 章进行说明。不论使用哪种数值表示方法，都可以在画面中输出用十进制表示的数。

数字不用 ' ' 和 " " 括起来。
要表达整数的时候，也可以用八进制和十六进制，如图 2-8 所示。

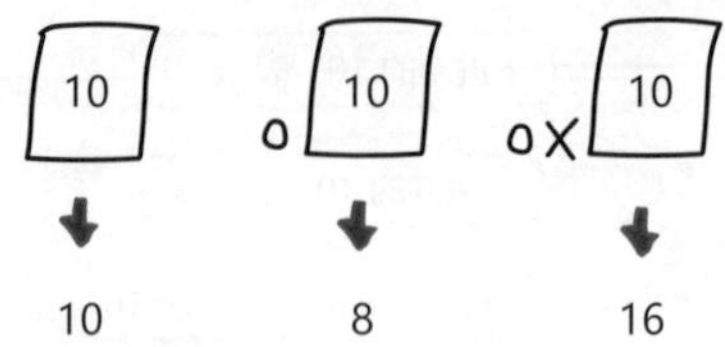

图 2-8 十进制之外的数字表示

整数可以用八进制或十六进制表示。

二进制、八进制、十六进制

在日常生活中，用数字 0~9 来表示数。这种表示数字的方式叫作十进制。然而在计算机里，使用二进制来表示数，二进制只使用 0 和 1。

十进制，用 0、1、2、3…来表示数值。但是，二进制中相同的数值表示为 0、1、10、11…，在十进制中使用 0~9 来表示数字，所以到 9 的下一位需要进位。但是由于二进制只使用数字 0 和 1，所以在 1 的下一位就需要进位了。

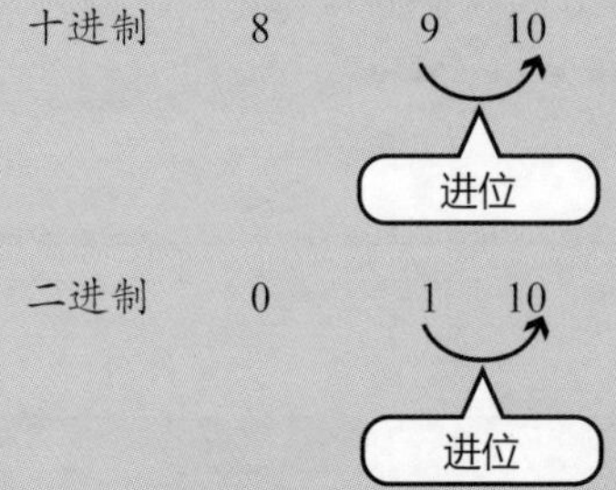

因此，在使用二进制来表示数值的时候，很容易成为位数很多的一个数字。例如，用二进制来表示十进制中的 20 时，就变成了 10100 这样一个有很多位的数字。

八进制和十六进制更方便，与二进制进行转换的表示方式相似，因此在 Java 中更多地被用来与十进制相结合进行表示。八进制是使用 0~7 的数字，十六进制是使用 0~9 的数字以及字母 A~F 来进行表示。

下表就是十进制的数字与二进制、八进制、十六进制的数字相对应的表格。请注意不同进制的表示方式应在什么地方进位。

十进制	二进制	八进制	十六进制
0	0	0	0
1	1	1	1
2	10	2	2
3	11	3	3
4	100	4	4
5	101	5	5
6	110	6	6
7	111	7	7
8	1000	10	8
9	1001	11	9
10	1010	12	A
11	1011	13	B
12	1100	14	C
13	1101	15	D
14	1110	16	E
15	1111	17	F
16	10000	20	10
17	10001	21	11
18	10010	22	12
19	10011	23	13
20	10100	24	14

2.4 本章小结

本章我们学习了以下内容：

- 从 main( ) 方法的开头开始执行程序。
- 语句是一个很小的处理单位。
- 块由几个语句组成。
- Java 代码由一个或多个类组成。
- 在代码中可以作一些注释。
- 字面量包括字符、字符串和数值等。
- 字符常量用单引号（''）引起来表示。
- 特殊字符用转义序列符表示。
- 字符串用双引号（""）引起来表示。
- 整型数值也可以表示为八进制数或十六进制数。

到目前为止，使用学到的知识，可以写出在屏幕上显示特定的文本和数值的代码。但是，仅凭这些知识还无法创建多变的程序。在第 3 章中将使用“变量”这一功能，学习如何创建更灵活的程序。

练习

1. 下面的代码有错误的地方吗？如果有错误的地方，请订正。

```
class SampleP1{public static
 void main (String[] args)
{System.out.println(" 欢迎来到 Java!");
System.out.println(" 开始 Java 吧 !"); } }
```

2. 请在下面代码的合适位置加入“输出文本与数值”文字注释。

```
class SampleP2
{
    public static void main(String[] args)
    {
        System.out.println('A');
        System.out.println(" 欢迎来到 Java!");
        System.out.println(123);
    }
}
```

3. 使用文本和数值等写出在屏幕上显示下列内容的代码。

```
123
收了 100 元
明天见
```

4. 使用表示“制表符”符号的转义序列符（¥t），写出在屏幕上显示下面内容的代码。

```
1	2	3
```

5. 写出在屏幕上显示下面内容的代码。分别写出使用八进制和十六进制的两组代码。

```
6
20
13
```

第 3 章

变　量

在第 2 章，我们学习了如何在屏幕上输出字符和数值。字符和数值即使是对于刚开始学习编程的人来说，也是比较熟悉的。在本章中，将开始学习 Java 语言中更像是编程语言的内容。首先，来看看最基本的“变量”。

Check Point

- 变量
- 标识符
- 变量类型
- 定义变量
- 赋值
- 初始化
- 键盘输入

Lesson 3

3.1 变量

了解变量的工作原理

当程序运行时，它一边在计算机上存储各种数据一边进行处理。例如，将**用户输入的数值输出到画面上**这样一个简单的程序，人类可以在书店等店铺记住商品的价格（即数值），然后把价格写在纸上。与此相同，计算机也可以将数据存储在某处，然后输出到屏幕上。存储数据的机能被称为变量（variable）（变量具有存储数据的能力）。

为了存储各种数据，计算机内部有一个装置叫作内存（memory）。“变量”的工作原理就是使用内存存储数据。

变量的图像如图 3–1 所示。我们可以把变量看作箱子，当使用它的时候，就像把一个数据放进一个叫作变量的箱子里，就能够把特定的数据存储在内存中。

那么，让我们来看看与变量相关的具体内容。

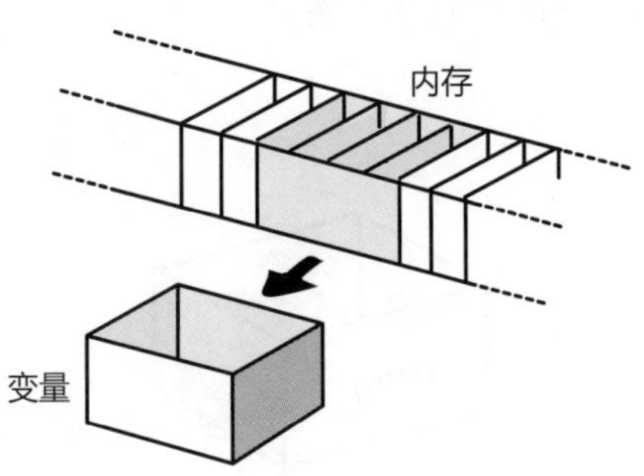

图 3–1　**变量**

变量可以存储各种数据。

3.2 标识符

变量的名字——标识符

在代码中要使用变量，首先要决定两件事。

①给变量命名。

②指定变量的数据类型。

首先对①进行说明。要使用变量，必须先给它命名。可以选择合适的变量名。

例如，可以将变量命名为 num，如图 3–2 所示，这样的字母组合可以成为变量的名字。把可以作为变量名称的字母和数字的组合（令牌，参照第 2 章）称为标识符（identifier）。num 是其中一个标识符。

但是，标识符有以下规则：

■ 通常使用字母、数字、下划线（_）和 $。

■ 长度没有限制。

■ 不能使用 Java 预先设定为令牌的关键字。

■ 不能以数字开头。

■ 区分大小写。

图 3–2 变量名

使用标识符作为变量名。

举几个符合上述规则的标识符的例子。下面的名字就可以作为变量的名称使用。

```
a
abc
ab_c
F1
```

但是，以下内容作为变量标识符就不正确了，它们不可以用作变量的名称。请试着找出错误的地方。

变量的名称可以是标识符中的任何一个，但是要选择一个明确的名称来给变量命名，方便区分其是存储什么数据的变量。

使用标识符来给变量命名，命名的时候要做到一目了然。

变量的名称

给变量命名可以使用简单明了的方式，但是很多人同时开发程序时，遵照惯例和规则来给变量命名就很有必要了。现在普遍用英文小写字母给变量命名。

3.3 数据类型

了解数据类型的构成

接下来学习变量的“类型”。变量可以记忆数据，这样的数据有几种“类型”，被称为数据类型（data type）或类型。在 Java 中描述的场景，有以下几种基本的数据类型（基本类型），见表 3-1。

表 3-1　Java 中常用的基本数据类型

名称	取值范围
boolean（布尔型）	true 和 false
char（字符型）	16 位（2 个字节）（¥u0000 ~ ¥uffff）
byte（字节型）	8 位（1 个字节）（–128 ~ 127）
short（短整型）	16 位（2 个字节）（–32768 ~ 32767）
int（整型）	32 位（4 个字节）（–2147483648 ~ 2147483647）
long（长整型）	64 位（8 个字节）（–9223372036854775808 ~ 9223372036854775807）
float（单精度浮点数）	32 位（4 个字节）
double（双精度浮点数）	64 位（8 个字节）

若要使用变量，要先决定好该变量要存储的数据类型。

图 3-3 显示了**可存储短整型数据的变量**。使用这样的变量，就能够存储从 –32768 到 32767 的范围内任意一个整数的值。

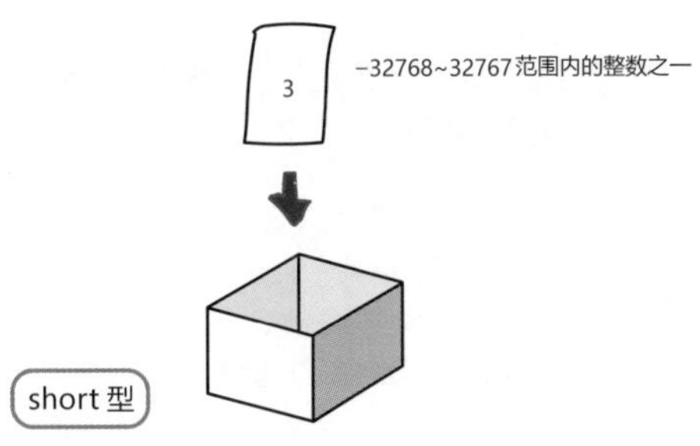

图 3–3　**数据类型**

在使用变量时，需要指定数据类型。

在 short 型的变量中，无法存储有小数点以下位数如“3.14”这样的数据。如果要存储这样的数据，那就必须使用能够表达小数点以下的数据的 double 型变量。

另外，请看表 3–1 中“× 个字节”的数字，它表示的是要储存这个的数据需要多少内存，是数据类型的大小。通常情况下，它越大，能够表达的数据的范围就越广。例如，double 类型的数据比 int 类型需要更多的内存，它所表达的数据的范围则更广。

位和字节

类型的大小与值的范围密切相关。在第 2 章也说过，计算机通过使用 0 和 1 的二进制数字来识别数据。二进制的“1 位数”被称为位（bit）。也就是说，下面的数字中的一个数字相当于一位。

1 位可以表达二进制数中 0 或 1 任意一个数字。

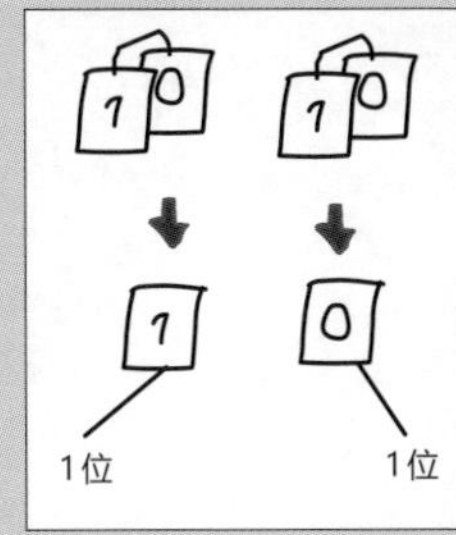

另外，二进制的 8 位数的数值称为字节（byte）。也就是说，一个字节相当于 8 位。一个字节可以表示 2^8（256）个数据。

请参见表 3–1。“双字节 short 型数据”是指在计算机内部的 16 位二进制数字，如下所示。

这个二进制的 16 位数可以表示 2^{16}（65536）个数据。

在 short 类型中，把这 65536 个数据与我们通常使用的十进制数从 –32768 到 32767 的范围内的值相对应，便得到表 3–2 所列的内容。

表 3–2　short 型的值

计算机内部（二进制）	表示的数值（十进制）	
0000000000000000	0	对应正数
0000000000000001	1	
0000000000000010	2	
⋮	⋮	
0111111111111111	32767	
		⋮
1000000000000000	–32768	对应负数
1000000000000001	–32767	
⋮	⋮	
1111111111111111	–1	

请注意，最前面一位对应数字的正负。正数的第一位为 0，负数为 1。

Lesson 3

3.4 变量的定义

定义变量

一旦确定了变量的名称和类型,就可以在代码中使用变量了。首先需要进行“准备变量”，我们把这项工作称为**定义变量**（declaration）。

变量的定义

```
类型 标识符;
```

这里就是 3.2 节和 3.3 节中说明的“数据类型”和“标识符（这里是变量名）”。因为变量的定义是在一个语句中进行的，所以请在最后加上分号（;），实际的代码如下所示。

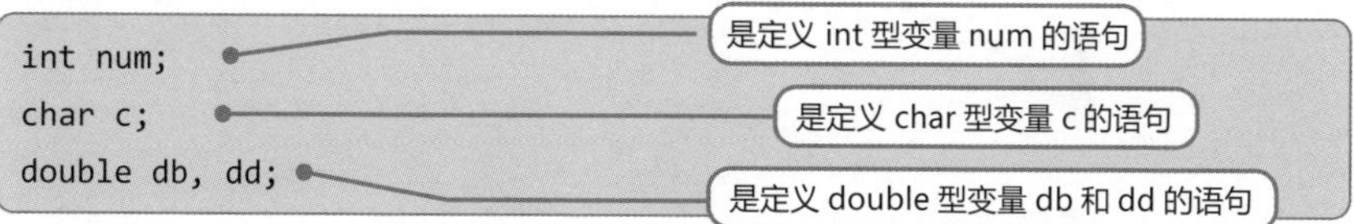

```
int num;
char c;
double db, dd;
```


可以像这样将几个变量用逗号（,）分隔，合并在一个语句中定义。

定义了一个变量后，就可以在代码中使用该名称的变量了。

将变量指定名称和类型进行定义，如图 3-4 所示。

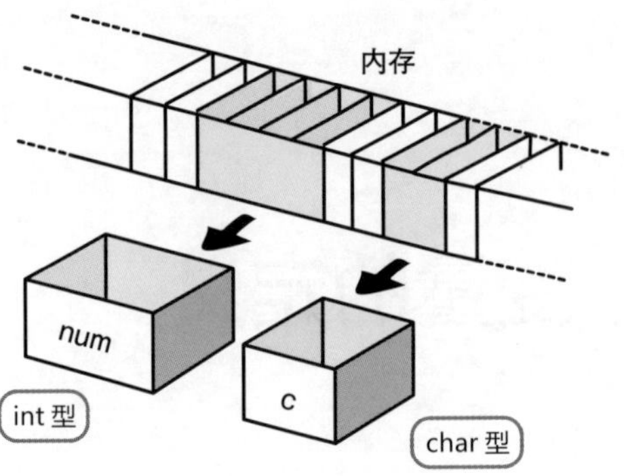

图 3-4 定义变量

定义变量后，说明变量已准备妥当。

变量的定义

通过定义变量，可以准备好在计算机中存储数据所需的场所。在 Java 中为了使用变量，必须先定义变量。

3.5 变量的使用

在变量中代入数据

一旦定义了变量，就可以在变量中存储数据了，这个操作称为**赋值**，如图 3–5 所示。“赋值”是在准备好的变量内，将特定的值输入（或存储）。

要进行赋值，请如下所示使用“ = ”符号。

```
num = 3;
```

这样就能看懂了吧。这样就可以让变量 num 存储 3 这个数据了。“=”拥有让数据被存储的功能。

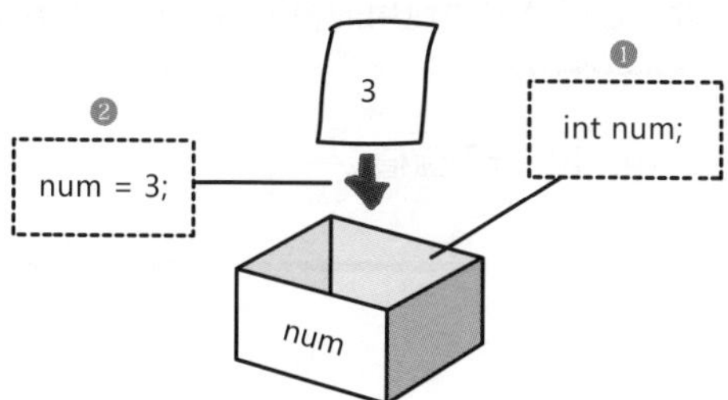

图 3–5　**给变量赋值**

①定义 num 变量。

②将数据 3 赋值给变量 num。

给变量赋值的代码如下所示。

语法　**变量赋值**

```
变量名 = 式；
```

第 4 章将详细解释“表达式”，在这里先把它看作 3 或 5 等数值。

那么，让我们试着使用变量编写程序。

Sample1.java 使用变量

```
class Sample1
{
    public static void main(String[] args)
    {
        int num;                  ①定义 num 变量
        num = 3;                  ②将数据 3 赋值给变量 num
        System.out.println(" 变量 num 的值是 " + num + " 。");
    }                             ③输出变量 num 的数值为 3
}
```

Sample1 的运行结果

```
变量 num 的值是 3。
```

在这个代码中，①首先定义了 int 类型的变量 num。②将这个变量 num 赋值为 3。

请注意此处“=”并非数学公式中使用的相等的意思，而是代表“赋值”的功能。

变量中使用“=”赋值。

输出变量的数据

最后，请看③的部分。在这里，输出了变量 num 的数据。为了输出变量的数据，在使用变量名时请不要使用单引号（' '）和双引号（" "）。不用像第 2 章讲述那样使用双引号（" "），而是用“+”和字符串相连接。这样在运行程序时输出的就不是 num 这个变量名称，而是存储在其中的数据 3，如图 3-6 所示。

```
num
```

输出存储在变量 num 中的值，而不是输出存储的变量名。

```
3
```

变量中的值。

这样就可以写出将变量中存储的数据输出到屏幕上的代码了。

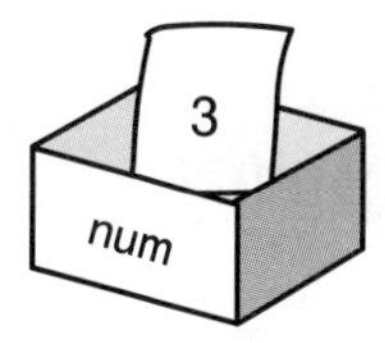

图 3-6　**输出变量**

如果输出变量，则显示变量中存储的数据。

初始化变量

```
int num;
num = 3;
```


在 Sample1 中，是先定义一个变量后再编写一个语句，给变量赋值。但是在 Java 中，可以在定义变量的同时将数据存储在变量中。这样的处理，叫作**初始化变量**（initialization）。初始化变量的代码如下所示。

```
int num = 3;
```
用 3 初始化变量

这个语句将 Sample2 中用两个句子来表示的处理，用一个句子来进行总结。让我们记住如何初始化变量。

语法　**变量的初始化**

```
类型 标识符 = 语句 ;
```

在实际编写代码时，尽量使用这样将变量初始化的代码会更方便。如果变量的定义和赋值被分成两个句子，忘记写赋值语句的情况时有发生。

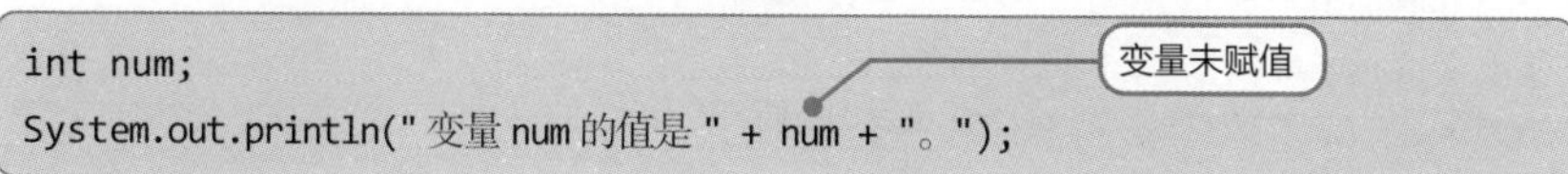

```
int num;
System.out.println("变量 num 的值是 " + num + "。");
```

Java 中，如果不赋值给 main( ) 方法中定义的变量，就会在输出时出现错误，无法编译。一定要确保变量赋值正确或者初始化后再输出。

初始化变量，可以同时进行定义和赋值。

更改变量的值

如第 2 章所述，在代码中，语句按顺序挨个进行处理。利用这一性质，可以将已代入变量的值改为新的值。请看下面的代码。

Sample2.java　更改变量的值

```
class Sample2
{
    public static void main(String[] args)
    {
        int num;

        num = 3;

        System.out.println("变量 num 的值是" + num + "。");

        num = 5;

        System.out.println("更改变量 num 的值。");
        System.out.println("变量 num 新的值是" + num + "。");
    }
}
```

①输出变量的值

②代入新的值

③输出新的变量的值

Sample2 的运行结果

```
变量 num 的值是 3。
更改变量 num 的值。
变量 num 新的值是 5。
```

变量的新值被输出

在 Sample2 中，变量 num 首先被赋值为 3，在①处输出；然后，在步骤②的地方，将 5 作为新值代入变量中；这样，再次赋值给变量，就可以**覆盖之前的数据**。

由于步骤②中变量的值发生了变化，所以在步骤③中输出变量 num 时，输出的就是新的值 5。①和③虽然是同样的处理，但是请注意，由于变量的值不同，屏幕上输出的值也不同，如图 3-7 所示。

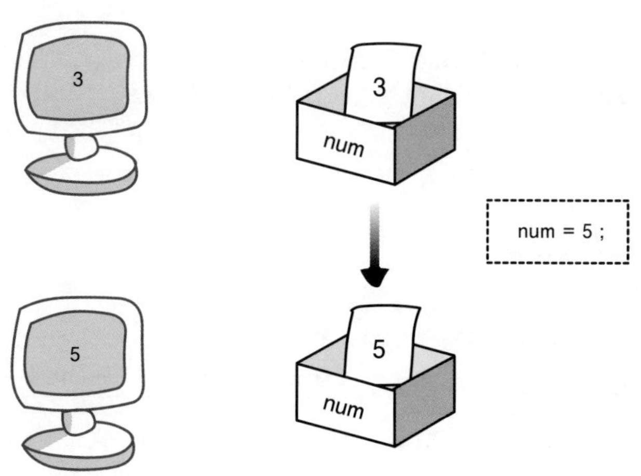

图 3-7 更改变量的值

对变量进行重新赋值，可以更改变量的值。

由此可见，变量可以存储不同的数据。这样就能明白它为什么被称为变量了。

以其他方式为变量赋值

为变量赋值时，“=”的右边能够记述的并非只有 3 和 5 这样具体的数值。 请尝试输入以下代码。

Sample3.java 给变量赋值的其他方式

```
class Sample3
{
    public static void main(String[] args)
    {
        int num1, num2;
```

```
        num1 = 3;

        System.out.println(" 变量 num1 的值是 " + num1 + "。");

        num2 = num1;
```

将变量 num1 的值赋值给 num2

```
        System.out.println(" 将变量 num1 的值赋值给变量 num2。");
        System.out.println(" 变量 num2 的值是 " + num2 + "。");
    }
}
```

Sample3 的运行结果

```
变量 num1 的值是 3。
将变量 num1 的值赋值给变量 num2。
变量 num2 的值是 3。
```

变量 num2 中的值与变量 num1 中的值一样

在这里，“=”的右侧不是数字，而是变量 num1。这样一来，在变量 num2 中，可以使用“变量 num1 的值”来对它进行赋值。从运行结果来看，可以看到变量 num2 存储的是变量 num1 的值，即 3。所以也可以像这样，**将一个变量的值赋值给另一个变量**，如图 3-8 所示。

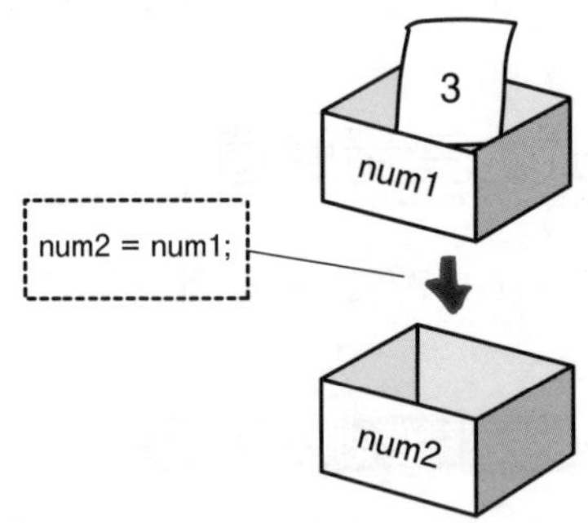

图 3-8 **代入其他变量的数据（值）**

可以将变量 num1 的值赋给变量 num2。

赋值的注意事项

在为变量赋值时，有必须要注意的事项。请看下面的代码。

```
class Sample
{
    public static void main(String[] args)
    {
        int num;

        num = 3.14;        带小数点的值无法赋值给 int 型变量

        System.out.println(" 变量 num2 的值是 " + num + "。");
    }
}
```

这个代码尝试将值 3.14 赋给变量 num。但是，这个代码无法正常进行编译，如图 3–9 所示。是因为 int 型的变量 num 中，不能够直接存储带有小数点的数字，如 1.41 或 3.14。所以我们要注意变量类型与要赋值的数据类型相匹配。关于变量，将在第 4 章进行详细说明。

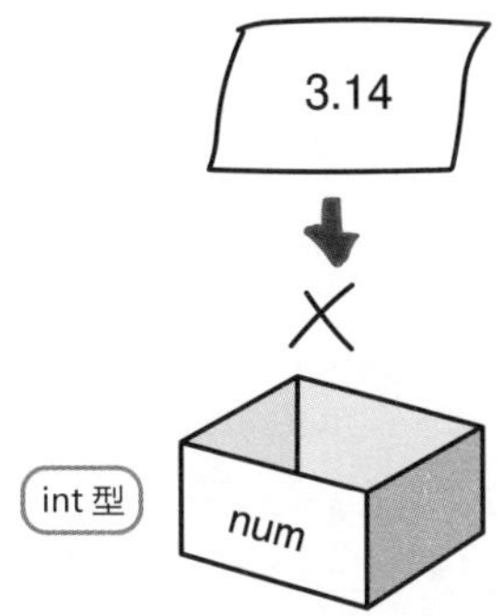

图 3–9　**赋值时的注意事项**

整数型的变量类型，不能存储带有小数点的值。

关于定义变量的位置的注意事项

本书将变量的定义记述在了 main() 方法的块中。

```
public static void main (String[] args)
{
    ...        在这个部分定义变量
}
```

实际上，也有在 main( ) 方法的块外定义变量的情况，我们将在第 8 章学习这个方法。另外，请注意在块中不能同时定义多个名称重复的变量。

3.6 键盘输入

基本的键盘输入

运用本章的内容，将使用键盘输入各种文本，现在试着编写一个输出该文本的代码。掌握接受键盘输入的方法之后就可以更灵活地编写程序了。

接受键盘输入的代码如下所示。

接受键盘的输入

```
import java.io.*;          // 这样写代码

class 类名
{
    public static void main(String[] args) throws IOException   // 这样写代码
    {
        ...
        BufferedReader br =
        new BufferedReader(new InputStreamReader(System.in));   // 这样写代码

        String str = br.readLine();   // 将从键盘输入的字符串读取到 str 中
        // 使用 str 表示输入的字符串
        ...
    }
}
```

因为代码很长，看起来可能有点烦琐，关于代码的内容，将在后面的章节进行详细说明。 在这里，只需要记住使用这种形式的代码可以接受来自键盘的输入就可以了。

```
String str = br.readLine();
```

在这个代码中，上面的部分很重要。在处理这一语句时，运行画面会停留在**等待用户进行输入**这一状态。此时，用户通过键盘输入字符串然后按 Enter 键，在 str 部分，便会获取与输入的那一行的字符串相关联的信息。

因此，在此句子之后，str 这个词表示的意思是**从键盘输入的字符串**。因为 str 是在本章中说过的标识符，所以，不使用 str，用自己选择的词也是可以的。

那么，让我们试着编写一下程序。

Sample4.java　接受从键盘的输入

```
import java.io.*;

class Sample4
{
    public static void main(String[] args) throws IOException
    {
        System.out.println("请输入字符串。");

        BufferedReader br =
         new BufferedReader(new InputStreamReader(System.in));

        String str = br.readLine();

        System.out.println(str + "被输入。");
    }
}
```

输出提示键盘输入的消息

在 str 加载键盘输入的字符串

输出的字符串

Sample4 的运行结果

```
请输入字符串。
你好。
你好被输入。
```

通过键盘输入的字符串被输出

当你运行这个程序时，会有“请输入字符串。”的消息被输出到屏幕上。然后，计算机进入等待用户输入的状态。

试着输入“你好。”，并按 Enter 键。然后，屏幕上出现了“你好被输入。”。

这个代码在最后写了下面的内容。

```
System.out.println(str + "被输入。");
```

表示输入的字符串的 str 和“被输入。”这一字符串用“+”连接起来，这两个字符串就被连接起来进行输出了，如图 3-10 所示。

请尝试多次运行程序，并输入各种字符串。使用这一代码应该能够输出各种字符串。

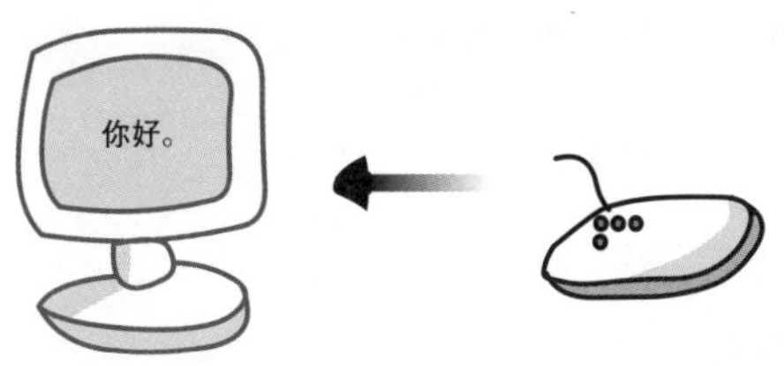

图 3-10 加载键盘输入的内容

接受键盘输入，输出字符串。

标准输入和标准输出

接受键盘输入这一代码中的“System.in”这个词与一个名为标准输入(standard input)的设备相连接。另外，标准输出(standard output)指的就是计算机的屏幕。标准输入通常指的是计算机的键盘。也就是说，Sample4 是接受标准输入即键盘输入的代码。

输入数值

Sample4 描述了读取字符串的代码。接下来，让我们尝试着写一个让用户输入数值的代码。

但是，在处理数值时，就必须将从键盘输入的字符串转换成数值。请尝试输入以下代码。

Sample5.java 从键盘输入数值

```
import java.io.*;

class Sample5
```

```
{
    public static void main(String[] args) throws IOException
    {
        System.out.println("请输入整数。");

        BufferedReader br =
         new BufferedReader(new InputStreamReader(System.in));

        String str = br.readLine();

        int num = Integer.parseInt(str);

        System.out.println("输入了" + num + "。");
    }
}
```

将字符串转换为 int 型变量

Sample5 的运行结果

```
请输入整数。
5
输入了5。
```

请注意这个代码中的这一行：

```
int num = Integer.parseInt(str);
```

这句话的意思是**把 str 中输入的字符串转换成整数，并读取到 int 类型的变量 num 中**。要将输入的“5”读取到 int 类型的变量 num 中，这个表示转换的语句就是必需的。从键盘输入的内容，即使是数值，它也不被视为数字，而是被视为字符串。因此，如果不进行转换，从键盘输入的“5”就不会被看作数字“5”，则无法将其存储在 int（数值型）变量中，如图 3 –11 所示。

另外，如果想把输入的字符串转换成 double 型的数值，则要用下面这一行代码来代替上面的代码。

```
double num = Double.parseDouble(str);
```

将字符串转换为 double 型变量

关于把字符串转换成数值的方法，将在第 10 章详细介绍，在这里只需要记住步骤就足够了。

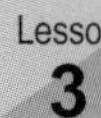

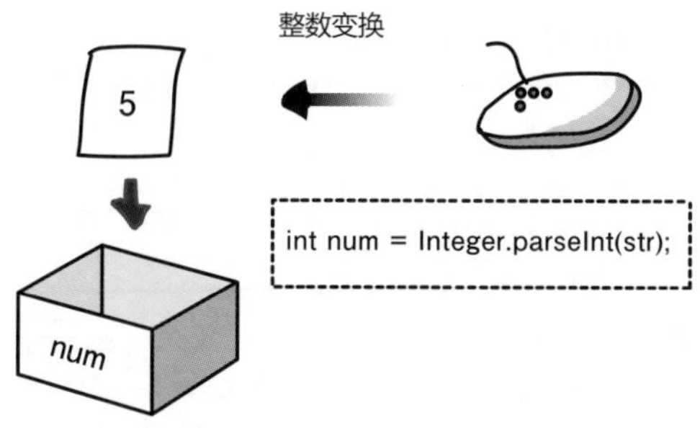

图 3-11　键盘输入转化为整型

要将存储键盘输入内容的变量当成整数来使用，需要先将其转化为整型。

错误输入

如果用户输入了错误的值会怎样呢？ 例如，对于输入整数的程序，如果用户输入小数会怎么样？

如果用户输入不正确，则显示不正确或者发生预期外的错误。

在 Java 中，发生这种输入错误等错误时，能够进行特殊处理。此部分内容会在本书第 14 章进行详细介绍，此处不作赘述。

但是，实际编写程序时，切记要考虑到用户输入错误的情况。

输入两个或多个数值

在此之前，我们编写了读取键盘输入的字符串和数值的代码。最后，作为对所学内容的运用，让我们试着编写连续输入两个以上数值的代码。

Sample6.java　输入两个以上的数值

```
import java.io.*;

class Sample6
{
    public static void main(String[] args) throws IOException
    {
        System.out.println(" 请输入两个整数。");
```

```
        BufferedReader br =
        new BufferedReader(new InputStreamReader(System.in));

        String str1 = br.readLine();
        String str2 = br.readLine();

        int num1 = Integer.parseInt(str1);
        int num2 = Integer.parseInt(str2);

        System.out.println("先输入了" + num1 + "。");
        System.out.println("接着输入了" + num2 + "。");
    }
}
```

连续输入两次

将它们转换为数值，分别存储在 num1 和 num2 中

Sample6 的运行结果

这个代码中有两个包含 readLine…的语句。因此，当运行这一程序时，能够从键盘上连续（依次）输入“5”或“10”这样的两个数值。

最初输入的“5”为变量 num1，之后输入的“10”为变量 num2，能够将它们分别转换为数值。由于编写的程序是最后输出 num1 和 num2，因此将输出输入的两个数值。

也许你会觉得从键盘输入代码可能有点复杂，但逐渐熟悉它的步骤就好了。

3.7 本章小结

本章学习了以下内容：

- 变量可以存储数据。
- 用类型和名称定义变量。
- 使用标识符作为变量的名称。
- 要为变量赋值，请使用“=”号。
- 初始化变量时，可以在定义的同时赋值。
- 当为变量赋新值时，变量的值将发生变化。
- 可以从键盘输入字符串。
- 字符串可以转换为数值。

变量是 Java 最基本的功能。话虽如此，本章中出现的示例，可能难以体现变量的价值。但是，当你写了大量的代码并看完这本书时，你就能明白变量是 Java 中不可或缺的功能。在习惯了各种变量之后，请返回本章，进行复习。

练习

1. 判断下列语句是否正确。

   ① int 型的变量可以存储带有小数点的值。

   ②在 float 型的变量中，只要是带有小数点的值，就可以存储任何值。

   ③ char 类型的大小为 2 字节。

2. 下面的代码中有错误的地方吗？如果有，请指出错误的地方。

```
class SampleP2
{
    public static void main(String[] args)
    {
        char ch;

        ch = 3.14;

        System.out.println(" 变量 ch 的值是 " + ch + "。");
    }
}
```

3. 请写出在屏幕中输出下列内容的代码。

```
你多少岁？
23 ↵
你 23 岁。
```

4. 请写出在屏幕中输出下列内容的代码。

```
圆周率的值是多少？
3.14 ↵
圆周率的值是 3.14。
```

5. 请写出在屏幕中输出下列内容的代码。

```
请输入身高与体重。
165.2 ↵
52.5 ↵
身高 165.2cm。
体重 52.5kg。
```

第 4 章

表达式和运算符

计算机可以执行各种各样的操作，在进行各种操作时就需要各种各样的运算。在编写 Java 程序时，与运算相关的功能也是必需的。在 Java 中，为了简化运算，创造了一个名为“运算符”的功能。本章将会学到各种运算符的使用方法。

Check Point

- 表达式
- 运算符
- 自增运算符
- 自减运算符
- 赋值运算符
- 移位运算符
- 运算符的优先顺序
- 类型转换
- 转换运算符

4.1 表达式和运算符简介

了解表达式的构造

计算机通过“计算”进行各种处理。因此，本章将首先学习表达式（expression）。为了更好地理解表达式，首先在脑海中浮现出 1+2 这样一个表达式，在 Java 中，常常在代码中使用这样的表达式。

Java 中的表达式多由运算符（运算：operator）和操作数（操作对象：operand）组合而成。例如，1+2 这个表达式中，“+”是运算符号，1 和 2 是操作数。

此外，表达式的判断也是一个重要的概念。为了理解判断，首先要对表达式的“计算”有个总体的印象，这个计算就相当于表达式的判断。

例如，1+2 被判断（的运算结果）为 3，判断（运算）后得到的这个 3 被称为“表达式的值”，如图 4-1 所示。

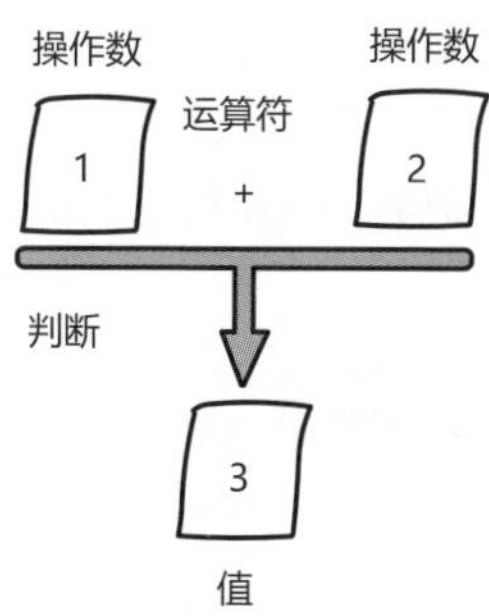

图 4-1　表达式

1+2 这个表达式经判断后得到 3 这个值。

输出表达式的值

使用前面学过的输出到屏幕的代码，能够输出表达式的值。试着输入下列代码。

Sample1.java　输出表达式的值

```
class Sample1
{
    public static void main(String[] args)
    {
        System.out.println("1+2 是 " + (1+2) + "。");
        System.out.println("3*4 是 " + (3*4) + "。");
    }
}
```

写成 1+2 这样一个表达式

Sample1 的运行结果

```
1+2 是 3。
3*4 是 12。
```

表达式经过判断后输出 3

在这个代码中出现了 1+2 这个表达式，表达式用 ( ) 括了起来。从运行画面来看，屏幕上输出了 3。

下面的语句也同样写入了 3*4 这个表达式，意思是计算 3 × 4。Java 使用“*”符号进行乘法运算。

如上所示，最终屏幕上输出的值是**表达式运算后的结果**。

各类运算

在表达式中能够成为操作数的，不仅仅是 1 和 2 这样的一定的数值。让我们试着输入下面的代码。

Sample2.java　使用变量的值

```
class Sample2
{
    public static void main(String[] args)
    {
        int num1 = 2;
        int num2 = 3;
        int sum = num1+num2;

        System.out.println(" 变量 num1 的值是 " + num1 + "。");
```

① 将 num1+num2 的值赋值给 sum

```
        System.out.println(" 变量 num2 的值是 " + num2 + "。");
        System.out.println("num1+num2 的值是 " + sum + "。");

        num1 = num1+1;        ②将 num1+1 的值赋值给 num1

        System.out.println(" 变量 num1 的值加上 1 后得到 " + num1 +"。");
    }
}
```

Sample2 的运行结果

```
变量 num1 的值是 2。
变量 num2 的值是 3。
num1+num2 的值是 5。
变量 num1 的值加上 1 后得到 3。
```

运算结果

在这个代码中，①和②的部分描述了使用变量作为操作数的表达式。就像这样，不仅是一定的值，变量也可以作为操作数。让我们一步一步地看一下。

首先，①的 sum=num1+num2 这个表达式进行的运算是将**变量 num1 和变量 num2 中存储的数据进行加法运算并将该值赋给变量 sum**。

接下来，②的 num1=num1+1 这一表达式进行的运算是**变量 num1 存储的数据加 1，再将得到的值赋值给 num1**。可以看出，等号的左右两边并不平衡，表达的是不同的意义。“=”并不是相等的意思，而是代表赋值这一功能。因此，这样的表达方式便是可行的，如图 4-2 所示。

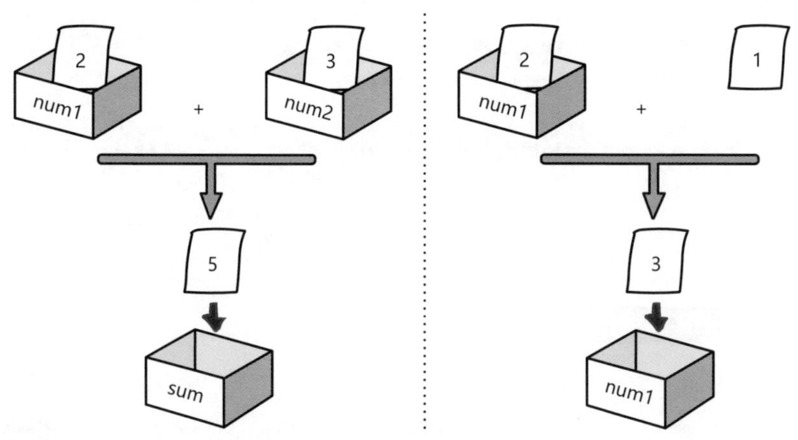

图 4-2　sum=num1+num2（左）、num1=num1+1（右）

变量中存储的数据也可以进行加法运算。

对键盘输入的值进行加法运算

那么，请稍微思考一下"使用变量的表达式"。如第 3 章所述，变量可以存储不同的数据。也就是说，如果一个表达式包含变量，**处理代码时表达式的值可以根据变量值的不同而不同**。利用这一特性，就能够写出更富有变化的程序。让我们试着输入以下代码。

Sample3.java　加法运算程序

```
import java.io.*;

class Sample3
{
    public static void main(String[] args) throws IOException
    {
        System.out.println("请输入两个整数。");

        BufferedReader br =
        new BufferedReader(new InputStreamReader(System.in));

        String str1 = br.readLine();
        String str2 = br.readLine();

        int num1 = Integer.parseInt(str1);
        int num2 = Integer.parseInt(str2);

        System.out.println("加法运算的结果为 " + (num1+num2) +
            "。");
    }
}
```

将输入的值存储到变量 num1 和 num2 中

输出 num1 和 num2 的值相加之后的结果

Sample3 的运行结果

```
请输入两个整数。
1
2
```

加法运算的结果为 3。

Sample3 是将从键盘输入的值存入变量并进行加法运算的代码，如图 4–3 所示。使用了在第 3 章中学到的接受键盘输入的代码。当运行程序并输入各种各样的整数时，会输出输入的数值进行加法运算后的结果。

像这样，如果使用变量和运算符编写代码，就可以写出与运行时的情况相应的程序。之前只能输出与输入的文本和数字相同的内容，现在我们能够输出将输入的数据进行不同的运算之后的结果。因此就可以写出更复杂多变的程序了。

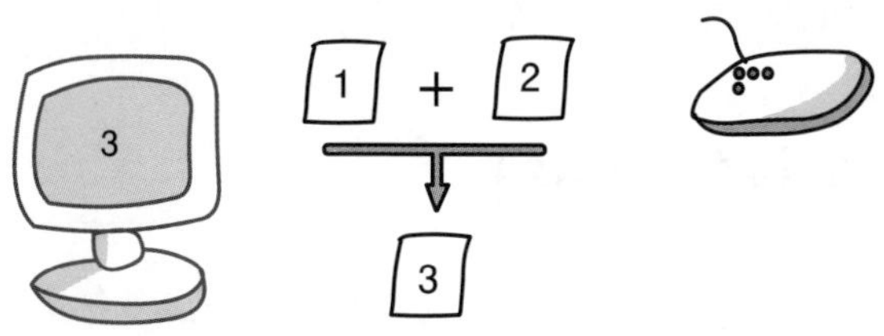

图 4–3　**接受键盘输入并进行加法运算**

可以输入数据之后进行加法运算。

各种各样的表达式

除了

1+2

3*4

这样的数学公式之外，也有类似于

num1

5

这样的表达式。

也就是说，表达式 5 的值为 5。另外，表达式 num1 的值，如果变量 num1 存储的是 5，则为 5，如果 num1 储存的是 10，则为 10。

像这样小的表达式和其他表达式组合起来，可以组成一个大的表达式。例如 num1+5 这一表达式的值，就是用表达式 num1 的值和表达式 5 的值相加得来的结果。

```
num1    +    5
 式          式
 └─────┬─────┘
       式
```

4.2 运算符的种类

各种各样的运算符

在 Java 中，除了“+”运算符之外，还有很多其他的运算符。主要的运算符见表 4–1。

表 4–1 运算符的种类

<table>
<tr><th>符 号</th><th>名 称</th><th>符 号</th><th>名 称</th></tr>
<tr><td>+</td><td>加</td><td>++</td><td>自增</td></tr>
<tr><td>–</td><td>减</td><td>––</td><td>自减</td></tr>
<tr><td>*</td><td>乘</td><td>></td><td>大于</td></tr>
<tr><td>/</td><td>除</td><td>>=</td><td>大于等于</td></tr>
<tr><td>%</td><td>求余或取模</td><td><</td><td>小于</td></tr>
<tr><td>+</td><td>正号</td><td><=</td><td>小于等于</td></tr>
<tr><td>–</td><td>负号</td><td>==</td><td>等于</td></tr>
<tr><td>~</td><td>按位取反</td><td>!=</td><td>不等于</td></tr>
<tr><td>&</td><td>按位与</td><td>instanceof</td><td>数据类型比较</td></tr>
<tr><td>|</td><td>按位或</td><td>!</td><td>逻辑非</td></tr>
<tr><td>^</td><td>按位异或</td><td>&&</td><td>逻辑与</td></tr>
<tr><td><<</td><td>按位左移</td><td>||</td><td>逻辑或</td></tr>
<tr><td>>></td><td>按位右移</td><td>? :</td><td>条件运算</td></tr>
<tr><td>>>></td><td>无符号右移</td><td>new</td><td>生成新对象</td></tr>
</table>

运算符可以有一个操作数，也可以有两个操作数。例如，下面这个进行减法运算的运算符有两个操作数。

```
10-2
```

另一方面，用于表示“负数”的“-”运算符是具有一个操作数的运算符。

```
-10
```


具有一个操作数的运算符可以称为**一元运算符**（unary operator）。现在，让我们试着用表 4-1 中的各种运算符来编写代码。

Sample4.java　使用各种运算符

```
class Sample4
{
    public static void main(String[] args)
    {
        int num1 = 10;
        int num2 = 5;

        System.out.println("对 num1+num2 进行各种运算。");
        System.out.println("num1+num2 是" + (num1+num2) + "。");
        System.out.println("num1-num2 是" + (num1-num2) + "。");
        System.out.println("num1*num2 是" + (num1*num2) + "。");
        System.out.println("num1/num2 是" + (num1/num2) + "。");
        System.out.println("num1%num2 是" + (num1%num2) + "。");
    }
}
```

进行各种各样的运算

Sample4 的运行结果

```
对 num1+num2 进行各种运算。
num1+num2 是 15。
num1-num2 是 5。
num1*num2 是 50。
num1/num2 是 2。
num1%num2 是 0。
```

在 Sample4 中，进行加法、减法、乘法和除法运算，也没有那么难。只是，可能不太熟悉最后的“%”这一运算符，它是计算“num1 ÷ num2= ●余▲”中▲部分的值的运算符（●代表商数，▲代表余数）。也就是说，“%”运算符为求余数的运算符。因为代码为“10 ÷ 5=2 余 0”，所以输出的是 0。

“%”运算符通常用于分组等。例如，求一个整数除以 5 的余数，则可以是 0 到 4 之间的任意一个值，因此就可以分成 0 ~ 4 的 5 个组。

试着更改 num1 和 num2 的值来执行各种操作。但是，“/”运算符和“%”运算符不能用整数值除以零。

字符串连接运算符

此外，“+”运算符也起到连接字符串的作用。请看 Sample4 中使用的以下部分的代码。

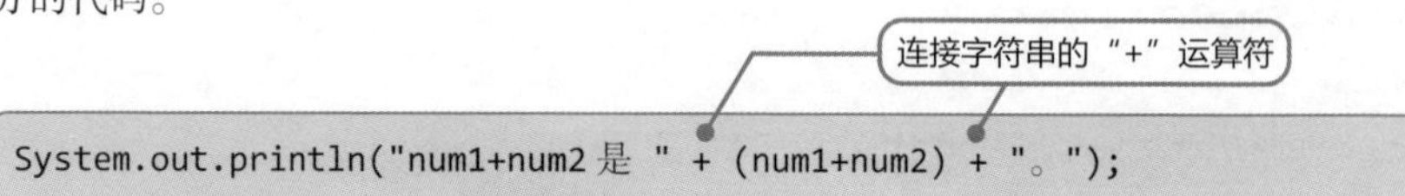


```
System.out.println("num1+num2 是 " + (num1+num2) + "。");
```

如果操作数是由双引号（" "）分隔的字符串，则运算符“+”起到将字符串连接在一起的作用。这时，在操作数的其中一个是数值的情况下，这个数值会被转换成字符串并连接在一起。

要连接字符串，使用“+”运算符。

自增 / 自减运算符

那么，让我们来看看在表 4-1 的运算符中，编写程序时经常使用的运算符。首先，请看表中的“++”这个运算符，此运算符的使用如下所示。

```
a++;
```

“++”运算符被称为**自增运算符**（increment operator）。

自增是将（变量的）值增加 1 的运算。也就是说，在下面的代码中将变量 a 的值增加 1，因此执行与上面的代码相同的处理。

```
a = a+1;
```

值 +1 的运算，也可以这样写

另一方面，连续 2 个“–”的“– –”被称为**自减运算符**（decrement operator）。“自减”是指将变量的值减少 1 的运算，如图 4-4 所示。

```
b--;
```
变量 b 的值减 1

这个自减运算符，与下面的代码意思相同。

```
b = b-1;
```
值 -1 的运算，也可以这样写

自增 / 自减运算符，运行将变量值加 1 或减 1 的运算。

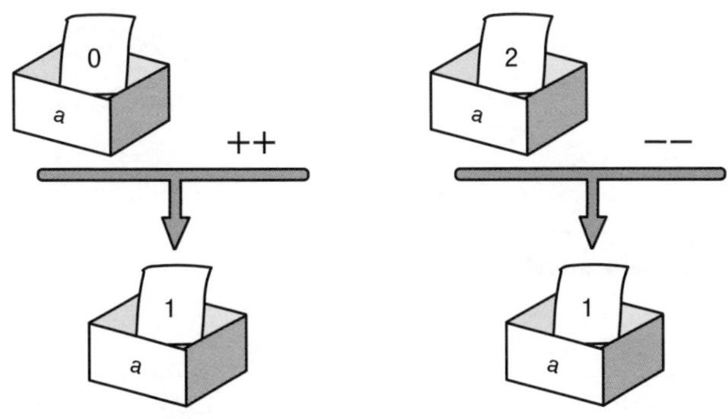

图 4-4　自增（左）和自减（右）

将变量值加 1 或减 1 的运算，使用自增 / 自减运算符。

自增 / 自减的前置和后置

自增 / 自减运算符可以位于操作数之前或之后。也就是说，变量 a 自增时，可以有以下两种写法。

```
a++
++a
```

如上所示，把自增运算符置于操作数的后面时为后置自增运算符，置于操作数前面时为前置自增运算符。如果只是要达到把变量增加 1 的目的，哪种写法都是可以的。

但是，由于写法的不同，有时程序的执行结果也会不同。请尝试编写以下代码。

Sample5.java 前置和后置自增运算符的使用

```
class Sample5
{
    public static void main(String[] args)
    {
        int a = 0;
        int b = 0;

        b = a++;        使用后置自增运算符

        System.out.println( " b 的值为 " + b + "，因为它是在赋值之后
            递增的。");
    }
}
```

Sample5 的运行结果

```
b 的值为 0，因为它是在赋值之后递增的。
```

在上面的代码中我们使用的是后置自增运算符。但是，当我们使用前置自增运算符时，产生了不同的结果。让我们试着将代码中的自增运算符按照下面的方法更改为前置自增运算符，再次写出程序。

```
...
b = ++a;        使用前置自增运算符
System.out.println( " b 的值为 "+ b + "，因为它是在赋值之前递增的。" );
...
```

运行程序，输出如下。

更改后的 Sample5 的运行结果

```
b 的值为 1，因为它是在赋值之前递增的。
```

在刚开始使用的后置自增运算符中，进行了**将 a 的值赋给变量 b，然后将 a 的值增加 1** 的处理，但是，使用前置自增运算符进行的却是相反的处理，**先将 a 的值增加 1，然后将 a 的值赋给变量 b**。因此，输出的变量 b 的值不同，如图 4-5 所示。这里虽然省略了代码，但自减运算符具有相同的性质。让我们一边观察

Sample5，一边试着使用前置、后置自减运算符的代码来写程序。

前置自增运算符，递增之后赋值；
后置自增运算符，赋值之后递增。

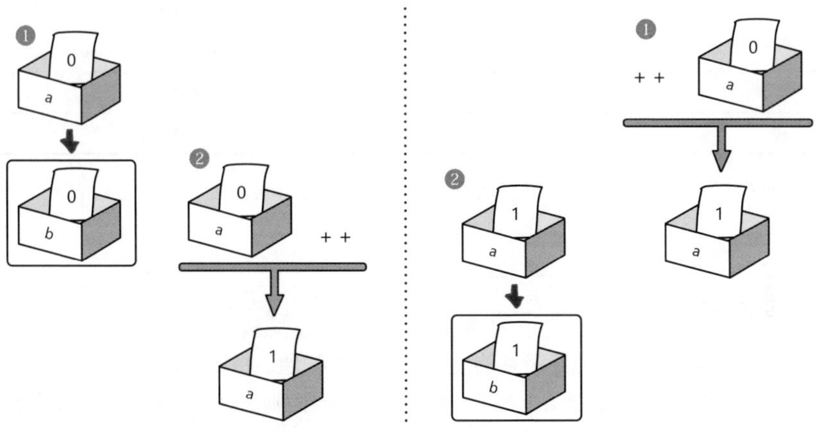

图 4-5　自增运算符的前置与后置

后置时，赋值之后变量的值增加；前置时，赋值之前变量的值增加。

赋值运算符

接下来，了解一下**赋值运算符**（assignment operator）。赋值运算符，指的是之前学过的给变量赋值时使用的符号“=”，已经说过这个运算符不是通常的“等于”的意思。也就是说，赋值运算符是具有**用右边的值赋给左边的变量**这一功能的运算符。赋值运算符不只包括“=”,还包括“=”与其他运算符相组合构成的运算符，请参见表 4-2。

表 4-2　赋值运算符的变式

符　号	名　称
+=	加法赋值
–=	减法赋值
*=	乘法赋值
/=	除法赋值

续表

符　号	名　称
%=	求余赋值
&=	按位与赋值
| =	按位或赋值
^=	异或赋值
<<=	左移赋值
>>=	右移赋值
>>>=	无符号右移赋值

这些赋值运算符是一种复合运算符，用于将赋值与其他运算同时进行，如“+=”运算符。

```
a += b;
```


“+=”运算符处理为**变量 a 的值加上变量 b 的值，将该值赋给变量 a**。将运算符“+”和“=”的功能结合在了一起，像这样，与四则运算等运算符（假设是●）相组合的复合赋值运算符的语句（见图 4-6）：

```
a ● = b;
```

可以使用普通的赋值运算符“=”写成下面的代码。

```
a = a ● b;
```

也就是说，下面的两个语句中的任意一个都可以表示“变量 a 的值和变量 b 的值加起来并赋给变量 a”这一处理。

```
a += b;
a = a+b;
```


此外，在复合赋值运算符中，

```
a + = b;
```


“+”和“=”之间不能有空格。

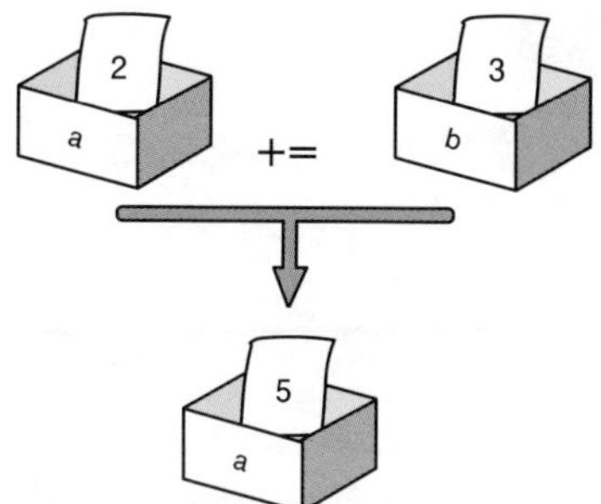

图 4-6　**复合赋值运算符**

使用复合赋值运算符，可以简洁地写出四则运算和赋值的代码。

试着使用“+=”运算符编写代码。

Sample6.java　使用复合赋值运算符

```
import java.io.*;

class Sample6
{
    public static void main(String[] args) throws IOException
    {
        System.out.println(" 请输入三个整数。");

        BufferedReader br =
        new BufferedReader(new InputStreamReader(System.in));

        String str1 = br.readLine();
        String str2 = br.readLine();
        String str3 = br.readLine();

        int sum = 0;
        sum += Integer.parseInt(str1);
        sum += Integer.parseInt(str2);
        sum += Integer.parseInt(str3);

        System.out.println(" 这三个整数的总和是 " + sum + "。");
    }
}
```

使用复杂的赋值运算符

Sample6 的运行结果

```
请输入三个整数。
1 ↵
3 ↵
4 ↵
这三个整数的总和是 8。
```

在这个样本中，将输入的三个整数的加法运算的结果，使用“+=”运算符按顺序存储在变量 sum 中。通过使用“+=”运算符，让代码更简洁，请思考一下使用“+”运算符和“=”运算符写出相同代码的方法。

移位运算符

最后，看一下更复杂的运算符，也就是表 4-1 中用“<<”“>>”“>>>”符号表示的**移位运算符**（shift operator）。所谓移位运算，就是**用二进制表示数值时，向左或向右移动**指定的位数。

例如，“<<”运算符被称为**左移运算符**，进行的操作就是**将用二进制数表示的值，从右边向左移动指定的位数，右边空出的位数用 0 填补**。描述起来句子有点长，我们举个例子来解释。

在此，请思考一下对 short 型（第 3 章）的值进行 5<<2 的左移演算。

5<<2 的运算如下所示。

```
5      0000000000000101
<< 2                                 将其向左移动两位数，然
-------------------------------      后从最右边插入 0
20     0000000000010100
```

也就是说，5<<2 相当于 20。

另一方面，“>>”运算符被称为**右移运算符**，它进行的操作是**将一个二进制的操作数按指定移动的位数向右移动指定的位数，左边移出的空位如果是正数补 0，负数补 1**。5>>2 的运算如下所示。

```
5      0000000000000101
>> 2                                 将其向右移动两位数，然
-------------------------------      后从最左边插入 0
1      0000000000000001
```

此外，在 Java 中，还有不管正负，都从左端插入 0 的右移位演算“>>>”运算符。

移位运算符的意思

移位操作是将二进制数字向左或向右移位的操作。这个操作有什么意义呢?

例如，平时使用的十进制，“向左移动一位，就意味着数字乘以 10^1（10）倍。另外，如果移动两位数，意思就是乘以 10^2（100）倍。

十进制　5

50　向左移动一位数（乘以 10）

500　向左移动两位数（乘以 100）

同样，二进制的数向左移动一位，表示数字乘以 2^1=2 倍，如果移动两位，那就意味着 2^2=4 倍。

二进制　101

1010　向左移动一位数（双精度）

10100　向左移动两位数（乘以 4）

思考一下将十进制 5 向左移动 2 的运算，这意味着二进制 101 向左移动两位数。正如刚才看到的那样，5<<2 的结果是 20。这确实是 5 的“4 倍”数值。

右移运算与左移运算相反，即 1/2 倍，1/4 倍，1/8 倍……但是，如前所述，在右移位运算的情况下，放入左端的位的处理会有所不同。

由于计算机内部是以二进制处理数值的，所以移位运算的处理速度比通常的四则运算快。因此，使用移位运算进行处理有时会更方便。

4.3 运算符优先级

运算符

请看下面的表达式。

```
a+2*5
```

先计算 2*5

此表达式使用两个运算符：“+”运算符和“*”运算符。一个表达式中使用多个运算符时，表达式以怎样的顺序进行运算呢?

在通常的四则运算中，乘法比加法先计算，这是因为在数学公式的运算法则中，乘法运算的**优先级高于**加法运算。Java 运算符也是如此，上面的代码先计算 2*5，然后计算 a+10。

也可以更改运算符的优先级。和普通的表达式一样，使用括号，使其优先运算括号内的内容。在下面的表达式中，首先计算 a+2，然后将其值乘以 5。

```
(a+2)*5
```

优先计算括号内的内容

那么，其他运算符会怎么样呢？请看下面的表达式。

```
a = b+2;
```

由于赋值运算符的优先级低于四则运算符，因此该表达式的运算顺序与下面的表达式相同。

```
a = (b+2);
```

优先计算 b+2

Java 运算符的优先级见表 4–3。

表 4-3　运算符的优先级

符　号	名　称	结合规则
( )	调用方法参数	左
[ ]	数组访问	左
.	类成员访问	左
++	后置自增符号	左
--	后置自减符号	左
!	按位非	右
~	按位取反	右
+	正号	右
-	负号	右
++	前置自增符号	右
--	前置自减符号	右
new	生成新对象	右
( )	强制类型转换符	右
*	乘法	左
/	除法	左
%	求余或取模	左
+	加法（连接字符串）	左
-	减法	左
<<	按位左移	左
>>	按位右移	左
>>>	按位无符号右移	左
>	大于	左
>=	大于等于	左
<	小于	左
<=	小于等于	左
instanceof	数据类型比较	左
==	等于	左
!=	不等于	左
&	按位与	左
^	按位异或	左

续表

符　号	名　称	结合规则
|	按位或	左
&&	逻辑与	左
||	逻辑或	左
? :	条件运算符	条件
=	赋值	右

相关逻辑如图 4–7 所示。

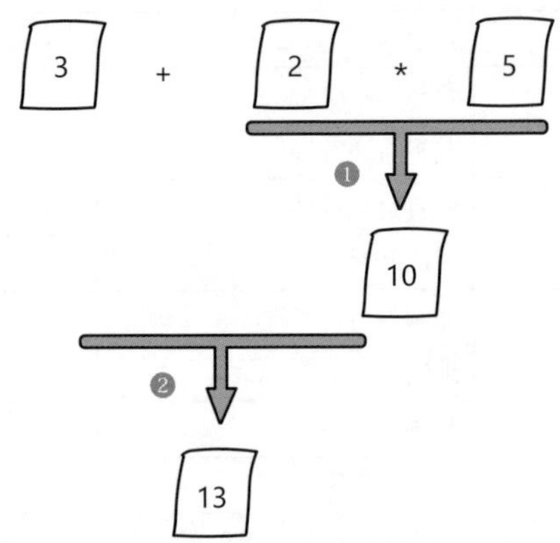

图 4–7　**运算符的优先级**

运算符有优先级，要更改优先级时用括号。

使用具有相同优先级的运算符

同时使用相同优先级的运算符时会发生什么呢？在四则运算中，优先顺序相同的情况下，一定是“从左到右”计算的规则。这样的运算顺序称为**左结合**（left associative）。

Java 的“+”运算符也是左结合运算符。也就是说，

```
a+b+1
```

这个表达式是按照下面这个顺序进行运算的。

```
(a+b)+1
```

从左开始计算

相反，也有从右开始运算的运算符，将其称为**右结合**（right associative）。例如，赋值运算符是右结合运算符。也就是说，

```
a = b = 1
```

按照以下顺序从右开始计算。

```
a = (b = 1)
```

从右开始计算

首先给变量 b 赋值 1，接着给变量 a 也赋值 1。通常，一元运算符和赋值运算符是右结合运算符。

调整运算符的优先级

如果不注意运算符的优先级，可能会产生奇怪的结果。例如，在本章的第一个代码中，使用括号来输出算式 1+2 的计算结果。

```
System.out.println("1+2 是 " + (1+2) + "。");
```

这里的括号，用于更改运算符的优先级。那么，如果这个表达式不加括号会怎么样呢？请尝试输入以下代码。

Sample7.java　不加括号

```
class Sample7
{
    public static void main(String[] args)
    {
        System.out.println("1+2 是 " + 1+2 + "。");
        System.out.println("3*4 是 " + 3*4 + "。");
    }
}
```

此处不加括号

Sample7 的运行结果

```
1+2 是 12。
3*4 是 12。
```

先将其作为字符串连接

加法部分的输出有点奇怪吧？这是因为把 1 和 2 连接成字符串的运算符的操

作从左开始。首先进行连接 1 和 2 的操作，所以输出的不是 3，而是连接之后得到的“12”这两个字符。因此，为了计算 1+2 这个数值，这里需要用括号把这个部分括起来优先进行运算。

另外，下面的 3*4 的运算，由于“*”运算符的优先级高，所以即使不加括号也能正确输出计算结果。但是，在本书中，为了使代码更容易看懂，在算式的部分加上括号。

4.4 数据类型转换

赋值给大的数据类型

实际上，到目前为止所看到的运算符与其操作数的数据类型都有密切的关系。首先，让我们看一下赋值运算符和数据类型的关系。请看下面将值赋给变量的代码。

Sample8.java　将小的数据类型值赋给大的数据类型

```
class Sample8
{
    public static void main(String[] args)
    {
        int inum = 160;

        System.out.println("身高" + inum + "cm。");

        System.out.println("赋值给 double 型变量。");
        double dnum = inum;    // 赋值给 double 型变量

        System.out.println("身高" + dnum + "cm。");
    }
}
```

Sample8 的运行结果

```
身高 160cm。
```

```
赋值给 double 型变量。
身高 160.0cm。
```

在此代码中，int 类型的变量的值被赋给 double 类型的变量。因此，int 类型的数据被转换为 double 类型并被赋值。

请回忆一下在第 3 章学到的数据类型的知识。在 Java 中，通常可以将**数据范围小的变量的值赋给数据范围更大的变量（同时完成小数据类型到大数据类型的转换）**。这种类型的转换称为**类型转换**，如图 4-8 所示。

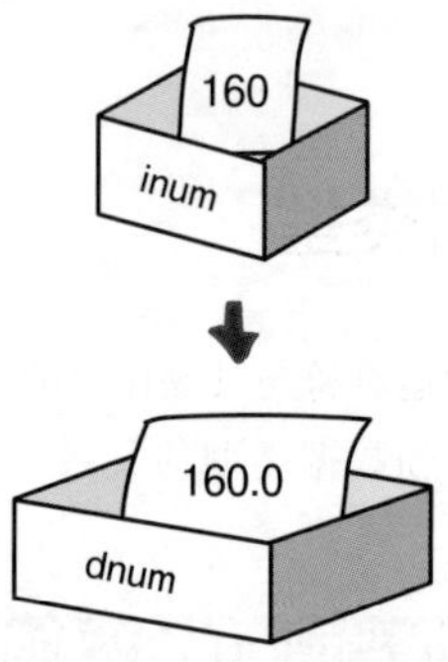

图 4-8 **赋值给大的数据类型**
可以将小的数据类型的值赋给大的数据类型的变量。

赋值给小的数据类型

相反，在数据范围较小类型的变量中赋值数据范围更大类型的值时会怎么样呢？请看下面的代码。

Sample9.java　将大的数据类型值赋给小的数据类型

```
class Sample9
{
    public static void main(String[] args)
    {
        double dnum = 160.5;

        System.out.println("身高" + dnum + "cm。");
```

```
        System.out.println(" 赋值给 int 型变量。");
        int inum = dnum;      无法赋值给数据范围小的类型

        System.out.println(" 身高 " + inum + "cm。");
    }
}
```

与 Sample8 相反，此处将 double 型变量的值赋给 int 类型的变量，可以看出，这样代码便无法编译，无法赋值。

要将数据范围大的类型变量赋值给数据范围小的类型变量，必须**清楚地说明类型转换**。要执行此操作，需要使用**强制类型转换运算符** (cast operator)。

类型转换符

```
( 数据类型 ) 表达式
```

转换运算符执行将表达式类型**转换为“( )”中指定的类型**的操作。

现在，让我们将 Sample9 转换成可以编译的形式。将 Sample9 中赋值的部分，按照下面代码改写。

```
...
int inum = (int)dnum;      指定要变换成为的类型
...
```

这样，就可以编译 Sample9.java 了，结果如下所示。

Sample9 的运行结果

```
身高 160.5cm。
赋值给 int 型变量。
身高 160cm。      舍弃了小数点变成了整数
```

使用转换运算符，就可以将数据范围较大的类型转换为数据范围较小的类型了。这样，就可以赋值了。

但是，数据范围较大的类型转换为数据范围较小的类型时，该类型中不能表示的部分将被舍弃。例如，值 160.5 不能直接存储在 int 类型的变量中，小数点之后的位数被舍弃，存储整数 160，如图 4-9 所示，请注意这一点。

转换运算符进行强制类型转换。

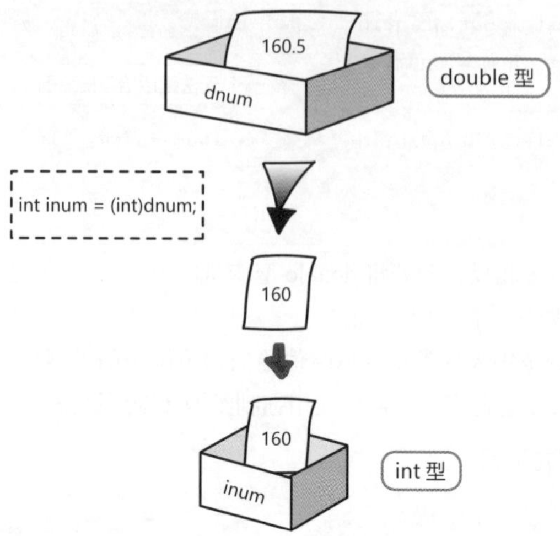

图 4-9 赋值给小的数据类型

将数据范围较大的类型的变量值赋给数据范围较小的类型的变量时，需要使用转换运算符。

转换运算符的使用

使用转换运算符也可以像 Sample8 一样，转换为大的类型的变量。

变成了 doule 类型

```
double dnum = (double)inum;
```

但是，Sample8 即使按照上面这样写，运行的结果也是一样的。

不同数据类型之间进行运算

接下来，我们来看看进行加法、减法、乘法和除法等四则运算的运算符和操作数数据类型的关系。请参见以下示例。

Sample10.java　不同数据类型间的运算

```
class Sample10
{
```

```
    public static void main(String[] args)
    {
        int d = 2;
        double pi = 3.14;

        System.out.println("直径是" + d + "cm的圆。");
        System.out.println("周长是" + (d*pi) + "cm。");
    }
}
```

进行 int 型的 d 转换为 double 型的运算

Sample10 的运行结果

```
直径是2cm的圆。
周长是6.28cm。
```

在这里，进行的是 int 型的 d 的值和 double 型的 pi 的值的乘法运算。在 Java 中，一般在运算符中包含了 2 个不同的操作数的情况下，规定**将一方的操作数转换成数据范围较大的类型后再进行运算**。也就是说，在这里 int 型的 d 值的 2 被转换成 double 型的数值 2.0 后，再进行乘法运算，得到的表达式的值也是 double 类型的值，如图 4–10 所示。

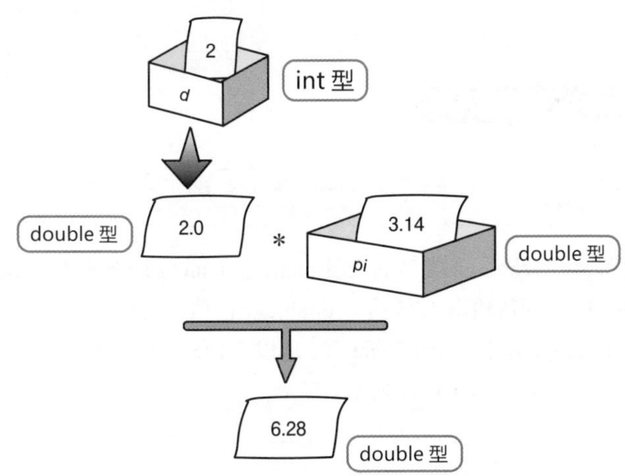

图 4–10　不同数据类型之间的运算

当操作数类型不同时，会将一方的操作数转换成数据范围较大的类型后再进行运算，得到的结果也是数据范围较大的类型。

相同数据类型之间进行运算

那么，在相同数据类型之间进行运算时会发生什么情况呢？同一数据类型之间进行的运算，得到的结果也是该数据类型的值。但是，也有一些代码，会使这样的运算产生意想不到的结果。请参见以下示例。

Sample11.java 相同数据类型的运算

```
class Sample11
{
    public static void main(String[] args)
    {
        int num1 = 5;
        int num2 = 4;

        double div = num1 / num2;

        System.out.println("5/4是" + div + "。");
    }
}
```

原本应该是进行5/4的运算

Sample11的运行结果

```
5/4是1.0。
```

没有得到预想的答案

这个代码试图使用int类型的变量num1和num2将5/4的结果赋值给double类型的变量div，期待输出1.25这一double型的值，所以进行了这样的编写。

但是，因为num1和num2是int型，所以5/4得到了1这一int型的值。所以，输出的值变成了1.0，如图4-11所示。

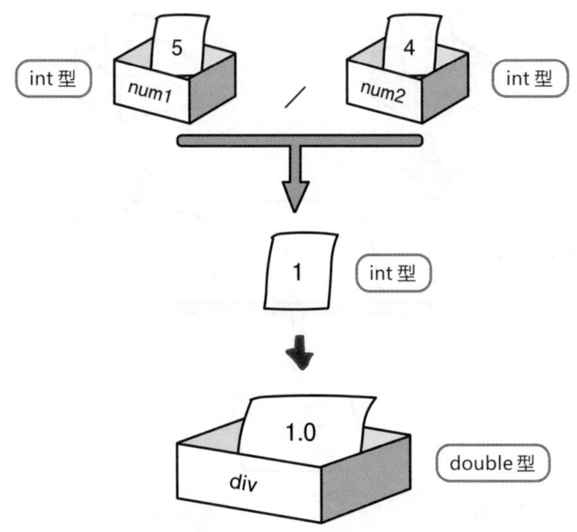

图 4-11　相同数据类型之间的运算
两个操作数都是 int 型的情况下，得到的结果也是 int 型。

为了让这个代码输出 1.25，必须将变量 num1 或 num2 中的至少一个转换为 double 类型，然后使用转换运算符按照以下所示重写除法部分。

```
...
double div = (double)num1/(double)num2;
...
```

使用强制转换运算符

转换了代码之后的运行结果如下。

转换后 Sample11 的运行结果

```
5/4 是 1.25。
```

按预期输出

这样，通过改写代码，就可以进行 double 型的运算，结果也是 double 类型，就可以输出 1.25 的答案了，如图 4-12 所示。

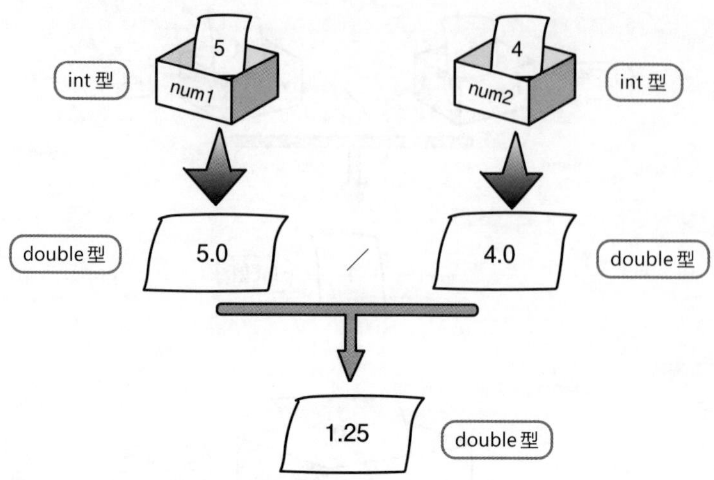

图 4-12 double 型的运算

在 sample11 中如果想要得到 double 型的结果，至少其中一方的操作数要通过类型转换运算符转换类型。

4.5 本章小结

本章学习了以下内容：

- 运算符与操作数组合创建表达式。
- 自增 / 自减运算符可以使变量值加 1 或减 1。
- 使用复合赋值运算符，可以进行四则运算和赋值运算的组合处理。
- 如果一个值被转换成一个数据范围较小的类型，部分值可能会丢失。
- 使用转换运算符，可以强制转换类型。
- 赋值时数据类型有时会发生转换。
- 四则运算时，有时数据类型会发生转换。

使用运算符，可以更紧凑地编写以四则运算为主的进行各种处理的程序。这里没有涉及所有运算符的处理方法，在接下来要介绍的代码中，还会出现各种各样的运算符。如果遇到不认识的运算符，请返回本章进行复习。

练习

1. 判断下列语句是否正确。

①为了将数据范围较小的类型的数值转换为数据范围较大的类型，需要显式的类型转换。

②为了将数据范围较大的类型的数值转换为数据范围较小的类型，需要进行显式的类型转换。

③不同类型之间的运算，要转换成数据范围较小的类型之后才能进行。

2. 请写出输出下列计算结果的代码。

```
0-4
3.14×2
5÷3
30÷7 的余数
(7 + 32)÷5
```

3. 从键盘输入正方形边长的整数，并写出如下所示求面积的代码。

```
请输入正方形的边长。
3 ↵
正方形的面积是 9。
```

4. 从键盘输入三角形的底边和高的整数，并写出如下所示求面积的代码。

提示：三角形面积 =（底边 * 高）/2。

```
请输入三角形的高和底边。
3 ↵
5 ↵
三角形的面积是 7.5。
```

5. 用键盘输入 5 个科目的考试分数，并写出如下所示求总分和平均分的代码。

```
请输入科目 1 ~ 5 的分数。
52 ↵
```

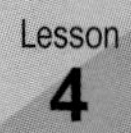


```
68 ↵
75 ↵
83 ↵
36 ↵
5门科目的总分是 314。
5门科目的平均分是 62.8。
```

第 5 章

个案处理

到目前为止，前面章节中讲述的处理，都是按照代码内的语句顺序一句一句地进行处理的。但是，想要进行更加复杂的处理，有时仅仅按顺序处理句子是无法完成的。Java 提供了一种将多个语句组合在一起并控制处理的方法。本章将学习根据特定情况控制处理的语句。

Check Point

- 条件
- 关系运算符
- 条件判断语句
- if 语句
- if ~ else 语句
- if ~ else if ~ else 语句
- switch 语句
- 逻辑运算符

5.1 关系运算符和条件

了解条件的构成

我们在日常生活中有时会遇到以下情况：

如果学习成绩好……

➡和朋友一起去旅行

如果学习成绩不好……

➡再学习一次

Java 也可以进行这种“根据情况处理”的操作。本章将学习如何在各种情况下进行复杂的处理。

为了在 Java 中表示各种状况，使用**条件**（condition）这一概念。例如，在上面的例子中，**成绩好**就是条件。

当然，在实际的 Java 代码中，并不是这样用汉字描述条件的。首先，请回想一下你在第 4 章学到的表达式。在第 4 章，我们学会使用表达式来得到数值。在这样的表达式中，

真（true）

假（false）

这两个值中表达其中一个在 Java 中被称为条件。true 或 false 表示条件“正确”或“不正确”。

例如，以“成绩好”为条件，条件为 true 或 false 时，就会出现以下情况：

如果你的成绩超过 80 分 ➡ 你的成绩是好的，条件是真

如果你的成绩不到 80 分 ➡ 你的成绩是不好的，条件是假

描述条件

明白了条件后，试着用 Java 的表达式来表示条件。我们有时用 3>1 的不等式来表示 3 比 1 大。确实，3 是比 1 大的数值，因此可以说这个不等式“正确”。另一方面，下面这个不等式又如何呢？

3<1

这个表达式可以说是“不正确”的。在 Java 中，也可以使用类似“>”的符号，前面的表达式的计算结果为 true，后面的表达式的计算结果为 false。也就是说，3>1 和 3<1 的表达式可以是 Java 的条件，如图 5-1 所示。

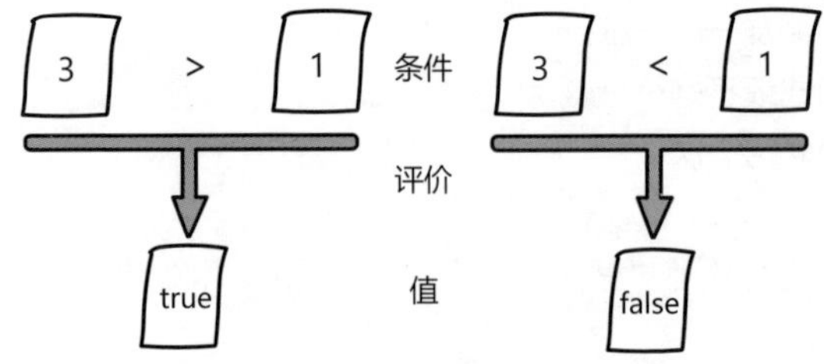

图 5-1 条件

可以使用关系运算符来描述条件，条件包含 true 和 false。

用于建立条件的“>”等符号被称为**关系运算符**（relational operator）。表 5-1 总结了各种关系运算符和条件为 true 时的情况。

从表 5-1 可以看出，“>”的情况下“左边比右边大的情况下为 true”，因此 3>1 为 true，否则，如 1>3 为 false。

表 5-1 关系运算符

运算符	表达式为 true 的情况
==	右边等于左边
!=	右边不等于左边
>	左边大于右边
>=	左边大于或等于右边

续表

运算符	表达式为 true 的情况
<	左边小于右边
<=	左边小于或等于右边

使用关系运算符描述条件。

使用关系运算符

现在，让我们使用关系运算符来描述多个条件。

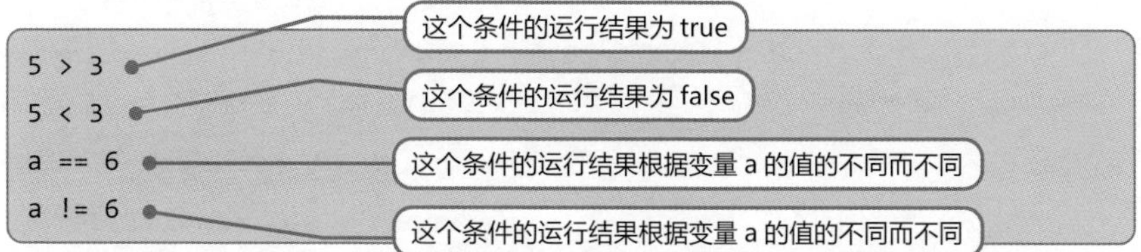

在 5>3 的条件下，5 比 3 大，因此表达式的值为 true。5<3 这一条件的表达式的值为 false。

也可以在条件中使用变量。 例如，条件 a==6 在变量 a 的值为 6 的情况下为 true，如果变量 a 的内容为 3 或 10，则为 false。这样，根据变量的值的不同，条件表示的值也不同，如图 5–2 所示。

同样，a!=6 是 a 的值不为 6 时为 true 的条件。

另外，"!=" 和 "==" 是一种两个字符的运算符，所以 "！" 和 "=" 之间不能有空格。

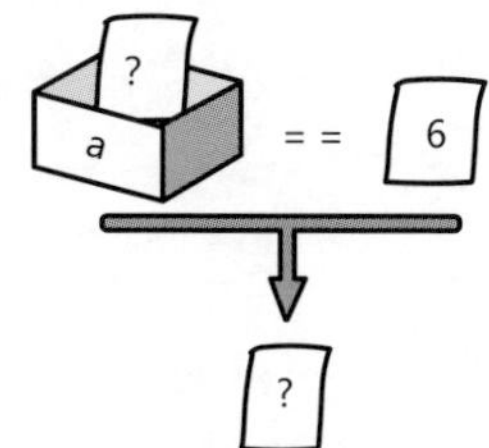

图 5–2　变量和条件

在把变量作为条件来使用的情况下，变量的值不同，运算结果就不同。

请回忆一下,“=”运算符被称为赋值运算符（第 4 章）,虽然形状相似,但“==”是不同类型的运算符（关系运算符）。

这两个运算符在编写代码时非常容易出错，在输入时一定要仔细。

不要弄错“=”（赋值运算符）和“==”（关系运算符）。

5.2 if 语句

了解 if 语句的构成

现在，来看看本章的主要内容，即根据不同的情况进行处理。

在 Java 中，根据情况进行处理时，记述了**根据条件的值（true 或 false）进行处理**的语句。这些语句称为**条件判断语句**。首先，我们来学习条件判断语句之一的 if 语句（if statement）这一句法。if 语句是当条件为 true 时处理指定的语句的语法，如图 5-3 所示。

if语句

```
if（条件）
语句；
```

条件为 true 时进行处理

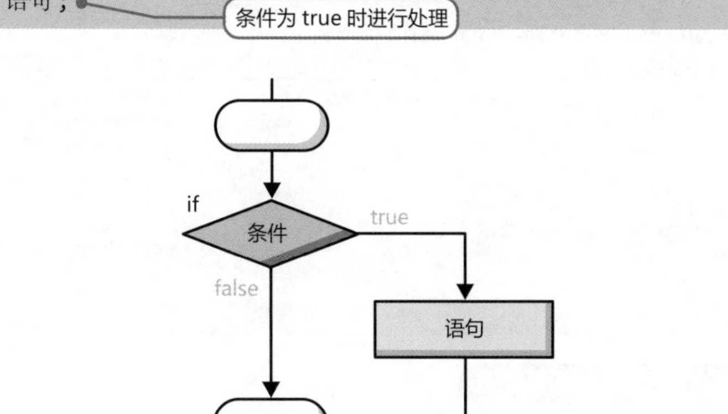

图 5-3　if 语句

if 语句是当条件为 true 时对指定的语句进行处理，当条件为 false 时，则不对指定的语句进行处理。

例如，把最初给出的例子用于 if 句，就会得到如下的代码。

if（成绩好）
去旅行

通过记述 if 句，条件（取得好成绩）为 true 时，进行“去旅行”的处理。成绩不好的情况下，不进行“去旅行”的处理。

那么，让我们输入代码，试着运行 if 语句。

Sample1.java 使用 if 语句

```
import java.io.*;

class Sample1
{
    public static void main(String[] args) throws IOException
    {
        System.out.println("请输入整数。");

        BufferedReader br =
        new BufferedReader(new InputStreamReader(System.in));

        String str = br.readLine();
        int res = Integer.parseInt(str);

        if(res == 1)
            System.out.println("输入了 1。");

        System.out.println("处理完毕。");
    }
}
```

①变量 res 里存储从键盘输入的内容

②如果输入的是 1，这个条件为 true

③这个语句被处理

Sample1 的运行画面之 1

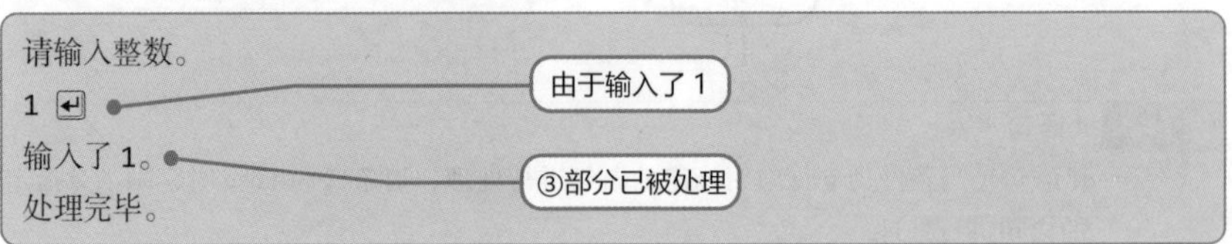

在 Sample1 中，如果条件 res==1 为 true，则③的部分被处理；如果为 false，则③的部分不被处理。

因此，用户输入 1 时，由于条件 res==1 为 true，③的部分被处理，输出的内容就与运行画面一致。

如果用户输入的字符不是 1，会发生什么呢？

Sample1 的运行画面之 2

if 语句的流程如图 5–4 所示。

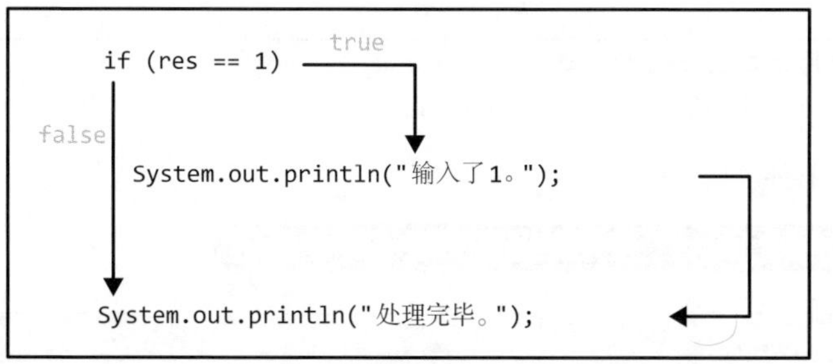

图 5–4　if 语句的流程

用 if 语句处理多个语句

在 Sample1 中，条件为 true 时，只进行了一个语句的简单处理。条件为 true 时，if 语句还可以处理多个语句，可以用“{}”制作块，来把多个语句结合在一起。于是，根据原则，在块中就会一句一句地按顺序进行处理。

处理多个语句构成的if语句

```
If（条件）{
语句 1;
语句 2;
...
}
```

条件为 true 时，按照语句的顺序进行处理

条件为 true 时，按照语句的顺序进行处理，如图 5–5 所示。

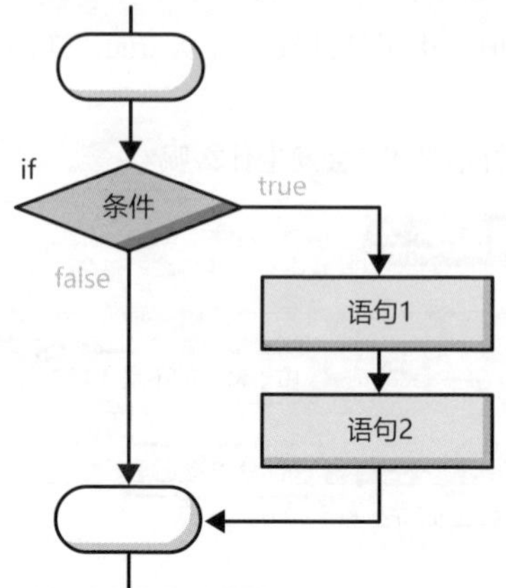

图 5–5 用 if 语句处理多个语句

可以用 if 语句处理 { } 块内的多个语句。

请看具体的例子：

Sample2.java 使用处理多个语句的 if 语句

```
import java.io.*;

class Sample2
{
    public static void main(String[] args) throws IOException
    {
        System.out.println("请输入整数。");

        BufferedReader br =
            new BufferedReader(new InputStreamReader(System.in));

        String str = br.readLine();
        int res = Integer.parseInt(str);
        if(res == 1){
            System.out.println("输入了 1。");
            System.out.println("选择了 1。");
        }
```

请输入整数

如果输入了 1(条件为 true 的情况)

在块内按顺序运行

```
        System.out.println("处理完毕。");
    }
}
```

Sample2 的运行画面之 1

如果用户输入 1，则条件为 true，块中的处理按顺序进行，并输出两行字符串；如果输入的值不是 1，则块内不进行处理，如下所示。

Sample2 的运行画面之 2

与运行画面之 1 的结果相比，就知道会有不进行处理的情况了，如图 5-6 所示。

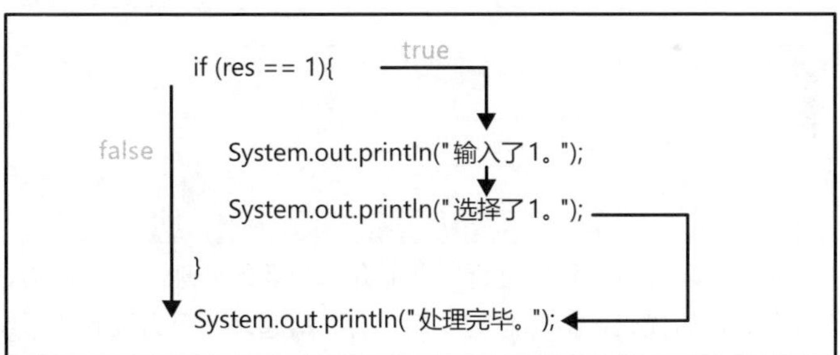

图 5-6　处理多个语句的 if 语句的流程

不放入块的情况

下面的代码与 Sample2 的代码相似，运行起来会怎样呢？

```
import java.io.*;

class Sample
{
    public static void main(String[] args) throws IOException
    {
        System.out.println("请输入整数。");

        BufferedReader br =
            new BufferedReader(new InputStreamReader(System.in));

        String str = br.readLine();
        int res = Integer.parseInt(str);

        if(res == 1)
            System.out.println("输入了1。");
            System.out.println("选择了1。");

        System.out.println("处理完毕。");
    }
}
```

①成为 if 语句的处理内容

②没有成为 if 语句处理的内容

从运行画面可以看出，程序进行了并非我们想要的处理。这是因为，尽管写的是处理多个语句的代码，但却忘记了用“{}”括起来，因为没有块，编译器只解释了 if 语句①。

为了防止这种情况的发生，应该注意哪一部分是 if 句的句法，为了便于理解而进行缩进，即使只有一个语句也要用块来包围，这样就可以写出容易阅读的代码。一定要注意块的内容。

在块内使用缩进，更容易阅读。

注意分号的使用

请注意分号在 if 语句中的位置。通常，if 语句的第一行是描述条件，然后进行换行，该行不需要分号。

```
if(res == 1)
    System.out.println("输入了 1。");
```

输入 1，第一行不使用分号

第二行使用分号

如果错误地在第一行加上分号，编译器不会报错。但在运行时，它将无法正常工作，所以一定要注意这一点。

5.3 if~else 语句

了解 if~else 语句的构成

前面在 5.2 节的 if 语句中，只有在条件为 true 的情况下，才进行特定的处理。为进一步丰富 if 语句，当条件为 false 时，也有处理指示语句的句法，这就是 if~else 语句。

if~else语句

```
if( 条件 )
    语句 1;
else
    语句 2;
```

在该句法中，条件为 true 时处理语句 1，条件为 false 时处理语句 2。

以本章的第一个例子为例，就是：

```
if（取得好成绩）
  去旅行
else
  再学习一次
```

在这里，当“取得好成绩”这一条件为 false 的情况下，也可以进行特定的处理（再学习一次）。

另外，if ~ else 语句也可以用“{}”来处理多个语句。此语法如下所示。

处理多个语句的if~else语句

```
if( 条件 ){
    语句 1;
    语句 2;
    ...
}
else{
    语句 3;
    语句 4;
    ...
}
```

当条件为 ture 时，按顺序处理语句 1 和语句 2；当条件为 false 时，按顺序处理语句 3 和语句 4，如图 5-7 所示。

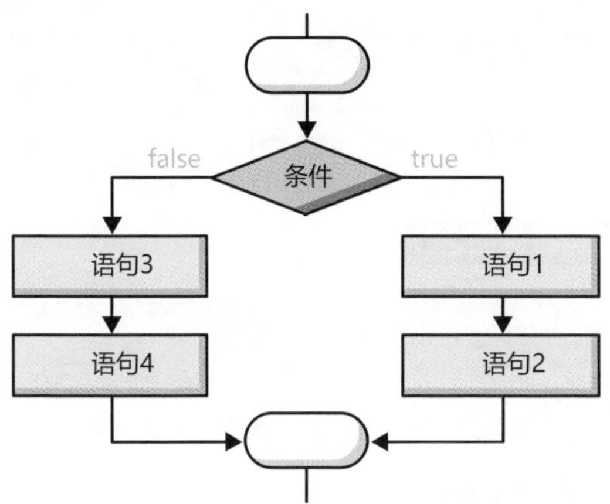

图 5-7　if~else 语句

if~else 语句中，当条件为 true 和 false 时，会进行不同的处理。也可以处理块内的多个语句。

下面，实践一下 if~else 语句，请输入下列代码。

Sample3.java　使用 if~else 语句

```
import java.io.*;

class Sample3
```

```
{
    public static void main(String[] args) throws IOException
    {
        System.out.println(" 请输入整数。");

        BufferedReader br =
            new BufferedReader(new InputStreamReader(System.in));

        String str = br.readLine();
        int res = Integer.parseInt(str);

        if(res == 1){
            System.out.println(" 输入了 1。");
        }
        else{
            System.out.println(" 输入了 1 以外的数字。");
        }
    }
}
```

①输入 1 的情况下（条件为 ture 的情况下），进行处理

②输入 1 以外的数字的情况（条件为 false 的情况），进行处理

Sample3 的运行画面之 1

```
请输入整数。
1 ↵
输入了 1。
```

Sample3 的运行画面之 2

```
请输入整数。
10 ↵
输入了 1 以外的数字。
```

显示了用户输入 1 和输入 10 两种画面。如果输入 1，则像以前一样处理①，否则，将处理②。if ~ else 语句可以根据情况进行处理。

如果使用 if~else 语句，可以根据两种不同的情况各自进行处理。

if ~ else 语句的流程如图 5-8 所示。

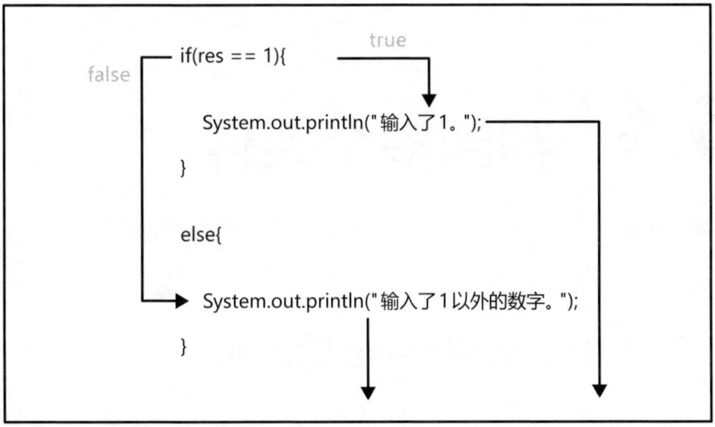

```
        if(res == 1){          true
false                     ↓
          System.out.println("输入了1。");
        }

        else{

          System.out.println("输入了1以外的数字。");
        }
```

图 5-8　if~else 语句的流程

5.4 判断多个条件

了解 if~else if~else 的构成

在 if 语句中，也可以判断两个以上的条件，并进行处理，就是 if~else if~else 语句。使用这个句法，可以判断两个以上的条件。

If~else if~else

```
if( 条件 1){
    语句 1;
    语句 2;      ——当条件 1 为真时处理
    ...
}
else if( 条件 2){
    语句 3;
    语句 4;      ——当条件 1 为假且条件 2 为真时处理
    ...
}
else if( 条件 3){
    ...          ——可以根据需要检查尽可能的条件
}
else{
    ...          ——当所有条件均为假时处理
}
```

在该句法中，先判断条件 1，如果为 true，则运行语句 1，语句 2…；如果为 false，则判断条件 2，并运行语句 3，语句 4…；如果所有条件都为 false，则处理最后一个 else 下面的语句。

例如：

if（成绩为“优”）
　　国外旅行
else if（成绩为“可以”）
　　国内旅行
else
　　再学习一次

根据上述情况，可以看到一个相当复杂的处理。

可以设置任意数量的 else if 条件，也可以省略最后的 else。如果省略了最后一个 else，并且不符合任何条件，则在此代码中不存在要进行的处理，如图 5-9 所示。

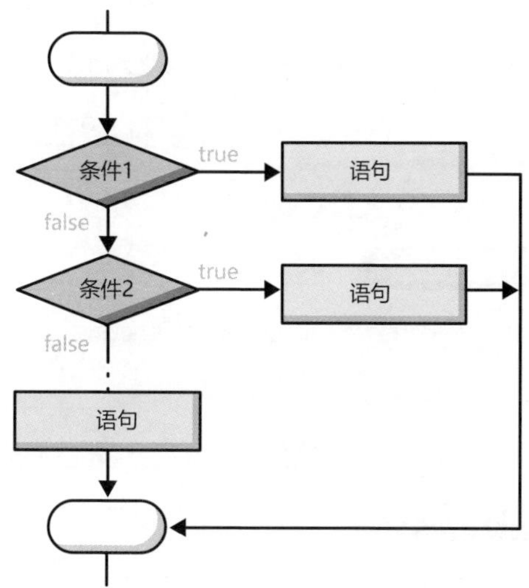

图 5-9　if~else if~else

if~else if~else 语句中可以根据多个条件进行处理。

使用这种结构，可以根据多个条件进行处理。下面，让我们试着编写代码。

Sample4.java　使用 if~else if~else

```
import java.io.*;

class Sample4
{
   public static void main(String[] args) throws IOException
```

```
    {
        System.out.println("请输入整数。");
        BufferedReader br =
            new BufferedReader(new InputStreamReader(System.in));
        String str = br.readLine();
        int res = Integer.parseInt(str);
        if(res == 1){
            System.out.println("输入了1。");
        }
        else if(res == 2){
            System.out.println("输入了2。");
        }
        else{
            System.out.println("输入了1或2之外的数字。");
        }
    }
}
```

①输入1时进行处理

②输入2时进行处理

③输入1或2之外的数字时进行处理

Sample4的运行画面之1

```
请输入整数。
1 ↵
输入了1。
```

Sample4的运行画面之2

```
请输入整数。
2 ↵
输入了2。
```

Sample4的运行画面之3

```
请输入整数。
3 ↵
输入了1或2之外的数字。
```

如果输入1，第一个条件为true，则①将被处理，其余部分不做处理。

如果输入2，则第一个条件为false，于是判断下一个条件。因为第二个条件是 true，所以处理②。

其他情况（两个条件都为 false 时）下，处理③，如图 5-10 所示。这样，使用 if ~ else if ~ else 的结构，可以判断多个条件，进行复杂的处理。

使用 if~else if~else 的结构，可以根据多个条件，进行复杂的处理。

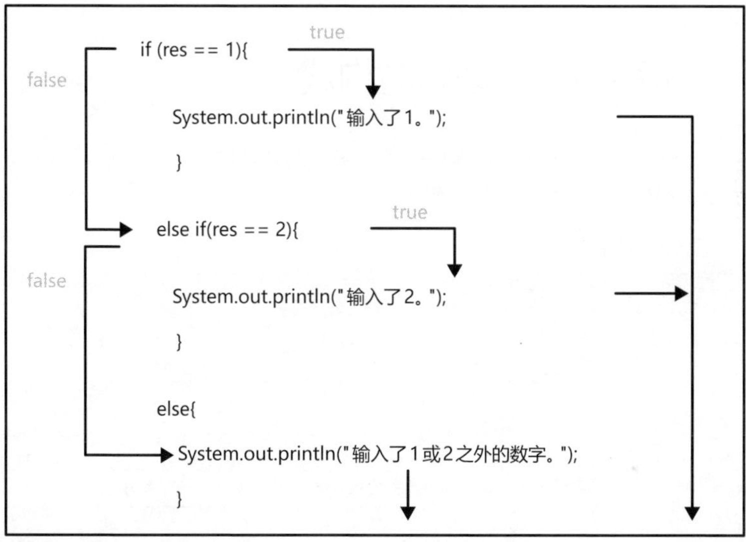

图 5-10　if~else if~else 的流程

5.5 switch 语句

了解 switch 语句的构成

与 if 语句一样，Java 中有可以根据条件来控制处理内容的 **switch 语句**（switch statement）语法。switch 语句如下所示。

语法 Switch语句

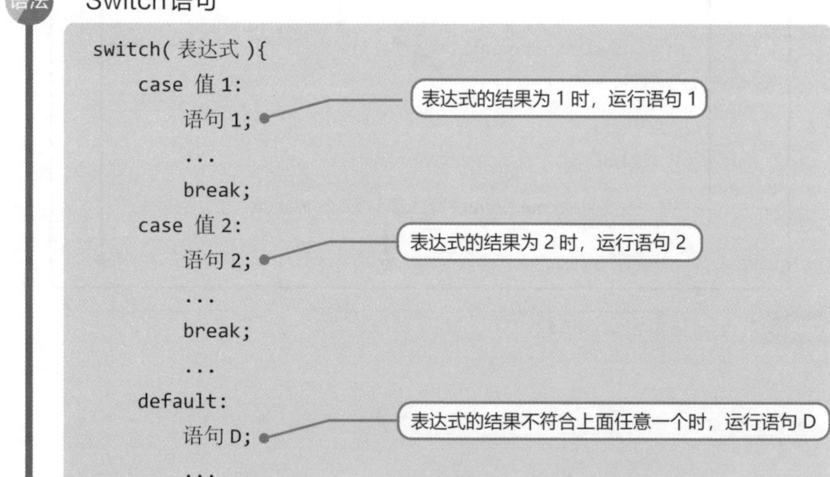

```
switch( 表达式 ){
    case 值 1:
        语句 1;
        ...
        break;
    case 值 2:
        语句 2;
        ...
        break;
        ...
    default:
        语句 D;
        ...
        break;
}
```


在 switch 语句中，如果 switch 语句中的表达式与 case 之后的值一致，则处理它之后直到 break 的语句。如果不符合任何条件，则处理 default 下面的语句。可以省略 default。

以 switch 语句为例，就会成为下面这样。

```
switch( 成绩 ){
  case 1:
    国外旅行く
    break;
  case 2:
    国内旅行く
    break;
    default:
    再学习一次
    break;
}
```

在这个 switch 语句中，根据不同的成绩进行了相应的处理。可以看到它与 if~else if~else 的处理方式相同。如果使用 switch 语句，有时可以更简单地编写 if~else if~else 语句，如图 5-11 所示。

使用 switch 语句，可以更简单地编写 if~else if~else 语句。

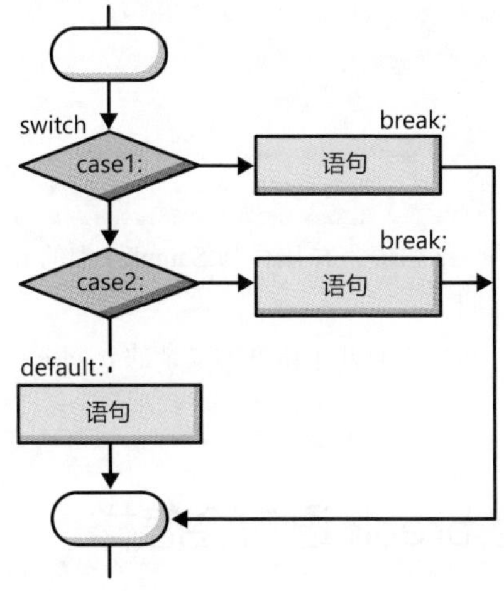

图 5-11　使用 switch 语句

也可以根据多个条件进行相应处理。

让我们来看看使用 switch 语句的示例。

Sample5.java switch 语句

```
import java.io.*;
class Sample5
{
    public static void main(String[] args) throws IOException
    {
        System.out.println("请输入整数。");
        BufferedReader br =
            new BufferedReader(new InputStreamReader(System.in));
        String str = br.readLine();
        int res = Integer.parseInt(str);
        switch(res){
            case 1:
                System.out.println("输入了 1。");
                break;
            case 2:
                System.out.println("输入了 2。");
                break;
            default:
                System.out.println("输入了 1 或 2 之外的数字。");
                break;
        }
    }
}
```


该代码先判断变量 res 的值，并执行与 Sample4 中的 if~else if~else 完全相同的处理。运行结果也相同。

在 switch 语句中，可以将有几个条件的复杂的 if~else if~else 语句简单地表达出来。

如果省略 break 语句会怎样

使用 switch 语句时有几个注意事项。让我们从 Sample5 的代码中去掉 break 语句，将其更改如下代码。

```
switch(res){
    case 1:
        System.out.println(" 输入了 1。");
    case 2:
        System.out.println(" 输入了 2。");
    default:
        System.out.println(" 输入了 1 或 2 之外的数字。");
}
```

没有 break 语句的 switch 语句

运行以上代码，将会出现如下画面。

在这个代码中，当输入 1 时，case 1: 之后的所有语句都被执行了，这就很奇怪了。因为 break 这个句子具有**强制切断块内处理流程**的作用。在 switch 语句中，块中的语句会被依次处理直到出现 break 语句或程序结束。所以，如果不在正确的位置放入 break 语句，就会出现奇怪的运行结果。

请注意，如果忘记写 break 语句或将其放置在错误位置，编译器不会显示错误。关于 break 语句，我们将在第 6 章详细讲解。

请注意 switch 语句中 break 语句的位置。

根据输入的文字进行不同的处理

之前，我们写了根据输入的数值的不同而进行不同处理的程序。接下来试试根据输入的文字（非数值）的不同进行不同处理的方法。

请看下面的代码。

Sample6.java　使用 switch 语句根据文字的不同而进行不同处理

```
import java.io.*;

class Sample6
{
    public static void main(String[] args) throws IOException
    {
    System.out.println(" 请输入 a 或 b。");

        BufferedReader br =
            new BufferedReader(new InputStreamReader(System.in));

        String str = br.readLine();
        char res = str.charAt(0);

        switch(res){
            case 'a':
                System.out.println(" 输入了 a。");
                break;
            case 'b':
                System.out.println(" 输入了 b。");
                break;
            default:
                System.out.println(" 请输入 a 或 b。");
                break;
        }
    }
}
```

①从输入的字符串中提取出文字

②根据不同的文字进行不同的处理

Sample6 的运行画面

```
请输入 a 或 b。
a ↵
输入了 a。
```

像①一样，写了 charAt(0) 行，就将输入字符串的第一个字符转换为文字，并将其赋值给转换为文字的 char 变量 res。

```
char res = str.charAt(0);
```

从输入的字符串中提取文字

我们将在第 10 章详细讲解 charAt( ) 的作用。在这里请记住，通过使用 charAt(0)，可以将字符存储到变量中。

这一 switch 语句是根据变量 res 中存储的“字符”进行分类的代码。请注意，如第 2 章所述，用引号引起来进行编写。

5.6 逻辑运算符

了解逻辑运算符的构成

在此之前，我们编写了使用各种条件的条件判断语句。在这样的语句中，如果要写更复杂的条件也会比较方便，如以下情况。

如果成绩为“优”，而且有钱……

➡去国外旅行

如果要满足这里的条件，与 5.1 节中列举的例子相比，表达了更为复杂的情况。如果要用 Java 来写出这样复杂的条件，需要使用**逻辑运算符**（logical operator）。逻辑运算符的作用是**将条件组合在一起，然后得到 true 或 false 的值**。

例如，如果使用逻辑运算符描述上述条件，则描述如下。

（成绩为“优”）&&（有钱）

“&&”运算符是当左边和右边都为 true 时，整体值为 true 的逻辑运算符。这种情况下，“成绩为优”且“有钱”时，条件为 true。如果其中任何一个条件不成立，则整体条件为 false，即不成立。

逻辑运算符按照表 5-2 所列的方式进行运算。

表 5-2 逻辑运算符

运算符	true 的情况	运算结果		
		左	右	全体
&&	左边和右边都为 true 左边：true 右边：true	false	false	false
		false	true	false
		true	false	false
		true	true	true

续表

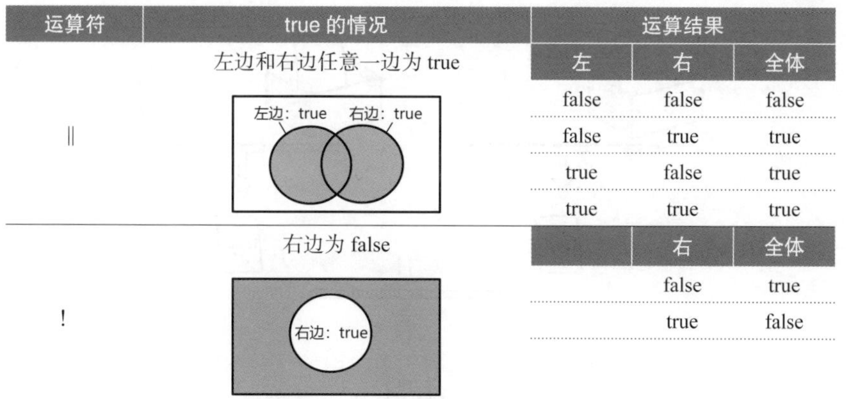

运算符	true 的情况	运算结果		
		左	右	全体
||	左边和右边任意一边为 true（左边：true　右边：true）	false	false	false
		false	true	true
		true	false	true
		true	true	true
			右	全体
!	右边为 false（右边：true）		false	true
			true	false

接下来，具体地看一下使用了逻辑运算符的代码。

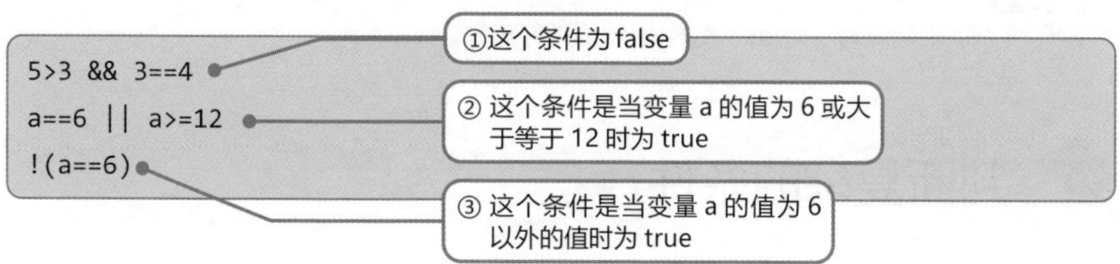

使用“&&”运算符的表达式，只有当左边和右边都为 true 时，整体才为 true。因此，条件①的值为 false。

使用“||”运算符的表达式，如果左边或右边为 true，则整个表达式为 true。因此，在条件②中，如果变量 a 的值为 6，则为 true；如果变量 a 的值为 5，则为 false。

“！”运算符是具有一个操作数的一元运算符，如果操作数为 false，则为 true。在条件③中，变量 a 不是 6，所以是 true。

使用逻辑运算符，可以把条件组合起来，形成复杂的条件。

实际上，使用逻辑运算符“&&”时，只有在左边的表达式为 true 的情况下，才会进行右边的表达式的计算；如果左边是 false，那么不管右边是 true 还是 false，整体的表达式都必须是 false。同样，“||”运算符只有当左边的表达式为 false 时，才计算右边的表达式。

在 Java 中，除了“&&”和“||”之外，还可以使用对右边和左边都进行运算的“&”和“|”两个逻辑运算符，来记述相同的条件。在本书中，只使用更简单的“&&”

和“||”，如图 5-12 所示。

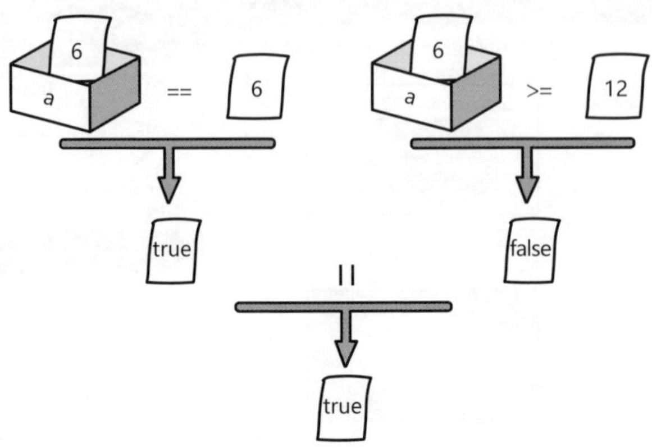

图 5-12 逻辑运算符

逻辑运算符，对 true 或 false 的值进行运算。

判断复杂的条件

运用目前学到的 if 等语句中使用的逻辑运算符，就可以判断更为复杂的条件并处理了。

现在，让我们试着使用逻辑运算符。

Sample7.java 使用逻辑运算符描述条件

```
import java.io.*;
class Sample7
{
    public static void main(String[] args) throws IOException
    {
        System.out.println(" 你是男性吗？ ");
        System.out.println(" 请输入 Y 或 N。");
        BufferedReader br =
            new BufferedReader(new InputStreamReader(System.in));
        String str = br.readLine();
        char res = str.charAt(0);
        if(res == 'Y' || res == 'y'){
            System.out.println(" 你是男性。");
        }
```

如果输入 Y 或 y，则处理

```
        else if(res == 'N' || res == 'n'){
            System.out.println("你是女性。");
        }
        else{
            System.out.println("请输入Y或N。");
        }
    }
}
```

输入N或n时处理

如果输入了Y、y、N、n以外的任何内容，则处理

Sample7 的运行画面之1

```
你是男性吗?
请输入Y或N。
Y ↵
你是男性。
```

Sample7 的运行画面之2

```
你是男性吗?
请输入Y或N。
N ↵
你是女性。
```

在Sample7中,根据从键盘输入的字符进行处理。字母有大写和小写,如Y和y,但在这里可以不分大小写，因此，在Sample7中，在if句的条件中使用了逻辑运算符“||”。另外，请记住文字用引号引起来。

如果使用“||”来编写代码，输入Y或y，都执行相同的操作。

了解条件运算符的构成

之前,我们已经学习了判断复杂条件的方法。此外,在进行简单的条件判断时，除了使用if语句，还可以使用**条件运算符**（conditional operator）中的“?:”来编写代码。代码如下：

```
import java.io.*;

public class Sample
```

```
{
    public static void main (String[] args) throws IOException
    {
        System.out.println(" 选择哪条路线？ ");
        System.out.println(" 请输入整数。");
        BufferedReader br =
            new BufferedReader(new InputStreamReader(System.in));

        String str = br.readLine();
        int res = Integer.parseInt(str);

        char ans;
        if(res == 1)
            ans = 'A';            使用 if 语句进行条件判断
        else
            ans = 'B';

        System.out.println(" 选择了路线 " + ans);
    }
}
```

这个代码，使用 if 语句描述了以下处理：当 res==1 为 true 时，将字母 A 赋值给变量 ans，在其他情况下，将字母 B 赋值给变量 ans。这样简单的条件判断，可以使用条件运算符中的“?:”进行如下改写。

Sample8.java　使用条件运算符

```
import java.io.*;

class Sample8
{
    public static void main(String[] args) throws IOException
    {
        System.out.println(" 选择哪条路线？ ");
        System.out.println(" 请输入整数。");

        BufferedReader br =
            new BufferedReader(new InputStreamReader(System.in));
```

```
        String str = br.readLine();
        int res = Integer.parseInt(str);

        char ans = (res == 1) ? 'A' : 'B';   // 把If语句用条件运算符替换

        System.out.println("选择了路线" + ans);
    }
}
```

Sample8 的运行画面

```
选择哪条路线?
请输入整数。
1
选择了路线A
```

由此可见，比使用 if 语句更简单。

下面来总结一下条件运算符“?:”的使用方法。

条件运算符

条件？ True 时的表达式 1 : false 时的表达式 2

条件运算符有三个操作数。当条件为 true 时，则整个表达式的值为表达式 1 的值，如果条件为 false，则整个表达式的值为表达式 2 的值。

如果 res==1 为 true，则 Sample8 表达式的值为 A，否则为 B，如图 5-13 所示。也就是说，其中一个值将被赋给变量 ans。

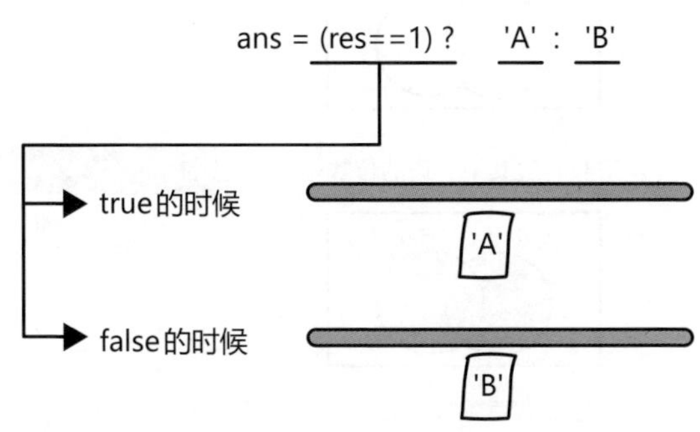

图 5-13　条件运算符

条件运算符，根据最初描述的条件的值，来确定整个表达式的值。

使用条件表达式，可以匹配简单的条件进行的处理。

位单位的逻辑运算符

Java 提供了一个名为“位单位逻辑运算符”的运算符，用于用二进制数表示数值时进行位数（位）之间的运算。

位单位逻辑运算符是用于**一个或两个二进制数字的每一位返回 0 或 1** 的运算符。

例如，如果两个数字的位数都是 1，则位单位逻辑运算符“&”将计算结果设置为 1，否则设置为 0。请参见以下示例。

```
 5       0000000000000101
&12      0000000000001100   ← 1&0 →结果为 0
─────────────────────────
 4       0000000000000100
```

如果使用 short 类型的数值进行“5&12”的运算，则结果为 4。

表 5-3 列出了这些运算符的用法。按位逻辑运算符是用于计算整数值的运算符。请注意，这与执行 true 或 false 操作的逻辑运算符不同。

表 5-3　按位逻辑运算符

运算符	结果为 1 的情况	结果：左	结果：右	结果：全体
&	左边和右边的位数都是 1 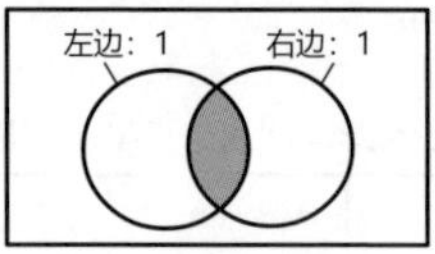 （图：左边：1　右边：1）	0	0	0
		0	1	0
		1	0	0
		1	1	1
|	左边和右边其中一边的位数是 1 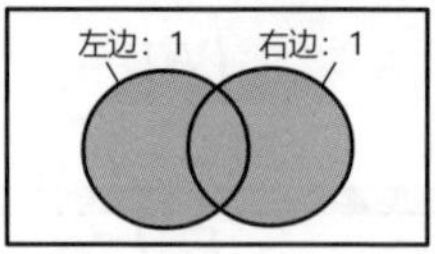 （图：左边：1　右边：1）	0	0	0
		0	1	0
		1	0	0
		1	1	1

Lesson 5

续表

运算符	结果为 1 的情况	结果		
		左	右	全体
^	左边和右边的位数不同 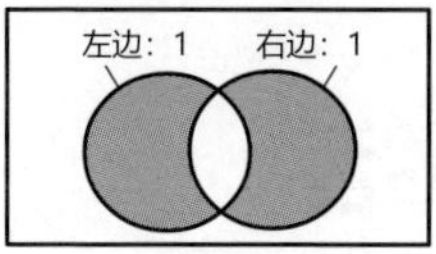 左边：1　右边：1	0	0	0
		0	1	1
		1	0	0
		1	1	0
			右	全体
~	右边的位数是 0  右边：1		0	1
			1	0

5.7 本章小结

本章学习了以下内容：

- 可以使用关系运算符创建条件。
- 可以使用 if 语句，根据条件进行处理。
- 利用 if 语句的变化，对各种条件进行匹配处理 。
- 使用 switch 语句，可以根据表达式的值进行匹配处理。
- 可以使用逻辑运算符创建复杂的条件。
- 可以使用条件运算符“?:”描述简单的条件处理。

如果使用 if 语句和 switch 语句，可以根据条件进行相应的处理，编写适用于各种不同情况的代码。在第 6 章中，将学习循环语句的用法，这样就可以编写更强大的代码了。

练习

1. 用逻辑运算符描述下列条件。

   ①变量 a 大于 0 且小于 10。

   ②变量 a 不为 0。

   ③变量 a 大于 10 或为 0。

2. 请编写要求从键盘输入整数，根据输入的数字输出不同信息的代码。

   值为偶数时——O 为偶数。

   值为奇数时——O 为奇数。

   （O 指的是输入的整数）

```
请输入整数。
1 ↵
1 是奇数。
```

3. 请编写要求从键盘输入两个整数值，并根据情况输出以下信息的代码。

   值相同时——2 个数是相同的值。

   其他情况——比起 O 来，× 更大。

   （O 和 × 代指输入的整数，O < × ）

```
请输入 2 个整数。
1 ↵
3 ↵
与 1 相比，3 的值更大。
```

4. 请编写要求从键盘输入两个整数值，并根据情况输出以下信息的代码。

   值为 0~10 时——回答正确。

   值为其他数字时——回答错误。

```
请输入 0~10 的整数。
1 ↵
正确。
```

5. 请编写要求从键盘输入从 1 到 5 的 5 个阶段内的成绩，并根据情况输出以下信息的代码。

成　绩	信　息
1	需要更努力
2	再稍微努力一点
3	把目标再定高一点
4	做得很好
5	非常优秀

```
请输入成绩。
3 ↵
把目标再定高一点
```

第 6 章

循环语句

在第 5 章，我们学习了根据条件控制处理的语句。此外，Java 还提供了其他语句控制功能，称为循环语句（重复语句），使用循环语句允许一次又一次地重复相同的过程。本章将学习循环语句。

Check Point

- 循环语句
- for 语句
- while 语句
- do~while 语句
- 句子的嵌套
- break 语句
- continue 语句

6.1 for 语句

了解 for 语句的构成

在第 5 章中，学习了如何根据条件值控制处理的句子。在 Java 中还可以进行其他复杂的处理，例如：

我通过考试前……

➡持续参加考试

在日常生活中也会进行“反复的处理”，早上起床，刷牙，吃早饭，上学……我们的生活就是这样重复的。

在 Java 中，这样的处理可以用**循环语句**（loop statement）来记述。Java 中的循环语句有 for 语句、while 语句和 do ~ while 语句 3 种类型。

首先从 for 句（for statement）开始学习。

for语句

```
for（初始化的表达式 1；确认是否循环的表达式 2；为变化的表达式 3）
    语句；
```

反复运行语句

关于 for 语句详细的处理顺序，将在后面的实例中学习，这里只看形式。

此外，与 if 语句一样，for 语句也可以处理多个语句，如图 6-1 所示。重复多个语句时，和 if 语句一样，用“{}”括起来，将其作为块。

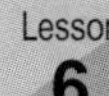

for 语句

```
for（初始化的表达式 1；确认是否循环的表达式 2；为变化的表达式 3）{
    语句 1;
    语句 2;
}
```

按照块内的顺序反复运行

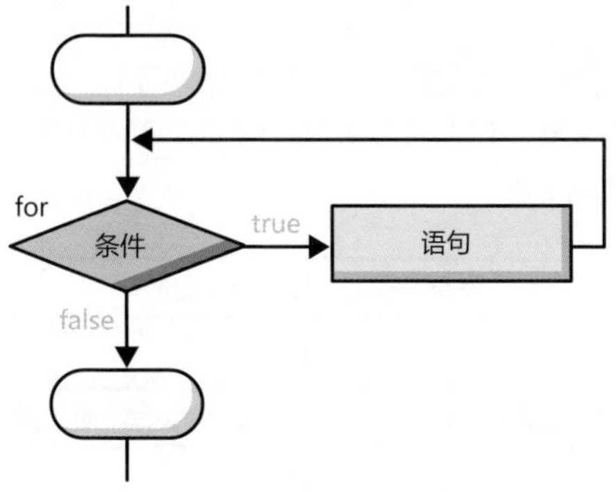

图 6–1　for 语句

使用 for 语句，可以进行反复处理。

如果在 for 语句中使用块，则可以重复块中的语句 1，语句 2……

让我们来实际使用一下 for 语句。

Sample1.java　使用 for 语句

```
class Sample1
{
    public static void main(String[] args)
    {
        for(int i=1; i<=5; i++){
            System.out.println("反复。");
        }
        System.out.println("反复完毕。");
    }
}
```

逐渐增加变量 i 的数值，直到 i<=5 为 false

循环该语句

Sample1 的运行画面

```
反复。
反复。
反复。
反复。
反复。
反复完毕。
```

for 语句使用变量来计算重复的次数。例如，上面的代码使用变量 i，然后，按照以下顺序进行处理：

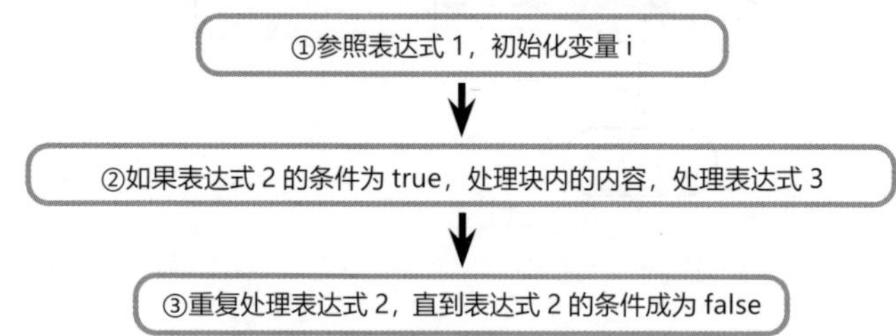

也就是说，在这个 for 语句中，用 1 初始化变量 i 后，直到条件 i<=5 变为 false 为止，重复 i++，反复在画面输出“反复。”这一语句。

要理解 for 语句，参照下面的情况也许更容易理解。

```
for(int i=1; i<=5; i++){
   参加考试
}
```

在 for 语句的处理中，在变量 i 从 1 增加到 5 的过程中，反复进行测试。也就是说，在这种情况下，要反复参加 5 次考试。

使用 for 语句，可以描述反复进行。

在循环中使用变量

在 Sample1 中，每次重复都会在画面上输出文字，但是，如果能输出重复的次数就更方便了。为此，请输入以下代码。

Sample2.java　输出重复的次数

```
class Sample2
{
    public static void main(String[] args)
    {
        for(int i=1; i<=5; i++){
            System.out.println(" 第 " + i + " 次反复 ");
        }
        System.out.println(" 反复完毕 ");
    }
}
```

在反复处理中使用变量 i

Sample2 的运行画面

```
第 1 次反复
第 2 次反复
第 3 次反复
第 4 次反复
第 5 次反复
反复完毕
```

每一次反复次数增加 1

在循环语句中，也可以输出用于计算次数的变量 i 的值。当运行此代码时，可以清楚地看到变量 i 的值在块中每重复一遍就增加 1，这样就可以一目了然地看到处理了几次。

请看下面的例子。

```
for(int i=1; i<=5; i++){
  参加科目 i 的考试

}
```

这个语句表示的是，从科目 1 到 5 的考试全部参加 5 次。复杂的处理可以用简单的代码来记述。遇到科目增加的情况也能马上对应。像这样在重复语句中使用变量，就可以编写出富有变化的程序。

另外，在这个 for 语句中定义的变量 i 只能在这个 for 语句中输出，这个 i 不能在 for 语句的块之外使用。如果想要在块以外也使用变量 i，请在 for 语句开始前定义变量 i。

```
int i;                                   在 for 语句外定义变量
for(i=1; i<=5; i++){
   System.out.println("第" + i + "i次反复。");
}
System.out.println("反复了" + (i-1) + "次。");
                                         在 for 语句外也可以使用变量 i
```

如果在 for 语句中使用变量，可以显示反复的次数等。

for 语句的应用

现在，试着编写几个应用 for 语句的程序。请输入以下代码。

Sample3.java　输出与输入的数字相同数量的＊

```
import java.io.*;

class Sample3
{
    public static void main(String[] args) throws IOException
    {
        System.out.println("输出几个＊？ ");

        BufferedReader br =
            new BufferedReader(new InputStreamReader(System.in));

        String str = br.readLine();          让使用者输入数字
```

```
        int num = Integer.parseInt(str);

        for(int i=1; i<=num; i++){
            System.out.print("*");   // 重复输出与输入的数字相同数量的 *
        }
    }
}
```

Sample3 的运行画面

```
输出几个 * ?
10 ↵
**********   // 输出与输入的数字相同数量的 *
```

当程序运行时，输出的 * 数量与输入的数字相同。使用 for 语句，重复处理与输入数字相同的 * 输出。如果将 * 部分更改为其他字符，就可以输出相对应的字符，请尝试使用各种字符完成这一代码。

接下来，试着编写一个程序，求出从 1 到输入的数字按顺序相加的总和。

Sample4.java　求出到输入的数字为止数字的总和

```
import java.io.*;

class Sample4
{
    public static void main(String[] args) throws IOException
    {
        System.out.println(" 求到几的总和？ ");
        BufferedReader br =
            new BufferedReader(new InputStreamReader(System.in));

        String str = br.readLine();   // 让用户输入数字
        int num = Integer.parseInt(str);

        int sum = 0;
        for(int i=1; i<=num; i++){
            sum += i;   // 重复加法运算直到变量 i 与输入的数值一致
        }
```

```
        System.out.println("1 到 " + num + " 的总和为 " + sum + "。");
    }
}
```

Sample4 的运行画面

在这里也是进行反复的处理，直到处理到输入的数值为止。

请注意，在 for 语句中，变量 sum 加上变量 i 的值的处理。由于变量 i 的值从 1 开始渐次增加 1，因此可以通过该重复处理求出从 1 到输入的数值的总和。

Sum		i			新 sum 的值
0	+	1	=	1	第 1 次反复
1	+	2	=	3	第 2 次反复
3	+	3	=	6	第 3 次反复
6	+	4	=	10	第 4 次反复
				……	
45	+	10	=	55	第 10 次反复

不同的重复方法

重复的方法有很多。例如，以下几种方法。

```
for(int i = 0; i < 10; i++){...}        重复 10 次

for(int i = 1; i <= 10; i++){...}       可以按 1~10 的顺序处理 i

for(int i = 10; i >= 1; i--){...}       可以按 10~1 的相反顺序来处理 i
```

如果能熟练掌握各种重复方法就更方便了。

6.2 while 语句

了解 while 语句的构成

与 for 语句一样，Java 还有其他可以重复指定语句的语法，**while 语句**（while statement）就是其中之一。

语法　while 语句

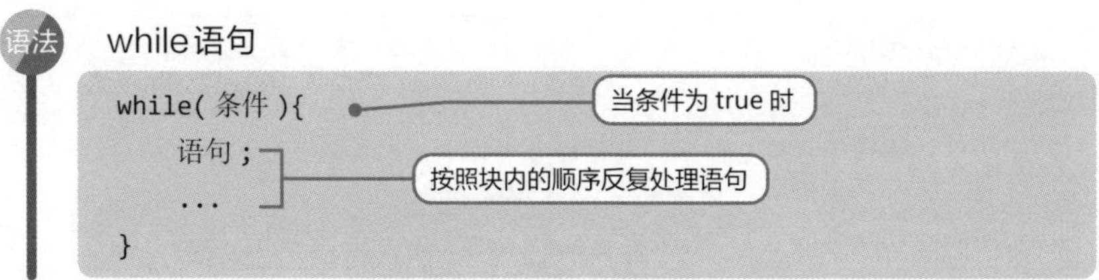

只要条件为 true，while 语句就可以对指定的语句进行任意次数的重复处理。在本章的第一个示例中，用 while 语句可以表示如下：

```
while( 考试不合格 ){
  考试
}
```

while 语句中，重复测试直到“未通过测试”这一条件变为 false。如果在开始之前已经通过了测试，则此 while 语句不执行测试处理。重复处理的流程如图 6-2 所示。

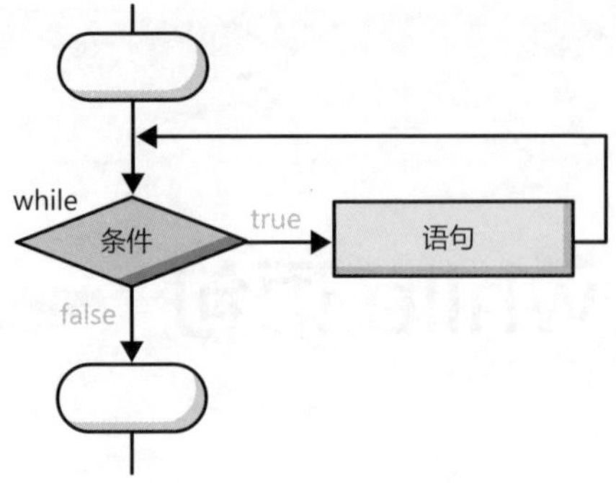

图 6-2 while 语句

使用 while 语句，可以重复处理直到条件成为 false 为止。

接下来，试着使用 while 语句来编写代码。

Sample5.java 使用 while 语句

```
class Sample5
{
    public static void main(String[] args)
    {
        int i = 1;

        while(i <= 5){
            System.out.println("第" + i + "次反复。");
            i++;
        }

        System.out.println("结束反复。");
    }
}
```

当条件为 true 时

在这个块内按顺序处理

增量到条件接近 false

Sample5 的运行画面

```
第 1 次反复。
第 2 次反复。
第 3 次反复。
第 4 次反复。
```

```
第 5 次反复。
结束反复。
```

实际上，这个 while 语句的代码的处理内容，与 Sample2 的 for 语句的处理完全相同。在这个 while 语句中，一直重复到条件 i<=5 为 false 为止。

在此块中，变量 i 的值不断增加，使条件逐渐接近 false。一般来说，在重复语句中，如果判断是否重复的条件的结果不发生变化，就会永远重复进行处理。例如，请看下面的代码。

```
int i = 1;

while(i <= 5){
    System.out.println("第" + i + "次反复。");
}
```

因为条件绝不会变为 false，在块内永远重复进行处理

在这个代码中，while 语句的条件中没有增加变量 i 的值的“i++”语句，所以 while 语句的条件无论反复多少次都不会变为 false。因此，如果运行这样的程序，while 语句的处理就会永久重复，程序不会终止。所以描述条件时要注意这一点。

使用 while 语句，可以描述反复处理。在描述条件时需要注意。

6.3 do~while 语句

了解 do~while 语句的构成

再来看一个循环句法：do~while 语句（do statement）。此句法会重复块中的操作，直到指定的条件为 true。

语法 do~while 语句

```
do{
    语句；
    ...
}while( 条件 );
```


do ～ while 语句与 while 语句的不同之处在于，**在判断条件之前进行块内处理**。如果在重复操作开始时条件为 false，则 while 语句不会在块中执行任何操作；而在 do ～ while 语句中，至少要进行一次块内的处理。

例如，将 while 语句中列举的例子改写成 do ～ while 语句。

```
do{
  参加考试
}while( 考试不及格 );
```

这里和 while 语句一样，是不断参加考试的循环语句。但是，即使在开始处理之前考试已经合格，也至少要进行一次参加考试的处理，请与 while 语句进行比较。

在下面的代码中，将 Sample5.java 重写为 do ～ while 语句。

Lesson 6

Sample6.java　使用 do~while 语句

```
class Sample6
{
    public static void main(String[] args)
    {
        int i = 1;

        do{
            System.out.println("第" + i + "次反复。");
            i++;
        }while(i <= 5);

        System.out.println("反复完毕。");
    }
}
```


Sample6 的运行画面

```
第 1 次反复。
第 2 次反复。
第 3 次反复。
第 4 次反复。
第 5 次反复。
反复完毕。
```

虽然这里使用了 do ~ while 语句，但是与 Sample5 的处理完全相同，如图 6–3 所示。因此，即使进行同样的处理，有时也可以使用各种各样的句法来编写，大家可以练习编写不同风格的代码。

使用 do~while 语句，可以描述反复处理。do ~ while 语句至少执行 1 次循环本体。

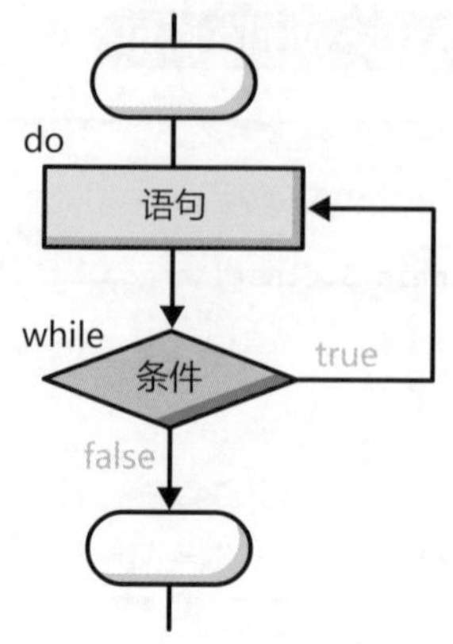

图 6-3 do~while 语句

while 语句是在进行块内处理之前先判断条件，do~while 语句则是在块内处理之后判断条件。

程序的构造

可以看到，从第 1 章到现在，程序的流程以按顺序执行的处理为基础。这些程序的流程称为**顺序**。确定条件的语法，如 if 语句和 switch 语句，称为**选择（条件分支）**。进行重复执行的语法，如 while 语句和 do~while 语句，称为**迭代（循环 / 重复）**。在编写程序时，结合这些基本结构来处理是很重要的。

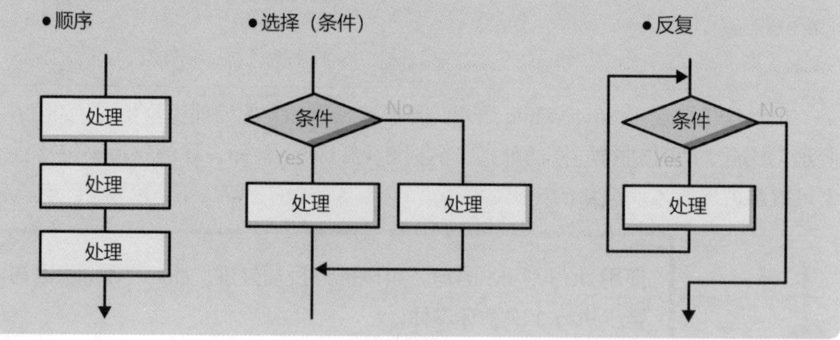

Lesson 6

6.4 语句的嵌套 / 嵌套语句

嵌套 for 语句

到目前为止，我们学习了很多语法。在这些条件判断语句、循环语句等语法中，可以嵌入多个语句进行**嵌套**。例如，如图 6–4 所示，可以在 for 语句中嵌入 for 语句来进行复杂的记述。

语法　for语句的嵌套

```
for( 表达式 1-1; 表达式 2-1; 表达式 3-1){
    ...
    for( 表达式 1-2; 表达式 2-2; 表达式 3-2){
        ...
    }
}
```

可以嵌套 for 语句

```
for(   ){
    for(   ){

    }
}
```

图 6–4　**嵌套语句**

for 语句等句法可以进行嵌套。

接下来，看看嵌套 for 语句的示例。

Sample7.java 嵌套 for 语句

```
class Sample7
{
    public static void main(String[] args)
    {
        for(int i=0; i<5; i++){
            for(int j=0; j<3; j++){
                System.out.println("i 是 " + i + ":j 是 " + j);
            }
        }
    }
}
```

Sample7 的运行画面

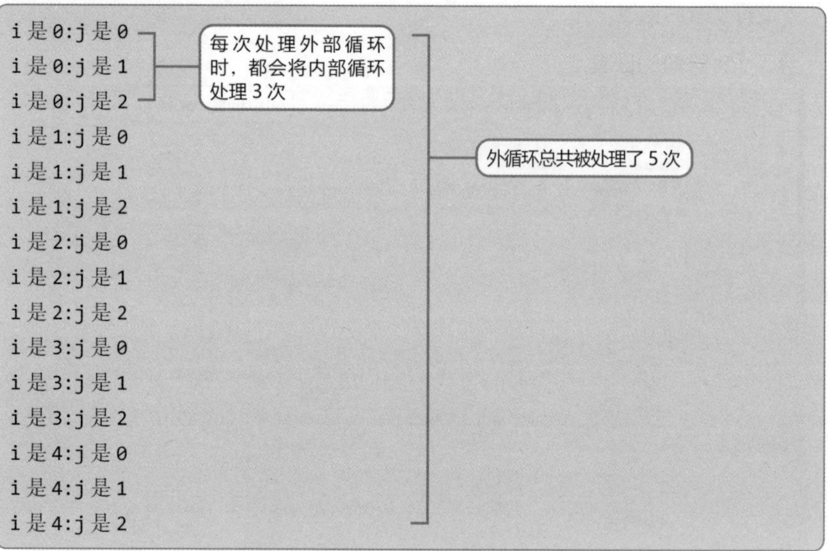

```
i 是 0:j 是 0
i 是 0:j 是 1
i 是 0:j 是 2
i 是 1:j 是 0
i 是 1:j 是 1
i 是 1:j 是 2
i 是 2:j 是 0
i 是 2:j 是 1
i 是 2:j 是 2
i 是 3:j 是 0
i 是 3:j 是 1
i 是 3:j 是 2
i 是 4:j 是 0
i 是 4:j 是 1
i 是 4:j 是 2
```


在这个代码中，将变量 i 递增的 for 语句嵌套在变量 j 递增的 for 语句中。因此，循环中进行以下处理。

```
┌递增变量 i
│              ↓         递增变量 j ┐
│              ↓         递增变量 j │
└              ↓         递增变量 j ┘
┌递增变量 i
│              ↓         递增变量 j ┐
│              ↓         递增变量 j │
└              ↓         递增变量 j ┘
              ……
```

也就是说，每处理一次增加 i 的循环语句，就会重复增加 j 的循环语句（3 次）。像这样，嵌套语句可以对复杂的处理进行描述。

如果嵌套 for 语句，可以描述多重反复。

与 if 语句等组合

上面，我们将 for 语句嵌入 for 语句中，实际上，不同类型的语句也可以进行组合。例如，可以将 for 语句和 if 语句组合在一起。

请试着编写以下程序。

Sample8.java　与 if 语句等组合使用

```
class Sample8
{
    public static void main(String[] args)
    {
        boolean bl = false;
        for(int i=0; i<5; i++){
            for(int j=0; j<5; j++){
                if(bl == false){
                    System.out.print("*");
                    bl = true;
                }
```

如果输出 *，接下来要输出 -，要使 bl 为 true

```
                else{
                    System.out.print("-");
                    bl = false;
                }
            }
            System.out.print("¥n");
        }
    }
}
```

Sample8 的运行画面

```
*-*-*
-*-*-
*-*-*
-*-*-
*-*-*
```

这个代码使用了两个 for 语句和一个 if~else 语句。每次输出 * 或 - 时，交替对 boolean 类型的变量 b 赋值 true 和 false。这样做，可以对 if 语句中的 bl==false 这一条件进行评价来判断接下来输出哪一个字符。

此外，boolean 类型是可以存储 true 或 false 的变量类型。有关类型的内容，请参见第 3 章。

当内部循环结束时，因为输出了一个“¥n”转义序列，每 5 个字符换行一次。大家可以试着改变字符类型，尝试更多的代码类型。

6.5 改变处理流程

了解 break 语句的构成

从之前所学过的内容来看，各种句法都有一定的处理流程。但是，有时可能需要强制改变这样的处理流程。

在 Java 中，改变重复处理流程的语句有 break 语句和 continue 语句。本节先学习 break 语句。

break 语句（break statement）是强制终止处理流程，进行从该块中脱离的处理的语句。在代码中，这样来表示。

break 语句

```
break;
```

下面的代码尝试使用 break 语句从键盘输入指定次数，强制终止重复操作。

Sample9.java　用 break 语句进行从块中脱离

```
import java.io.*;

class Sample9
{
    public static void main(String[] args) throws IOException
    {
        System.out.println("在第几遍终止循环？（1~10）");
        BufferedReader br =
            new BufferedReader(new InputStreamReader(System.in));

        String str = br.readLine();
        int res = Integer.parseInt(str);
```

```
        for(int i=1; i<=10; i++){
            System.out.println("第"+i+"遍处理");
            if(i == res)
                break;
        }
    }
}
```

原本要循环 10 次的 for 语句

在指定的回数结束循环

Sample9 的运行画面

```
在第几遍终止循环？（1~10）
5
第 1 遍处理。
第 2 遍处理。
第 3 遍处理。
第 4 遍处理。
第 5 遍处理。
```

在指定的回数结束处理

在 Sample9 中，使用了本来要全部重复 10 次的 for 语句。但是，在这里，根据用户输入的次数执行 break 语句，强制终止循环。可以看到，从第 6 次开始，没有执行任何重复操作。

此外，嵌套循环语句时，如果在其内侧的语句中使用 break 语句，则会从内侧的块中脱离出来，将处理转移到另一个外侧的块中，如图 6-5 所示。

使用 break 语句，可以从块中脱离出来。

```
for(int i=1; i<=10; i++){
   if(i==res)
      break;

}
```

图 6-5 break 语句

使用 break 语句，可以强制终止重复，脱离程序。

在 switch 语句中使用 break 语句

在 5.5 节中，在 switch 语句中使用了 break 语句，那里使用的 break 语句与本节中说明的 break 语句相同。也就是说，如果在 switch 语句中应用 break 语句，就可以进行以下处理。

Sample10.java 在 switch 语句中使用 break 语句

```
import java.io.*;

class Sample10
{
    public static void main(String[] args) throws IOException
    {
        System.out.println("请输入成绩。(1~5)");

        BufferedReader br =
            new BufferedReader(new InputStreamReader(System.in));

        String str = br.readLine();
        int res = Integer.parseInt(str);

        switch(res){
            case 1:
            case 2:
                System.out.println("请再努力一些。");
                break;
            case 3:
            case 4:
                System.out.println("按照现在的劲头继续努力。");
                break;
            case 5:
                System.out.println("非常优秀。");
                break;
            default:
                System.out.println("请输入 1 ~ 5 的成绩。");
                break;
```

res 是 1 和 2 时，处理这个语句

请注意 break 语句插入的位置

res 为 3 和 4 时，处理这个语句

```
        }
    }
}
```

Sample10 的运行画面之 1

```
请输入成绩（1 ~ 5）。
1 ↵
请再努力一些。
```

Sample10 的运行画面之 2

```
请输入成绩（1 ~ 5）。
2 ↵
请再努力一些。
```

Sample10 的运行画面之 3

```
请输入成绩（1 ~ 5）。
3 ↵
按照现在的劲头继续努力。
```

Sample10 是根据输入的整数成绩显示匹配的信息的程序，请注意 break 语句在代码中的插入位置。case1 和 case3 中没有 break 语句，因此它们的处理方式与 case2 或 case4 相同。这样，就可以根据 break 句的插入位置来控制处理。

了解 continue 语句的构成

此外，强制改变句子流程的语句，还有 continue 语句（continue statement）。continue 语句是进行**跳过重复中的处理，返回到块的开头位置继续下一个处理的语句**。

continue语句

```
continue;
```

请看使用了 continue 语句的代码。

Sample11.java　使用 continue 语句返回块的开头位置

```
import java.io.*;

class Sample11
{
    public static void main(String[] args) throws IOException
    {
        System.out.println("跳过第几次处理? (1 ~ 10)");

        BufferedReader br =
            new BufferedReader(new InputStreamReader(System.in));

        String str = br.readLine();
        int res = Integer.parseInt(str);

        for(int i=1; i<=10; i++){
            if(i == res)
                continue;
            System.out.println("第" + i + "次处理。");
        }
    }
}
```

在输入次数的处理中，从此处返回到开头

输入此语句的次数未得到处理

Sample11 的运行画面

```
跳过第几次处理? (1~10)
3 ↵
第 1 次处理。
第 2 次处理。
第 4 次处理。
第 5 次处理。
第 6 次处理。
第 7 次处理。
第 8 次处理。
第 9 次处理。
第 10 次处理。
```

在第 3 次循环过程中，继续语句被跳过，因此不会输出

运行 Sample11，并输入 3 作为跳过处理的次数。然后，通过执行 continue 语句，第 3 次循环将被强制终止，并转到块的开头，即下一次循环。因此，上面没有输出“第 3 次处理。”。

使用 continue 语句，可以转移到下一次循环，如图 6-6 所示。

```
for(int i=1; i<=10; i++){

  if(i==res)
    continue;

}
```

图 6-6 continue 语句

跳过迭代处理，转移到下一次循环的处理，使用 continue 语句。

6.6 本章小结

本章学习了以下内容：

- 使用 for 语句，可以重复处理。
- 使用 while 语句，可以重复处理。
- 使用 do ~ while 句，可以重复处理。
- 句子可以嵌套。
- break 语句用于从重复语句或 switch 语句的块中脱离。
- 如果使用 continue 语句，则返回到循环语句的开头，进行下一次重复处理。

在本章中，我们学习了循环（重复 / 迭代）和改变处理流程的语法，与在第 5 章中学到的语法一起使用，可以编写执行各种处理的复杂程序。练习将程序中要执行的操作应用于这些语句，以便可以自由地使用它们编写程序。

练习

1. 请编写输出以下代码。

```
输出 1 ~ 10 的偶数。
2
4
6
8
10
```

2. 请用键盘输入测试分数，并编写输出总分的代码。最后要输出答案的时候，输入 0。

```
请输入测试分数。（以 0 结束）
52 ↵
68 ↵
75 ↵
83 ↵
36 ↵
0 ↵
测试的总分为 314 分。
```

3. 如下所示使用制表符“¥t”编写代码以在屏幕上显示九九乘法表。

```
1	2	3	4	5	6	7	8	9
2	4	6	8	10	12	14	16	18
3	6	9	12	15	18	21	24	27
4	8	12	16	20	24	28	32	36
5	10	15	20	25	30	35	40	45
6	12	18	24	30	36	42	48	54
7	14	21	28	35	42	49	56	63
8	16	24	32	40	48	56	64	72
9	18	27	36	45	54	63	72	81
```

4. 请编写出在屏幕上输出以下内容的代码。

```
*
**
***
****
*****
```

5. 编写一个代码，要求从键盘输入一个整数，并确定该数字是否为素数（或不能被除该数字以外的数字整除的数）。

```
请输入 2 以上的整数。
7 ↵
7 是素数。
```

```
请输入 2 以上的整数。
10 ↵
10 不是素数。
```

第 7 章

数　组

在第 3 章中，我们学习了如何使用变量来存储特定值。此外，Java 还提供了一个名为“数组”的功能，可以同时存储多个相同类型的值，数组可以用于编写处理大量数据的复杂代码。本章将学习数组的工作原理。

Check Point

- 数组
- 数组的定义
- 保留数组元素
- 索引 / 角标
- 数组的初始化
- 数组变量
- 数组的长度
- 多维数组

7.1 数组简介

了解数组的构成

程序中有时可能需要处理很多数据，例如，请思考一下处理有 50 名学生的班级的考试分数的程序。

根据所学的知识，可以写出将 50 人的测试分数存储在变量中进行管理的代码。因此，我们将准备 50 个名为 test1 到 test50 的变量。

```
int test1 = 80;
int test2 = 60;
int test3 = 22;
...
int test50 = 35;
```

初始化 50 个变量

但是，出现这么多变量可能会使代码变得复杂和难以阅读。在这种情况下，使用**数组**（array）功能则较为方便。

前面说过，变量能够记忆一个特定的值。数组在“记忆特定的值”这一点上与变量是相同的，但是，数组具备一个更为方便的功能：它可以**存储多个相同类型的值**。

请想象一下几个名称相同的箱子排成一组，与变量一样，数值也可以存储在数组的箱子中并进行使用，如图 7–1 所示。

数组具有将相同类型的值一起存储的功能。

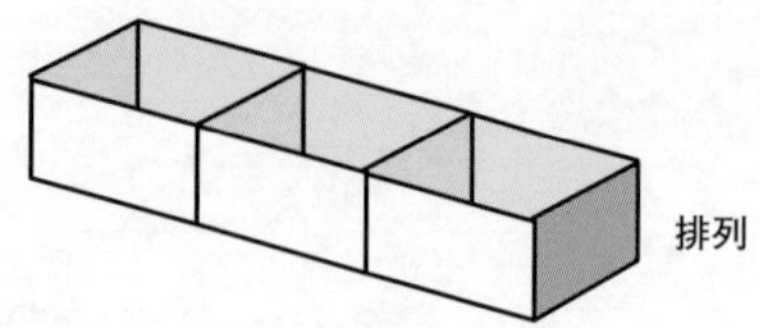

图 7-1 数组

使用数组将相同类型的值放在一起存储。

数组的使用

除了测试的分数以外，在程序中处理商品每月的销售金额等相同种类的数据的情况也很多吧？如果一次使用许多相同类型的值，则可以考虑使用数组。

请注意，如果要处理不同类型的值，那将会与数组相结合，使用后面的章节中介绍的类。

7.2 数组的准备

准备数组

现在，让我们试着使用数组，Java 在使用数组之前需要执行以下两项任务：

①准备变量处理数组（定义数组）。

②准备存储值的容器（保留数组元素）。

要使用数组，首先要准备一个**处理数组的变量**，此变量有时也称为**数组变量**（array variable），提供数组变量称为**定义数组**（declaration）。请执行以下操作。

```
int[] test;
```

准备数组变量 test

数组变量是**数组类型**的变量，存储 int 类型值的数组类型称为 int[] 类型。这样就完成了处理数组的第一个任务。

但是，仅此一项还无法利用数组，还需要**准备指定数量的箱子来存储值**。数组中的框称为数组元素，准备框的工作被称为保留数组元素（element）。要保留数组元素，请使用以下代码。

```
test = new int[5];
```

保留有能够记忆 5 个 int 型的值的数组要素

运算符 new 会在计算机内存中准备“[]”中指定的数的数组的箱子。在这里，准备了 5 个箱子，使用赋值运算符将 new 的结果赋**给前面提供的数组变量**。然后，就可以**使用数组变量的名称来处理数组的元素**，这被称为“test 指代数组”。完成这两项任务后，就完成了数组的准备，如图 7–2 所示。

现在，让我们总结一下数组的准备。

数组的定义和保留数组元素

```
类型名 [] 数组变量名 ;
数组变量名  = new 类型名 [ 元素数量 ];
```

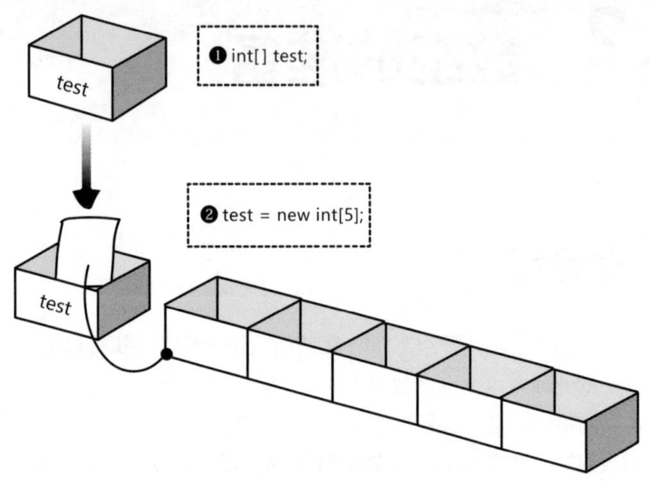

图 7-2 **数组的准备**

要使用数组，必须①定义数组变量、②保留数组元素。

可以使用数组变量的名称来表示准备好的数组中的每个元素，如下所示：

```
test[0]
test[1]
test[2]
test[3]
test[4]
```

“[]”中的数字称为索引 / 角标（index），通过将该角标附加到数组变量，就可以识别数组的框并将值赋给它。

Java 数组的索引从 0 开始，因此**最大的数字是“元素数 –1”**。这意味着，对于具有五个元素的数组，test[4] 可以存储值的最后一个元素，名为 test[5] 的元素不存在，如图 7–3 所示，在使用中请注意这一点。

要准备数组，请定义数组变量并保留数组元素。
数组元素的最后一个索引为元素的数量减一。

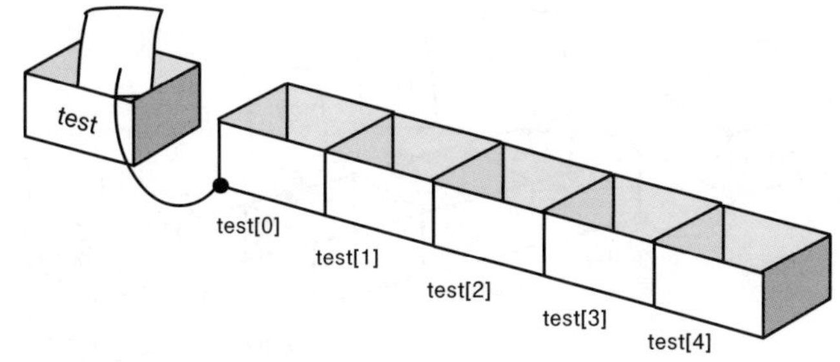

图 7-3　**定义数组和保留数组元素**

定义数组，保留 5 个数组元素，将各元素用 0~4 的角标表示出来。

对数组进行赋值

现在将值存储在准备好的数组中，数组的每个元素都可以用 test[0]，test[1]…将整数值分配给此数组中的框。

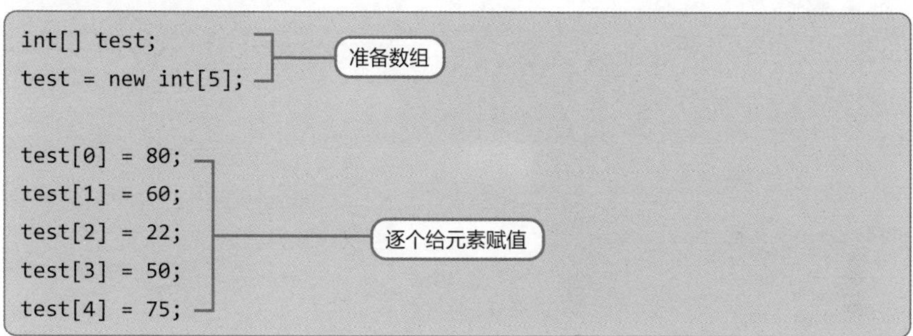

```
int[] test;
test = new int[5];

test[0] = 80;
test[1] = 60;
test[2] = 22;
test[3] = 50;
test[4] = 75;
```


在这个代码中，将测试分数分配给五个数组元素，将值赋给数组元素的方法与变量的方法相同，只需为数组指定一个空间，并使用赋值运算符“=”来写入，如图 7–4 所示。

数组要素

数组变量名 [索引]= 表达式

为了让数组记忆值，使用索引来指定元素和赋值。

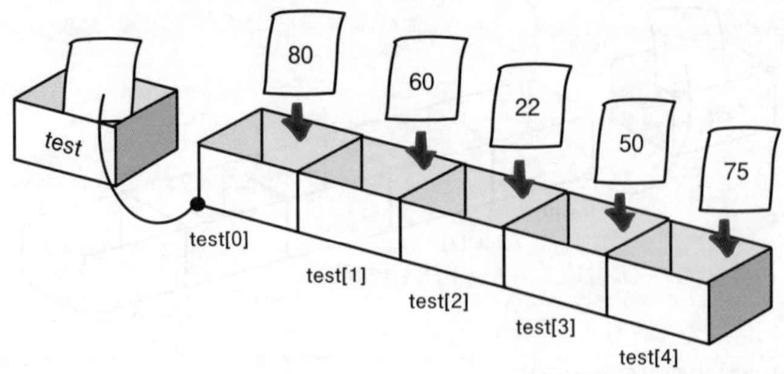

图 7–4 对数组赋值

可以让数组记忆数值。

数组变量

如图 7–4 所示，数组变量显示了数组元素框在存储器中的位置，实际的数值都存储在数组元素的每个框中，这里可以先对数组有一个印象。

7.3 数组的应用

在循环语句中使用数组

现在，试着将数组嵌入代码中。数组的索引是按顺序排列的，所以使用在第 6 章中学习的循环语句可以进行很清楚的描述。我们将尝试编写一个使用循环语句输出存储在数组中的测试分数的代码。

Sample1.java　使用数组

```
class Sample1
{
    public static void main(String[] args)
    {
        int[] test;               // 准备阵列
        test = new int[5];

        test[0] = 80;             // 一对一给数组元素分配值
        test[1] = 60;
        test[2] = 22;
        test[3] = 50;
        test[4] = 75;

        for(int i=0; i<5; i++){
            System.out.println("第" + (i+1) + "个人的分数是"
                + test[i] );      // 使用迭代语句输出数组元素
        }
    }
}
```

Sample1 的运行画面

```
第 1 个人的分数是 80
第 2 个人的分数是 60
第 3 个人的分数是 22
第 4 个人的分数是 50
第 5 个人的分数是 75
```

在 Sample1 中，首先为数组的每个元素赋值，然后使用 for 语句输出每个元素的值。由于数组的索引从 0 开始，因此在重复语句中，输出顺序被指定为“第 i+1 个”。

在数组中允许**使用变量作为每个元素的索引**，这样就可以使用循环语句输出“第几个人的分数是多少”了。使用数组和循环语句，可以把代码描述得很清楚。

使用数组和循环语句，可以简单地处理数据。

数组索引的相关注意事项

在使用数组时有一件事是务必要注意的，就是**超过数组范围的元素是不可用的**。例如，在以前的代码中，我们定义了一个包含 5 个元素的数组，处理该数组时，不能用诸如 test[10] 之类的索引来赋值，如图 7-5 所示。

```
Int[] test;
test = new int[5];
// 错误
//test[10] = 50;
```

不能这样赋值

名为 test[10] 的元素不存在，所以这样的代码是错误的，注意数组的索引。

不要对超过数组范围的元素进行赋值。

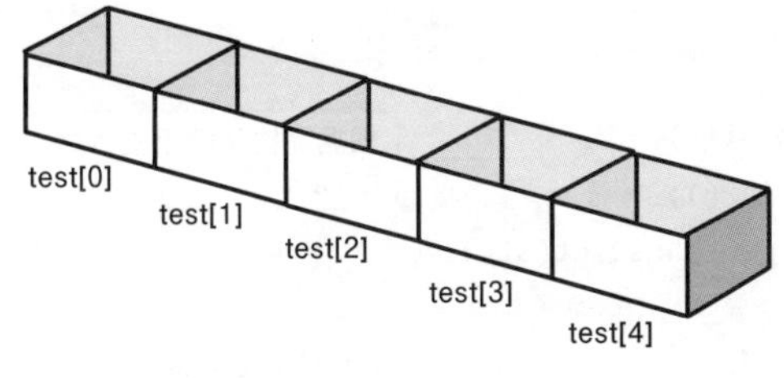

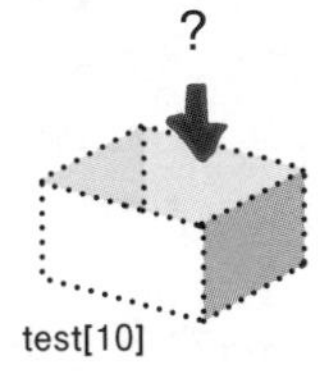

图 7-5　**对数组元素赋值时的注意事项**

在对数组进行赋值时，要注意索引的数值。

从键盘输入元素数

有时，会出现代码中不确定数组元素的数量的情况，例如，“不知道事先有多少人参加考试”的情况。在这种情况下,通过键盘输入数组元素的数量是很有用的，请尝试编写以下代码。

Sample2.java　输入数组元素的数量

```
import java.io.*;

class Sample2
{
    public static void main(String[] args) throws IOException
    {
        System.out.println(" 请输入参加考试的人数。");

        BufferedReader br =
            new BufferedReader(new InputStreamReader(System.in));

        String str = br.readLine();          ┐ 输入数组元素的数量
        int num = Integer.parseInt(str);     ┘

        int[] test;
        test = new int[num];   ← 根据需要准备尽可能多的数组元素
```

```
        System.out.println(" 请按照人数输入分数。");

        for(int i=0; i<num; i++){
            str = br.readLine();
            int tmp = Integer.parseInt(str);
            test[i] = tmp;
        }
        for(int i=0; i<num; i++){
            System.out.println(" 第 " + (i+1) + " 个人的分数是 " +
                test[i] );
        }
    }
}
```

根据需要从键盘输入尽可能多的点

将点存储在数组元素中

输出数组元素的值

Sample2 的运行画面

```
请输入参加考试的人数。
5
请按照人数输入分数。
80 ↵
60 ↵
22 ↵
50 ↵
75 ↵
第 1 个人的分数是 80
第 2 个人的分数是 60
第 3 个人的分数是 22
第 4 个人的分数是 50
第 5 个人的分数是 75
```

在这个代码中，首先从键盘输入参加考试的人数（元素数量），并将其存储在变量 num 中，使用 new 来保留数组元素，其数量与输入的 num 的数量相同，然后，输入与 num 数量相匹配的测试分数，并将该值存储在框中。这样，就可以保留所需的数组元素，并创建灵活的程序。

7.4 数组的写法

了解另一种数组的准备方法

前面几节介绍了数组的基本用法，实际上，数组还可以以其他方式表示。例如，前面我们用两个语句来描述了为准备数组而执行的两项任务："定义数组"和"保留元素"，如图 7–6 所示。

```
Int [] test;
test = new int[5];
```

用两个语句准备数组

实际上，可以用一个语句来描述准备数组的两项操作，如下所示：

```
Int[ ]test=new int[5]
```

用一个语句准备数组

定义数组和保留元素

```
类型名 [] 配列变量名 = new 类型名 [ 要素数 ];
```

下面，让我们重新编写 Sample1 准备数组部分的代码，此代码的运行结果与 Sample1 完全相同。

Sample3.java　把定义数组和保留元素统一到一个语句中

```
class Sample3
{
    public static void main(String[] args)
    {
        int[] test = new int[5];
```

在一个语句中准备一个数组

```
        test[0] = 80;
        test[1] = 60;
        test[2] = 22;
        test[3] = 50;
        test[4] = 75;

        for(int i=0; i<5; i++){
            System.out.println("第" + (i+1) + "个人的分数是" +
                test[i] );
        }    }
}
```

日文写作习惯，表示第i个人的分数是

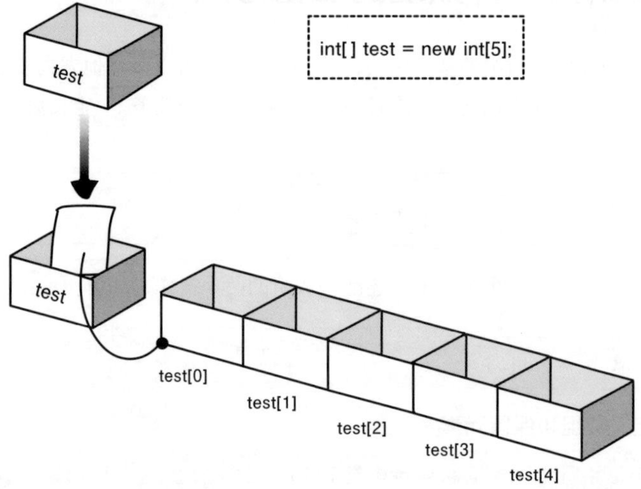

图 7-6 定义数组和保留元素

可以把定义数组和保留元素两项操作统一到一个语句中。

Sample3 的运行画面

```
第1个人的分数是80
第2个人的分数是60
第3个人的分数是22
第4个人的分数是50
第5个人的分数是75
```

初始化数组

前面学习了如何将“定义数组”和“保留元素”放在一起，除了这两项任务之外，还可以编写一个语句来一起执行“赋值”。也就是说，我们可以编写一个语句，将以下三项合并在一起：①定义数组；②保留元素；③赋值。这称为数组初始化（ArrayInitialization），数组初始化如下所示：

数组初始化

```
类型名称 [] 数组变量名称 = { 数值 1，数值 2，数值 3，…}
```

之前举例说明的处理测试分数的数组，就可以像下面这样来描述。

```
int[] test = {80,60,22,50,75};
```

初始化 5 个数组元素

请注意，这个代码未指定元素数量，也没有使用 new 这个关键字，如果这样写，则会**自动保留与“{}”中的值一样多的数组元素**。因为上面的代码有 5 个值，所以这 5 个元素是自动保留的。

让我们用数组初始化重写 Sample3，代码如下所示，初始化过程如图 7-7 所示。

Sample4.java 初始化数组

```
class Sample4
{
    public static void main(String[] args)
    {
        int[] test = {80,60,22,50,75};

        for(int i=0; i<5; i++){
            System.out.println(" 第 " + (i+1) + " 个人的分数是 " +
                test[i] );
        }
    }
}
```

初始化 5 个数组元素

运行结果跟 Sample3 是完全相同的，数组有很多种表达方式。

进行初始化数组，定义数组、保留元素和赋值可以同时进行。

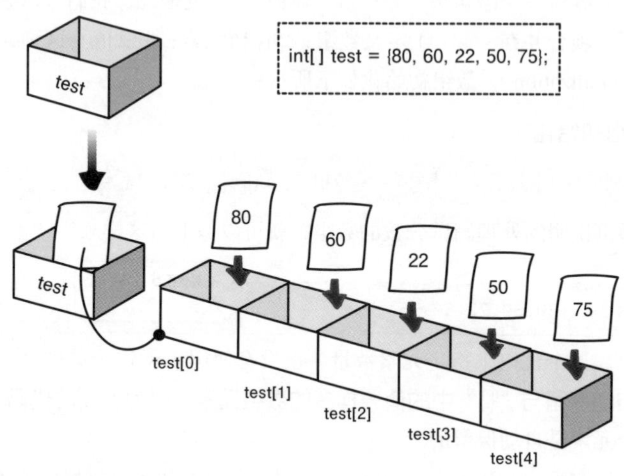

图 7–7 初始化数组

将定义数组、保留元素、赋值统一到一起，初始化数组。

Lesson 7

7.5 数组变量

给数组变量赋值

本节将更详细地讲解数组变量的工作原理，“数组变量”是处理数组最初准备的变量。

```
int[] test;        ← 数组变量 test
test = new int[5];
```

现在可以通过使用 new 保留元素并将其分配给 test 数组变量来处理数组，此数组变量称为 **int[ ] 类型的变量**。上面的数组的准备可以描述如下。

```
int test[];
test = new int[5];
```

实际上，除了使用 new 保留元素之外，还可以使用赋值运算符赋值数组变量，请尝试输入以下代码。

Sample5.java　赋值给数组变量

```
class Sample5
{
    public static void main(String[] args)
    {
        int[] test1;           ┐
        test1 = new int[3];    ┘ 准备阵列

        System.out.println("定义变量 test1。");
        System.out.println("保留数组元素。");
```

```
        test1[0] = 80;  ─┐
        test1[1] = 60;   ├── 给数组赋值
        test1[2] = 22;  ─┘

        int[] test2;  ● 只准备了数组变量
        System.out.println("定义变量 test2。");

        test2 = test1;  ● 分配给数组变量
        System.out.println("将 test2 赋值给 test1。");

        for(int i=0; i<3; i++){
            System.out.println("test1 指代的第 " + (i+1) +
                "个人的分数是 " + test1[i] );
        }

        for(int i=0; i<3; i++){
            System.out.println("test2 指代的第 " + (i+1) +
                "个人的分数是 " + test2[i] );
        }
    }
}
```

Sample5 的运行画面

```
定义变量 test1。
保留数组元素。
定义变量 test2。
将 test2 赋值给 test1。
test1 指代的第 1 个人的分数是 80 ─┐
test1 指代的第 2 个人的分数是 60  ├── test1 指向数组的内容
test1 指代的第 3 个人的分数是 22 ─┘
test2 指代的第 1 个人的分数是 80 ─┐
test2 指代的第 2 个人的分数是 60  ├── test2 指向数组的内容
test2 指代的第 3 个人的分数是 22 ─┘
```

首先，将元素分配给数组变量 test1，这一步和以前的操作是一样的。然后，定义数组，并提供一个名为 test2 的数组变量，最后使用赋值运算符将 test1 赋给 test2。

Lesson 7

当输出 test2[0]、test2[1] 和 test2[2] 的值时，会发现输出的值与 test1 相同。因此，可以将数组变量赋值给另一个数组变量，如图 7–8 所示。

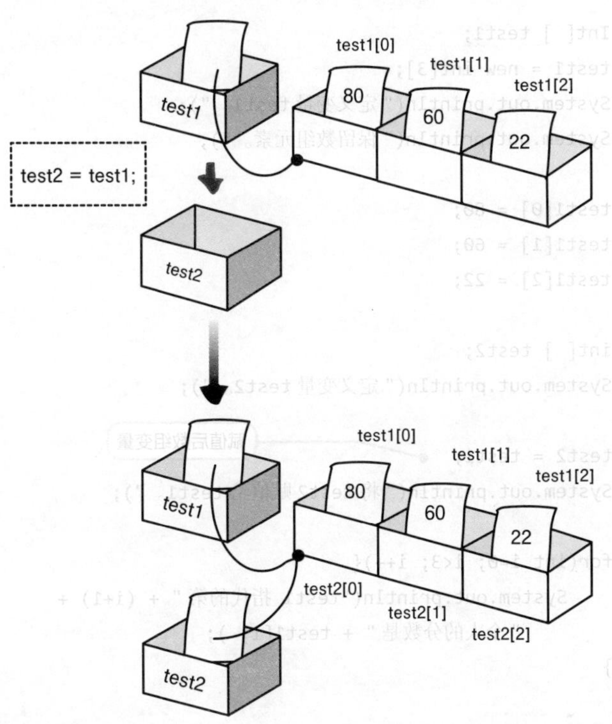

图 7–8　给数组变量赋值

可以在定义数组变量后，将其他的数组变量赋值给它。

对数组变量赋值

如前一小节所述，我们可以给数组变量赋值，其结果就是可以从 test1 和 test2 输出相同的分数。但是，这并不意味着赋值会导致出现两个相同的数组，请试着输入以下代码。

Sample6.java　变更元素值

```
class Sample6
{
```

```
public static void main(String[] args)
{

    Int[ ] test1;
    test1 = new int[3];
    System.out.println("定义变量 test1。");
    System.out.println("保留数组元素。");

    test1[0] = 80;
    test1[1] = 60;
    test1[2] = 22;

    int[ ] test2;
    System.out.println("定义变量 test2。");

    test2 = test1;        // 赋值后数组变量
    System.out.println("将 test2 赋值给 test1。");

    for(int i=0; i<3; i++){
        System.out.println("test1 指代的第 " + (i+1) +
            " 个人的分数是 " + test1[i] );
    }

    for(int i=0; i<3; i++){
        System.out.println("test2 指代的第 " + (i+1) +
            " 个人的分数是 " + test2[i] );
    }

    test1[2] = 100;       // 使用 test1 变更数组要素的一个值
    System.out.println("变更 test1 指代的第 3 个人的分数。");

    for(int i=0; i<3; i++){
        System.out.println("test1 指代的第 " + (i+1) +
            " 个人的分数是 " + test1[i] );
    }

    for(int i=0; i<3; i++){
        System.out.println("test2 指代的第 " + (i+1) +
```

```
                " 个人的分数是 " + test2[i] );
        }
    }
}
```

Sample6 的运行画面

```
定义变量 test1。
保留数组元素。
定义变量 test2。
将 test2 赋值给 test1。
test1 指代的第 1 个人的分数是 80
test1 指代的第 2 个人的分数是 60
test1 指代的第 3 个人的分数是 22
test2 指代的第 1 个人的分数是 80
test2 指代的第 2 个人的分数是 60
test2 指代的第 3 个人的分数是 22
变更 test1 指代的第 3 个人的分数。
test1 指代的第 1 个人的分数是 80
test1 指代的第 2 个人的分数是 60
test1 指代的第 3 个人的分数是 100
test2 指代的第 1 个人的分数是 80
test2 指代的第 2 个人的分数是 60
test2 指代的第 3 个人的分数是 100
```

如果变更 test1 的数组要素

test2 的数组要素也改变了

该代码通过指定 test1[2] 将其中一个元素更改为 100 分。然后，输出 test1[2] 和 test2[2]，就会看到它们都发生了相同的变化。也就是说，**test1 和 test2 不是两个不同的数组，而是“指向同一个数组”**，如果使用 test1 修改数据，则 test2 中的数据也会被修改，如图 7-9 所示。

也就是说，赋值给数组变量，并不是增加一个数组，而是**左边的数组变量将指向右边的数组变量所指向的数组**。在处理数组时，必须要注意这个原理。

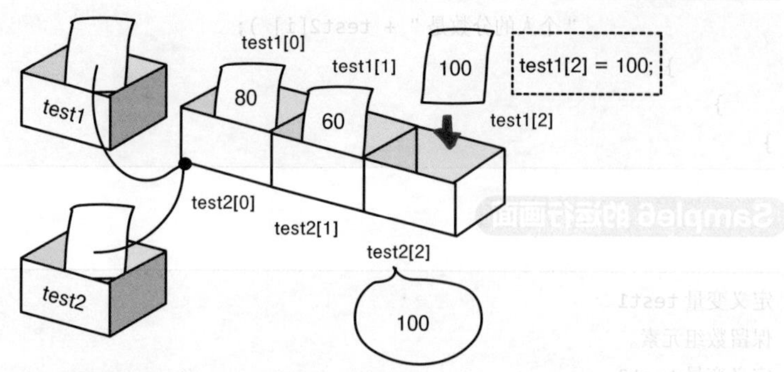

图 7-9 两个数组变量指向同一个数组

被赋值的数组变量将指向进行赋值的数组变量所指向的数组。一个数组变量的更改会影响另一个数组变量。

数组变量的特征

我们在第 3 章中学过诸如 int 类型的变量（基本型变量）表示存储值的框"本身"，与之相对，数组变量表示存储值的框"在内存中的位置"这样的数组"位置"。这一类的变量相对于基本类型的变量被称为**引用类型的变量**。除了数组变量之外，引用类型的变量还包括将在第 8 章和第 10 章学习的类类型的变量，以及将在第 12 章学习的接口类型的变量。

7.6 数组的实际应用

了解数组的长度

本节将使用前面学到的知识来编写应用数组的代码。首先，编写出可以确定数组中的元素数的代码，数组的元素数（框数）称为**数组的长度**。

数组的长度

```
数组变量名 .length
```

在 Java 中，数组变量后跟 .length 可以表示数组的元素数。例如，对于测试所指向的数组，可以通过下面的方式来确认元素的数量。

```
test.length
```

表示 test 所指向数组的元素的数量

接下来实践一下，请输入以下代码。

Sample7.java　了解数组的长度

```
class Sample7
{
    public static void main(String[] args)
    {
        int[] test = {80,60,22,50,75};

        for(int i=0; i<5; i++){
            System.out.println("第" + (i+1) + "个人的分数是
                " + test1[i] );
```

准备 5 个数组元素

```
        }
        System.out.println(" 参加考试的人数是 " + test.length );
    }
}
```

输出数组元素的数量

Sample7 的运行画面

```
第 1 个人的分数是 80
第 2 个人的分数是 60
第 3 个人的分数是 22
第 4 个人的分数是 50
第 5 个人的分数是 75
参加考试的人数是 5
```

输出数组元素的数量

这个代码中的数组元素的数量就是参加考试的人数，也就是说，我们用 test.length 来确认参加考试的人数，如图 7–10 所示。

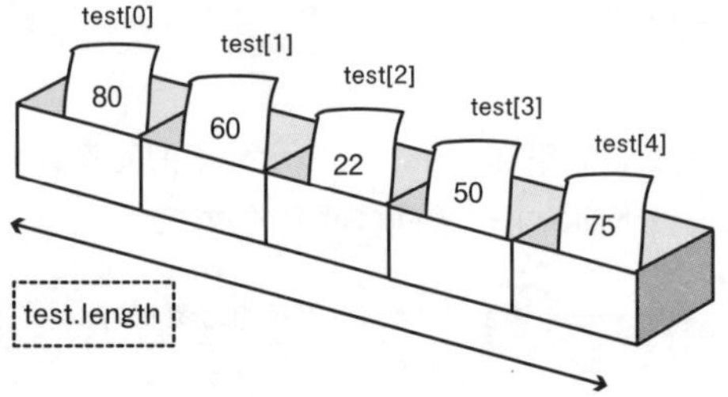

图 7–10 数组的长度

通过 .length 可以确认数组元素的数量。

了解数组元素的数量会使编写代码变得更容易。以前的代码使用循环语句来处理数组，例如，下面的代码就在循环语句中指定了数组的长度为 5。

```
int[ ] test = {80,60,22,50,75};
...
for(int i=0; i<5; i++){
    System.out.println(" 第 " + (i+1) + " 个人的分数是
        " + test1[i] );
}
...
```

在循环语句中使用了 5 这个数字

如果必须为不同的考试人数编写新的代码，该怎么做呢？似乎可以再次利用这段代码，但必须将代码中所有的数字 5 更正为新的考试人数。但是，从代码中找到 5 这个简单的数字是一项非常困难的工作。

这时，在原始代码的循环语句中使用 .length 就比较方便了。请看下面的代码。

Sample8.java　在循环条件中指定数组的长度

```
class Sample8
{
    public static void main(String[] args)
    {
        int[] test = {80,60,22,50,75};

        for(int i=0; i<test.length; i++){
            System.out.println("第" + (i+1) + "个人的分数是"
                + test1[i] );
        }

        System.out.println("参加考试的人数是 + test.length );
    }
}
```

.length 使代码更容易被更正

这个代码的运行结果与 Sample7 相同。但是，这个代码在循环语句中使用了 .length。这样一来，即使要为不同的考试人数编写代码，也不必反复修改循环条件，只需要修改考试的分数数据，循环的次数将根据数组元素的数量自动调整。

经常要修改数据和更改数组元素的数量。如果使用 .length 代码，则更容易更正代码。

简单地提取数组元素

除了前面介绍的 for 语句之外，Java 还提供了一个用于快速提取数组元素的 for 语句（**扩展 for 语句**）。使用这个 for 语句可以像以下代码一样，将数组元素提取到指定的变量中并对其进行处理，在实践中使用起来会很方便。

```
for( 类型变量名 : 数组名 ){
    ...= 变量名 ;
}
```

从指定的变量中提取

一个一个保留数组元素

可以利用变量处理各元素的值

对数组内容进行排序

现在，使用数组来重新排列考试的分数，按顺序排列数值，称为**排序**（sort）。由于数组可以在元素中存储多个值，因此将它用到重新排列的代码中很方便。

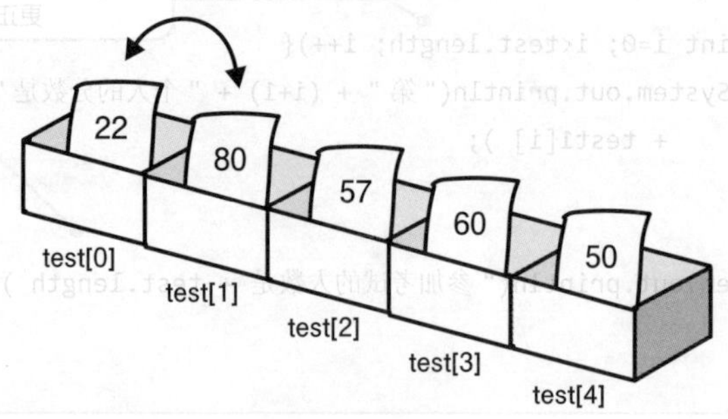

Sample9.java 把数组内容进行排序

```
import java.io.*;

class Sample9
{
    public static void main(String[] args) throws IOException
    {
        BufferedReader br =
            new BufferedReader(new InputStreamReader(System.in));

        int[] test = new int[5];
        System.out.println(" 请输入 " + test.length +
            " 人的分数。");
```

```
    for(int i=0; i<test.length; i++){
        String str = br.readLine();
        test[i] = Integer.parseInt(str);
    }

    for(int s=0; s<test.length-1; s++){
        for(int t=s+1; t<test.length; t++){
            if(test[t] > test[s]){
                int tmp = test[t];
                test[t] = test[s];
                test[s] = tmp;
            }
        }
    }
    for(int j=0; j<test.length; j++){
        System.out.println("第" + (j+1) + "个人的分数是"
          + test[j] );
    }
  }
}
```

对数组排序

Sample9 的运行画面

```
请输入 5 人的分数。
22 ↵
80 ↵
57 ↵
60 ↵
50 ↵
第 1 个人的分数是 80
第 2 个人的分数是 60
第 3 个人的分数是 57
第 4 个人的分数是 50
第 5 个人的分数是 22
```

以上代码按从大到小的顺序对数组元素进行排序，从运行结果来看，确实是按照分数从高到低的顺序输出的。

有很多方法可以对数组进行排序，下面详细讲解其中的一种。

①将数组的每个元素与数组的第一个元素（test[0]）进行比较。如果比较的元素较大，则替换第一个元素，这样就可以将最大值存储在数组的第一个元素中。

22	80	57	60	50
80	22	57	60	50
80	22	57	60	50
80	22	57	60	50

比较并替换 test[t] 和 test[0]。
如果 test[t] 较大，则替换 test[0]。
也就是说，当 test[t]>test[s]（s=0）时，用 test[t] 替换 test[0]。

②这样，数组的第一个元素就是最大的值。接下来，对其余的元素重复相同的过程，将剩余的元素与数组中的第二个元素（test[1]）进行比较，如果该元素较大，则用其替换 test[1]，直到第二大的数字成为第二个元素。

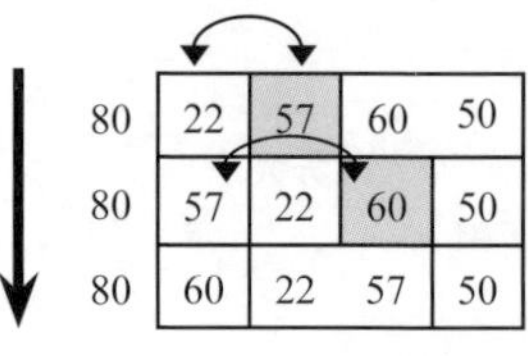

比较并替换 test[t] 和 test[1]。
如果 test[t] 较大，则替换 test[1]。
也就是说，当 test[t]>test[s]（s=1）时，用 test[t] 替换 test[1]。

③重复以上操作可完成对数组的排序。

80　60　57　50　22

虽然有点复杂，但通过将其与 Sample9 中的代码进行比较，Sample9 通过嵌套循环语句来描述这一排序步骤。

要替换元素，需要一个与替换的元素类型相同的工作区域（变量）。因此，这一排序使用 tmp 变量。

排序的方法

对数据进行排序的方法有很多种，其中作为代表性的方法有以下几种。

- 找到最大（小）值的方法（本书的方法）。
- 比较邻接要素的方法。
- 循环将整体分割，重新排列其中一部分的方法。

根据数据量和顺序的不同，排列的速度等也有所不同。在编写程序时，掌握这些知识也很重要。

7.7 多维数组

了解多维数组的构成

到目前为止，我们学到的数组就像是排成一排的箱子。在 Java 中，还可以通过“将数组的元素进一步转换为数组”来创建包含两个或更多个箱子排列组合的**多维数组**。如果是二维数组，那可以把它想象成电子表格（工作表）；如果是三维数组，可以想象成是用 *X* 轴、*Y* 轴、*Z* 轴表示的立体。

准备多维数组的方法如下。

多维数组的准备（二维的情况）

```
类型名 [][] 数组变量名 ;
数组变量名 = new 类型名 [ 元素数量 ][ 元素数量 ];
```

请看准备二维数组的代码。

```
int[][] test;              ①定义二维数组
test = new int[2][5];      ②保留数组元素
```

二维数组的定义就像①的操作，如果要记忆 int 型的数值 2 × 5=10，按照②的操作来保留元素。

多维数组有各种用途，例如，可以用来整理多门学科的测试分数，还可以用于计算数学的行列式。

在这里，举一个简单的例子，对刚才 5 个人的“语文”和“数学”这两个学科的分数进行整理，将值分配给二维数组。

Sample10.java　使用多维数组

```
class Sample10
```

```
{
    public static void main(String[] args)
    {
        int[][] test;              准备一个数组来存储值
        test = new int[2][5];

        test[0][0] = 80;
        test[0][1] = 60;
        test[0][2] = 22;
        test[0][3] = 50;
        test[0][4] = 75;           将值逐一分配给二维数组的元素
        test[1][0] = 90;
        test[1][1] = 55;
        test[1][2] = 68;
        test[1][3] = 72;
        test[1][4] = 58;

        for(int i=0; i<5; i++){
            System.out.println( "第" + (i+1) +           输出语文的分数
                "个人的语文成绩是" + test[0][i] + "。");
            System.out.println( "第" + (i+1) +
                "个人的数学成绩是" + test[1][i] + "。");
        }                                                输出对应值
    }
}
```

Sample10 的运行画面

```
第1个人的语文成绩是80。
第1个人的数学成绩是90。
第2个人的语文成绩是60。
第2个人的数学成绩是55。
第3个人的语文成绩是22。
第3个人的数学成绩是68。
第4个人的语文成绩是50。
第4个人的数学成绩是72。
第5个人的语文成绩是75。
第5个人的数学成绩是58。
```

在这个代码中，test[0][●] 存储了语文的分数，test[1][●] 存储了数学的分数。这是用 for 语句输出的，如图 7-11 所示。对两个或更多维的数组进行赋值和输出的用法基本相同。

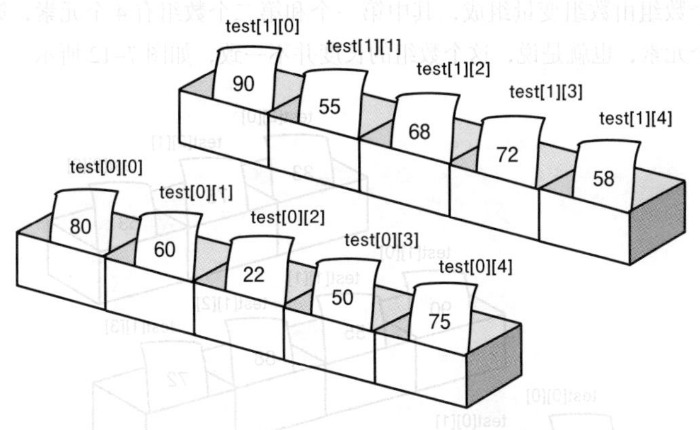

图 7-11　多维数组

可以把多维数组作为"数组的数组"进行处理。

多维数组的写法

与一维数组一样，多维数组也有各种各样的写法。首先，让我们试着编写一个可以同时定义数组并保留元素的语句。

```
int[][] test = new int[2][5];
```

用一个语句准备二维数组

此外，还可以通过在定义和保留元素时分配值来进行初始化，对于多维数组，请进一步嵌套"{}"。

```
int[][] test = {
    {80,60,22,50,75},{90,55,68,72,58}
};
```

初始化二维数组

这个代码只改写了 Sample10 中的二维数组，请试着改写代码，确认它是否会进行同样的运算。

此外，在 Java 的多维数组中，不需要每个元素的数量都是相同的，也可以创建一个如下所示的元素长度不同的数组。

```
int[][] test = {
    {80,60,22,50},{90,55,68,72},{33,75,63}
};
```

也可以创建元素长度不同的数组

这个数组由数组变量组成，其中第一个和第二个数组有 4 个元素，第三个数组有 3 个元素，也就是说，这个数组的长度并不一致，如图 7-12 所示。

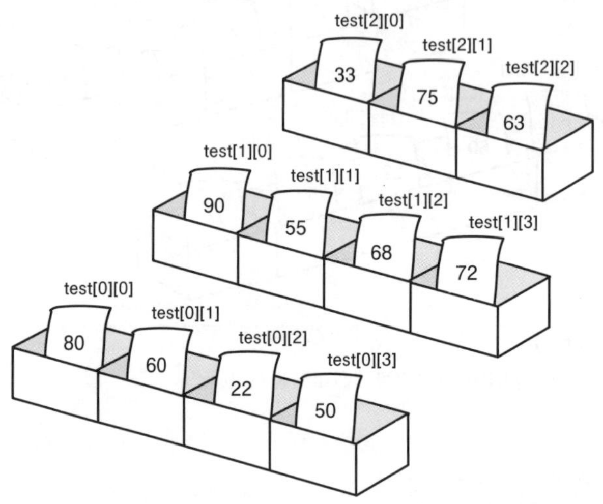

图 7-12　元素长度不一致的多维数组

可以处理各元素长度不一致的多维数组。

接下来，试着来创建一个多维数组。

Sample11.java　元素长度不同的数组

```
class Sample11
{
    public static void main(String[] args)
    {
        int[ ][ ] test = {
            {80,60,22,50},{90,55,68,72},{33,75,63}
        };

        for(int i=0; i<test.length; i++){
            System.out.println( "第" + (i+1) +
```

表示整个数组的长度

```
                " 个元素的长度是 " + test[i].length + " 。");
        }
    }
}
```

表示每个数组元素的长度

Sample11 的运行画面

```
第 1 个元素的长度是 4。
第 2 个元素的长度是 4。
第 3 个元素的长度是 3。
```

test.length 表示这个数组的总长度，为了确定每个数组有多少个元素，使用下面的代码来描述。

```
test[ 索引 ].length
```

也就是说，test[i].length 表示的是这个数组元素里的单个数组的长度。在 Sample11 的代码中，可以看到循环语句（这里是 for 语句）的处理重复了三次，并输出了每个数组的长度。

7.8 本章小结

本章学习了以下内容：

- 可以定义数组并使用 new 运算符保留数组元素。
- 可以使用数组变量将值分配给数组元素。
- 可以通过在“{}”中指定值来初始化数组。
- 通过添加 .length，可以知道数组元素的数量。
- 可以将另一个数组变量分配给数组变量。
- 可以创建和处理多维数组。

使用数组，可以处理多个相同类型的数据，即可以将大量的数据合并在一起进行简单的管理。数组的工作是 Java 中不可或缺的一部分。

练习

1. 判断以下说法是否正确。

   ①当定义数组变量时，自动保留数组元素。

   ②使用 new 运算符初始化数组元素。

   ③数组元素的数量可以不是在运行程序之前确定的数量。

2. 确认下面的代码中是否有错误，如果有错误，请指出来。

```
class SampleP2
{
    public static void main(String[] args)
    {
        int[] test;
        test = new int[5];

        test[0] = 80;
        test[1] = 60;
        test[2] = 22;
        test[3] = 50;
        test[4] = 75;
        test[5] = 100;

        for(int i=0; i<5; i++){
            System.out.println("第" + (i+1) + "个人的分数是" +
                test[i] );
        }
    }
}
```

3. 为了得到以下运行结果，选择 A ~ G 的内容完成代码。

```
class SampleP3
{
    public static void main(String[] args)
    {
        int[] test = {80,60,22,50,75,100};

        for(int i=【①】; i<【②】; i++){
```

```
                System.out.println("第" + (【③】) + "个人的分数是"
                    + test[【④】] + "。");
            }
        }
    }
```

```
第1个人的分数是80。
第2个人的分数是60。
第3个人的分数是22。
第4个人的分数是50。
第5个人的分数是75。
第6个人的分数是100。
```

（A）0　（B）1　（C）5　（D）6　（E）i　（F）i+1　（G）i++

4. 编写一个代码，要求从键盘输入测试分数，并使用数组输出分数和最高分。

```
请输入5个人的测试分数。
80 ↵
60 ↵
57 ↵
50 ↵
22 ↵
第1个人的分数是80。
第2个人的分数是60。
第3个人的分数是57。
第4个人的分数是50。
第5个人的分数是22。
最高分是80。
```

第 8 章

类的基础知识

在前面的章节中，我们已经学习了变量、数组等各种 Java 功能，许多编程语言早就内置了这些功能。然而，随着程序变得越来越复杂，就需要一个高效创建程序的功能，应对这个需求，引入的新功能就是“类”，此功能基于称为“面向对象”的概念。本章将学习类的基本知识。

Check Point

- 面向对象
- 类
- 对象
- 域
- 方法
- 成员
- 方法参数
- 方法的返回值

8.1 定义类

关于类

在前面的章节中，我们学习了 Java 的各种功能，如变量和数组，使用这些知识，可以自由地编写各种程序。假如需要编写一个程序来管理企业拥有的汽车，则可以用数组来表示拥有的车牌号，并在屏幕上输出车牌号。

但是，如果需要为公司的汽车制定更多相关的程序，应该怎么做？或者，需要开发一个大规模的系统来管理大量的汽车，又应该怎么做？

在这种情况下，有效地利用之前编写的代码是很重要的。通过使用本章中学习的类（class）功能，可以更有效地编写程序。

Java 在编写程序时总是利用类，从本章开始，将学习类的工作原理。

类在 Java 中不可或缺

前面编写的代码已经使用了类，如第 2 章所述，Java 代码中必须至少有一个类。请认真回顾一下之前编写的代码。

```
class Sample1
{
    ...
}
```


之前学习的代码的最外层是用块（{}）围起来的，像这样，由前缀为 class 的块包围的部分被称为“类”。也就是说，此前的所有代码都是一个类。本章将在此基础上再创建一个新的类，可以利用之前创建的类来创建一个新的类。

了解类的构造

首先，来看一下到底什么是“类”。

在处理类时，首先着眼于现实世界中存在的“**物体**”的概念，想象一下把“物体”像程序的零件一样组合起来开发程序。

例如，要创建管理汽车的程序，首先要着眼于“车”这一物体本身，车有着 1234 或 4567 这样的车牌号，装载了 20.5 升或 30.5 升的汽油。此时，关于“车”的数据，有以下两点：

- 车牌号。
- 剩余汽油量。

“车牌号是 00”“汽油的剩余量是 00”等与“车”相关的事情被纳入“车类”。也可以认为，这些数据就像一辆车的“状态”和“性质”。

另外，汽车还有以下几个“功能”：

- 决定车牌号。
- 给车加油。
- 表示车牌号和汽油量。

这些“功能”可以说是改变车牌号、汽油量一类的东西。类是一个概念，用于在**总结物体的状态、性质和相关功能的同时，编写程序**。

为了概括类，通常会进行代码的描述，如下所示，这是类的基础。

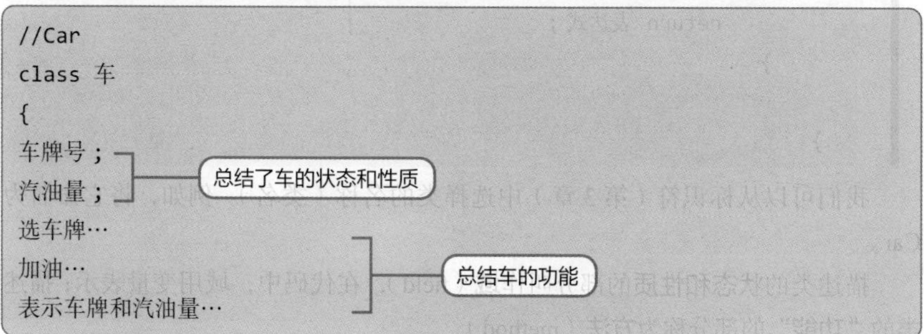

```
//Car
class 车
{
车牌号；
汽油量；
选车牌…
加油…
表示车牌和汽油量…
```


在块中，总结了汽车的状态、性质和功能，并将它命名为“车”，如图 8–1 所示。

```
class 车
{
    车牌号;
    汽油量;
    选车牌;
    加油;
    表示车牌和汽油量;
     · · ·

}
```

图 8-1 类

总结与物体相关的状态、性质和功能。

定义类

现在，尝试编写代码。描述一个总结物体的状态、性质和功能的类被称为**定义类**（declaration）。按照以下代码定义类。

语法

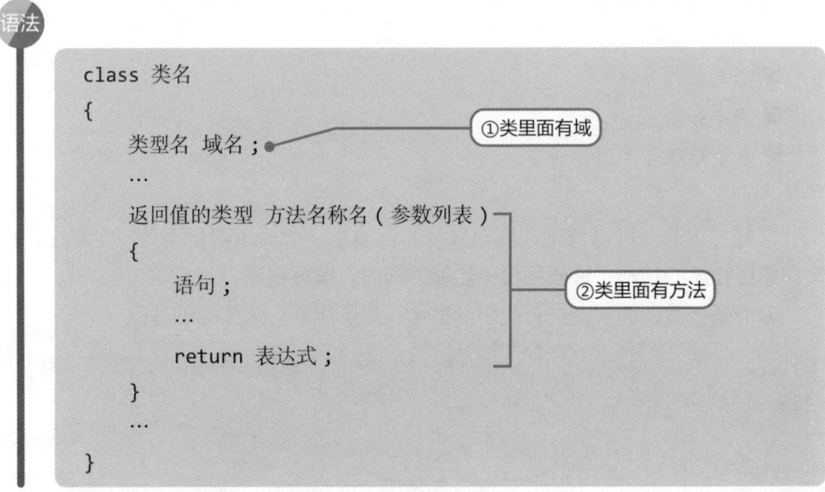

```
class 类名
{
    类型名 域名；
    …
    返回值的类型 方法名称名（参数列表）
    {
        语句；
        …
        return 表达式；
    }
    …
}
```


我们可以从标识符（第 3 章）中选择类的名称（类名）。例如，将它命名为 Car。

描述类的**状态和性质**的部分叫作**域**（field），在代码中，域用变量表示；描述类的“**功能**”的部分称为**方法**（method）。

域和方法称为类的**成员**（member）。本节先了解域，本章的后半部分将学习方法。

类将域和方法作为其成员。
域用变量表示。

现在，来看下面这个简单的代码，这是一个名为 Car 的类的定义，其中包含一个域，用于存储车牌号和汽油量。

```
class Car
{
    int num;       // 车牌号
    double gas;    // 汽油量
}
```

在块中，定义了 num 和 gas 两个变量，这是 Car 类的域，如图 8-2 所示。接下来，在这两个域（变量）中存储车牌号和汽油量。也就是说，这个 Car 类中包含以下域。

域
　num（存储车牌号的变量）
　gas（存储汽油量的变量）

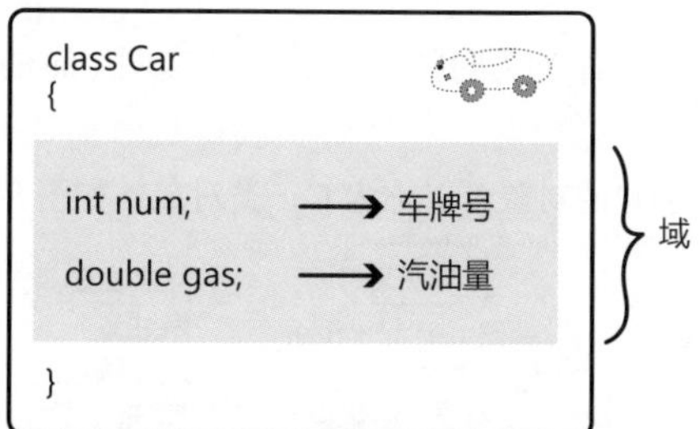

图 8-2　域

类里面表示物体的“状态”和“性质”的部分叫作域。

8.2 创建对象

运用类

在8.1节中，我们总结了域并试着定义了类。但是，仅仅定义类还不够，关于"**车"实际上有什么样的车牌号和汽油量**等，还没有任何描述。例如，车有1234等具体的车牌号。关于这个什么都还没有决定。

因此，这里需要执行**创建对象**的任务，也可以这样想，创建对象实际上是**制作一辆汽车**。在8.1节中，已经用类为"车"定义了它具有怎样的"状态和性质"。接下来，将利用类的方法，在**代码中一辆一辆地创建车**，之后还可以编写代码，使每辆车都有正确的车牌号和汽油量。

在代码中创建的每辆车称为**对象**（object）或**实例**（instance），在本书中，我们将其称为"对象"。

通过定义Car类创建的对象可以称为Car类对象，如图8-3所示。

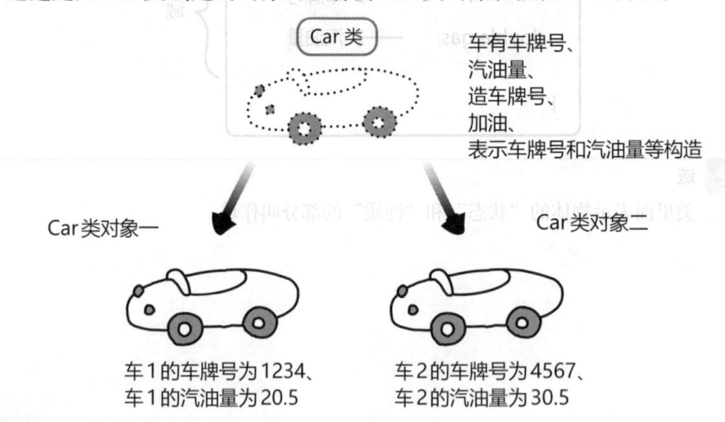

图8-3 创建对象

为了实际地运用类，需要在代码中创建对象。

要使用定义的类，需要创建对象。

创建对象

现在，让我们来创建一个对象，这需要以下两个步骤。

①定义使用对象的变量。

②创建对象并使其可用于该变量。

首先，来看看①的操作，它的意思是**使用定义的类来定义对象的变量**。请回忆一下在第 3 章等章节中定义的 int 或 double 的变量，①的操作与定义这些变量的方式非常相似，可以将类名用于之前学过的 int 或 double 类型名称的部分。

```
Car car1;
```

定义 car 型的变量 car1

这个语句提供了一个 car1 变量来处理 Car 类的对象，变量 car1 称为 Car 类型的变量。

接下来，看看②的操作。如果要在代码中创建 Car 类的对象，请使用 new 运算符，以 new 后跟“类名 ( ) ; ”的方式写代码 。也就是说，对象是由以下语句创建的。

```
car1 = new Car();
```

创建对象并赋值给变量 car1

在这个语句中，还执行了“将使用 new 得到的结果赋值给变量 car1”的任务。赋值之后，就可以进行**使用变量 car1 来处理创建的 Car 类的对象**的操作了，我们将这一操作称为**变量 car1 指向 Car 类的对象**。

如果在 main( ) 方法中描述①和②的操作，那就是做好了处理车的车牌号和汽油量的准备了。接下来，将此前的操作合并起来看一下。

```
//Car类
class Car
{
    int num;
    double gas;
}
```

Car 类

```
// 创建一个汽车类对象
class Sample1
{
    public static void main(String[] args)
    {
        Car car1;                       声明汽车类型变量
        car1 = new Car();               创建一个对象并分配它
        ...
    }
}
```

创建对象的方法总结如下，请记住需要执行两项任务。

创建对象（其一）

```
类名 变量名;
变量名 = new 类名();
```

此外，也可以将两项操作合并到一个语句里。

```
Car car1 = new Car();      可以合并到一个语句里
```

创建对象（其二）

```
类名 变量名 = new 类名();
```

请牢记这个方法，使用它就可以简单地创建对象了，如图 8–4 所示。

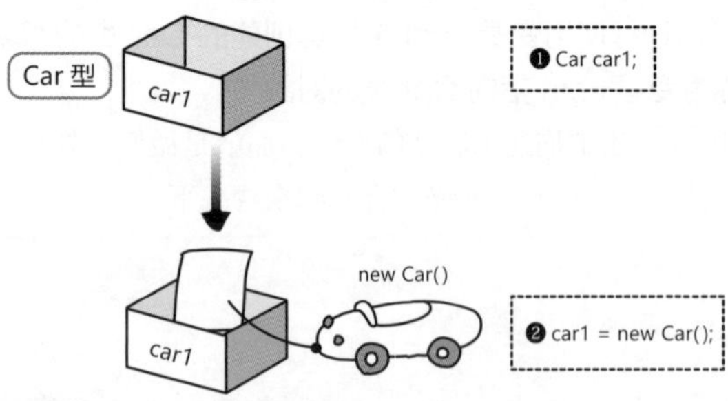

图 8–4 创建对象的步骤

要创建对象并进行处理，首先要定义处理对象的变量（①）。接下来使用 new 运算符创建对象，并赋值给变量（②）。

引用型变量

变量 car1 不表示“对象本身”,类变量用于指向创建对象的“位置”,这一类变量称为**引用类型变量**。如第 7 章“数组变量的特征”部分所述，除了类类型变量之外，引用类型变量还包括数组类型变量和接口类型变量。

访问成员

现在，使用创建的对象进一步编写代码。创建完一个 Car 类对象，**就可以设置一辆汽车的车牌号和汽油量的实际值**，所创建的对象中包含一个含有 num 和 gas 值的域（变量）。因此，可以将实际的值赋值给该域。

```
car1.num    表示车牌号
car1.gas    表示汽油量
```

如果写成 car1.num，就可以表示 car1 所指的**“汽车”这一对象的车牌号**。也就是说，要将 car1 的车牌号设置为 1234，将汽油量设置为 20.5，请按下面的方式进行赋值。

```
public static void main(String[] args)
{
    Car car1;
    car1 = new Car();      创建一个对象……

    car1.num = 1234;       代替车牌号
    car1.gas = 20.5;       代替汽油量
    ...
}
```

像这样对域进行处理称为**访问成员，如图 8-5 所示**。

创建对象后，可以访问该对象的成员。

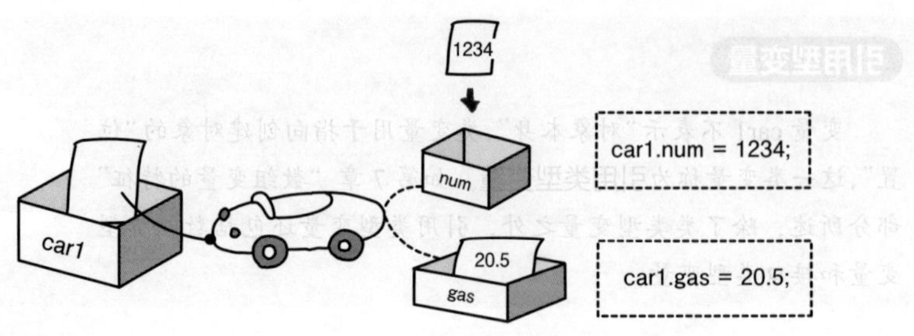

图 8-5 访问成员

创建对象后，可以访问该对象的成员，并存储实际的数值。

8.3 类的运用

使用类创建程序

现在，将之前的操作合并到一起，并创建一个能够实际运行的程序。请试着输入以下代码。

Sample1.java　运用类

```
//Car 类
class Car
{
    int num;
    double gas;
}

class Sample1
{
    public static void main(String[] args)
    {
        Car car1;
        car1 = new Car();

        car1.num = 1234;
        car1.gas = 20.5;
```

Car 类声明（规格）

创建一个对象

代替车牌号和汽油量

```
        System.out.println("车牌号是" + car1.num + "。");
        System.out.println("汽油量是" + car1.gas + "。");
    }
}
```

输出车牌号和汽油量

编写完成代码后，编写源文件。创建完类文件后，像以前一样，运行 Sample1。

Sample1 的运行画面

```
车牌号是 1234。
汽油量是 20.5。
```

这个代码中首先写了 Car 类，在这一类的代码中，程序的执行和之前一样，从 main( ) 方法开始。

main( ) 方法首先创建 Car 类的对象，然后将值存储在域中，设置车牌号和汽油量，最后输出 num 和 gas 的值。这样就创建了一个管理汽车的简单程序，如图 8-6 所示。

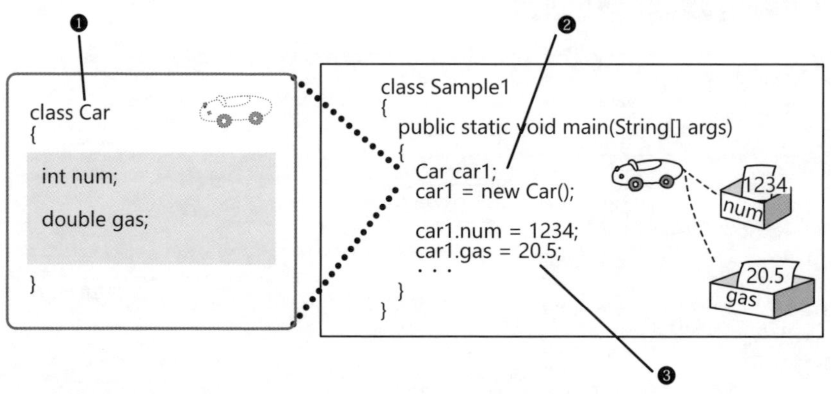

图 8-6　类的使用方法

①定义类；②创建对象；③访问成员，创建程序。

创建两个以上的对象

Sample1 只创建了一个对象，实际上，可以创建任意数量的对象。例如，要创建两辆汽车，只需要准备变量 car1 和 car2，然后使用 new 就可以了。

```
Car car1;
```

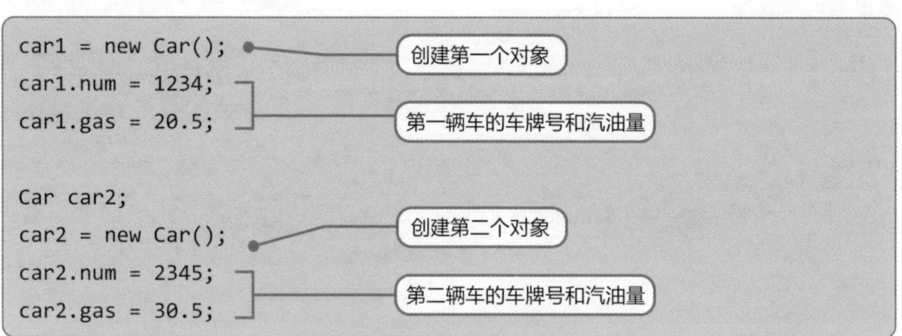

```
car1 = new Car();
car1.num = 1234;
car1.gas = 20.5;

Car car2;
car2 = new Car();
car2.num = 2345;
car2.gas = 30.5;
```


这样，两辆“车”就有了各自的车牌号和汽油量。因为 car1 和 car2 是变量名称，因此也可以从标识符中选择其他的适当的名称。

通过创建多个对象，就可以创建更复杂的程序了。例如，可以创建一个程序来管理很多辆车，如图 8-7 所示。

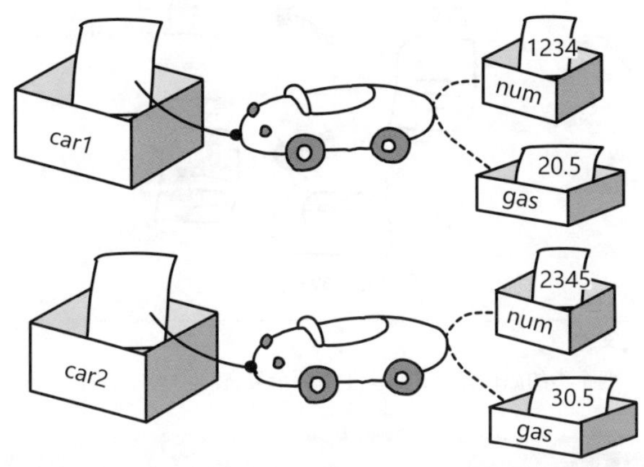

图 8-7　**创建两个以上对象**

可以创建多个对象。

创建两个类文件

可能已经有人注意到，编写 Sample1.java 将创建两个文件：Sample1.class 和 Car.class，这是因为源文件中有两个“类”。

Sample1.java

```
//Car 类
```

```
class Car
{
    ...
}
class Sample1
{
    ...
}
```

Car 类

Sample1 类

在编写时，将为每个类创建相应的类文件，如图 8-8 所示。要运行程序，需要先将创建的两个文件放在同一文件夹中，再运行 Samlpe1 类。

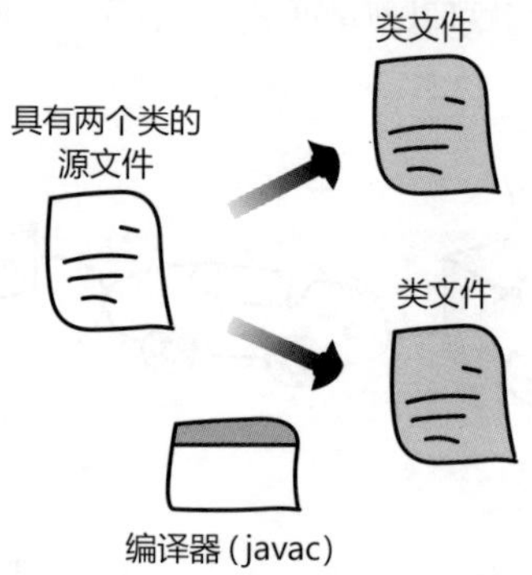

图 8-8 两个类文件

编写了两个类的源代码时，将会生成两个类文件。

运行两个以上的类

如第 1 章中所述，在最新版本的 Java 中，可以通过 java< 源文件名 > 这一步骤，轻松地指定源文件名并运行程序。

但是，如果存在两个或多个类，则不能以这种方式运行，应该进行编译并创建两个类文件之后再运行程序。

总结运用类的步骤

正如这一节讲到的，要运用类创建程序，通常有以下两个步骤。

①定义类。

②从类创建对象。

①的操作可以看作“**设计汽车通用的**规格 / 样式（类）”；②的操作可以看作在①（类）的基础上，**创建单独的汽车（对象），记忆和操作数据。**

在此，我们将①和②相继写入同一个文件，但是，在 Java 中，可以将两个代码分割到两个文件中，并由不同的人来编写。

在①的阶段，如果能较好地设计 Car 类就会比较方便，因为使用这个 Car 类，**许多不同的人可以有效地创建处理“车”的各种程序，如图 8-9 所示。**这一方法将在第 13 章中详细讲解。

要运用类，需要定义类和创建对象。

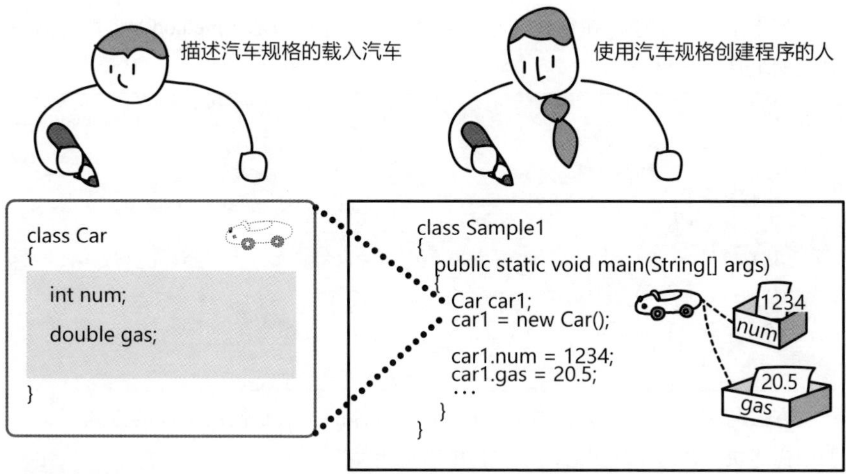

图 8-9　类的定义和类的运用

有时定义类和使用类的人是不同的。恰当地设计类可以高效地创建程序。

面向对象

基于类和对象的程序开发方法被称为**面向对象**（object oriented），Java 是一种具有面向对象特征的编程语言。

8.4 方法的基础知识

定义方法

前面，我们已经学习了运用类来创建程序，本节将学习更多关于类的知识。

如本章开头所述，在创建“车”类时，可以通过**方法**（method）将汽车的各种功能组合在一起。

```
class 车
{
    车牌号；
    汽油量；
    选车牌号…
    加油…
    表示车牌号和汽油量…
}
```


方法与域一起称为**类成员**（member），具体的方法是使用下面的方式在类声明中描述块，在这个块里总结了“物体的功能”。

方法的定义

```
返回值的类型 方法名（参数列表）
{
    语句；
    …
    return 表达式；
}
```


这里使用了“返回值”和“参数”这些生僻的术语。稍后会详细讲解这些术语，在这里只需要有一个大致的印象就可以了。

“方法名”是指和变量的名称一样，使用标识符（第 3 章）命名的方法的名称，方法包含多个语句，这被称为**定义方法**（definition），如图 8-10 所示。

例如，以下代码是方法的定义。这是一个总结了“**显示汽车信息**”这一功能的方法。

```
class Car
{
    …
    void show()                    显示汽车信息的方法
    {
        System.out.println(" 车牌号是 " + num + " 。");
        System.out.println(" 汽油量是 " + gas + " 。");
    }
    …
}
```

用 show 这个方法名，合并了在屏幕上输出的两个处理。

定义方法，可以合并一定的处理。

```
class Car
{
  int num;
  double gas;
  void show()          ——→ 能够显示汽车信息
  {
    System.out.println("车牌号是 " + num );
    System.out.println("汽油量是 " + gas );
  }
}
```

场地（int num; double gas;）
方法定义（void show() { … }）

图 8-10　**方法的定义**

可以合并一定的处理并定义方法。

调用方法

定义了方法，就可以在为该类创建对象之后**进行实际处理方法**的操作，运行方法处理称为**调用方法**。

调用方法的代码如下。

调用方法

```
指向对象的变量名 . 方法名（参数列表）
```

例如，要调用本节中使用的 show( ) 方法，可以按照下述方法写代码。

```
class Sample2
{
    public static void main(String[] args)
    {
        Car car1;
        car1 = new Car();
        ...
        car1.show();
        ...
    }
}
```

若要在 main( ) 方法中调用方法，要在指向对象的变量名后加上句点（.），用方法名和“( )”来描述。

当在代码中处理方法调用时，可以把**刚才处理定义方法的**这一操作合并起来一起处理。

Sample2.java　调用方法

```
//Car 类
class Car
{
    int num;
    double gas;

    void show()                                          定义方法
    {
        System.out.println(" 车牌号是 " + num + " 。");
        System.out.println(" 汽油量是 " + gas + " 。");
    }
}
```

```
class Sample2
{
    public static void main(String[] args)
    {
        Car car1;
        car1 = new Car();

        car1.num = 1234;
        car1.gas = 20.5;

        car1.show();
        car1.show();
    }
}
```

调用方法

再次调用方法

Sample2 的运行画面

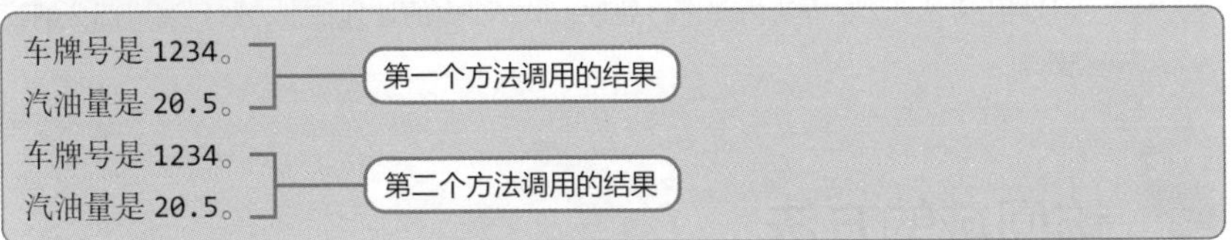

在 Sample2 的 main( ) 方法内调用了 Car 类对象的 show( ) 方法。因此，在处理这一部分时，Car 类对象将**转移到 show( ) 方法的定义中，并从第一条语句开始按顺序进行处理**。运行结果是，屏幕上会输出车牌号和汽油量。

show( ) 方法的处理，在块的最后结束，然后**返回到前面的 main( ) 方法并执行下一个语句**。由于在 main( ) 方法内再次调用 show( ) 方法，因此它将再次处理 show( ) 方法并在屏幕上显示相同的内容，也就是说，它是按照下面的流程进行处理的。

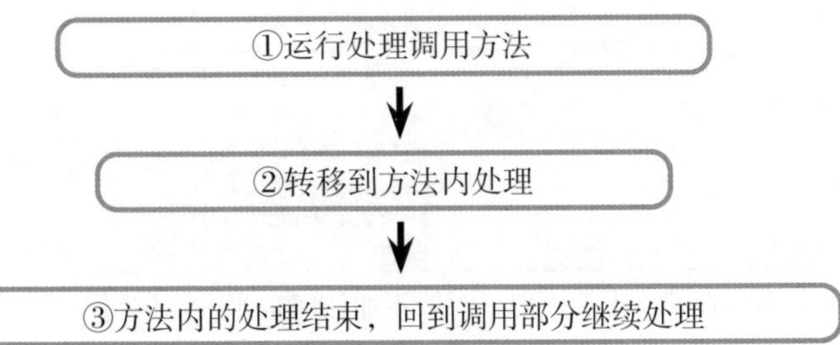

将 Sample2 的流程合并到一起，如图 8–11 所示。

调用方法时，将执行定义的操作。

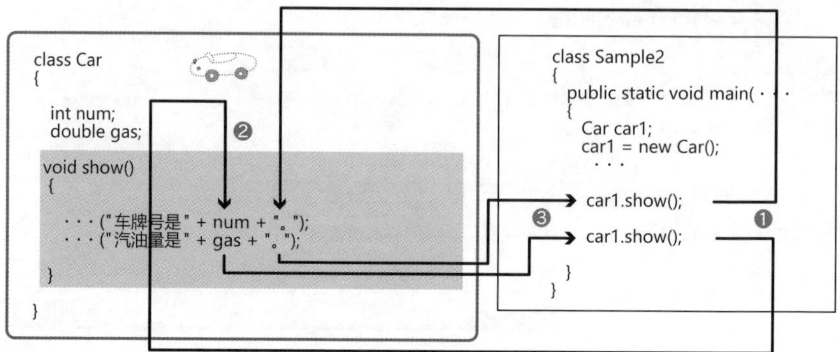

图 8–11 调用方法

①调用方法；②在方法内部进行处理；③方法内的处理结束，回到调用部分继续处理。

访问域的方法

现在，让我们回顾一下如何访问成员。在 Car 类之外的 main( ) 方法中，当描述域时，在指向对象的变量 car1 后加上句号进行访问。

```
class Sample2
{
...
    public static void main(String[] args)
    {
        car1.num = 1234;
        car1.gas = 20.5;
        ...
    }
}
```

表示 car1 相关信息

另一方面，在 Car 类的内部，对域不加任何东西进行访问。

```
//Car 类
class Car
{
    int num;
    double gas;

    void show()
    {
        System.out.println(" 车牌号是 " + num + " 。");
        System.out.println(" 汽油量是 " + gas + " 。");
    }
}
```


这是因为类之外的域必须指示它是**变量 car1 指向对象的域**，必须指定它是 car1 指示的对象的车牌号还是 car2 指示的对象的车牌号。

相反，在类中处理的域是**此时正在处理的对象本身的域**。例如，它可能是 car1 的对象，也可能是 car2 的对象。因此，可以单独编写域名称，无须在类中指定对象，如图 8-12 所示。

此外，请记住可以使用 this. 来强调“对象本身”。

```
//Car 类
class Car
{
    int num;
    double gas;

    void show()
    {
        System.out.println(" 车牌号是 " + this.num + " 。");
        System.out.println(" 汽油量是 " + this.gas + " 。");
    }
}
```

```
class Car
{
  int num;
  double gas;

  void show()
  {
    System.out.println("车牌号是" + num + "。");
    System.out.println("汽油量是" + gas + "。");
  }
}
```

```
class Sample2
{
  public static void main(String[] args)
  {
    . . .
    car1.num = 1234;
    car1.gas = 20.5;
  }
}
```

图 8-12 域的写法

①在类的外部，加上指向对象的变量名来描述域。

②在类的内部，直接使用域本身的名称，或者在名称前添加 this. 进行描述。

如何访问方法

请回顾一下如何调用方法。方法和域一样，在类之外 [Sample×类的 main( ) 方法] 用指向对象的变量名来调用。

```
class Sample2
{
    public static void main(String[] args)
    {
        Car car1;
        car1 = new Car();
        ...
        car1.show();    // car1 的方法
```

```
        ...
    }
}
```

在类之外，需要指定方法用于哪些对象。

此外，可以在与定义方法时相同的类中调用方法。请看下面的代码。

Sample3.java　在类的内部调用方法

```
//Car 类
class Car
{
    int num;
    double gas;

    void show()
    {
        System.out.println(" 车牌号是 " + num + " 。");
        System.out.println(" 汽油量是 " + gas + " 。");
    }
    void showCar()
    {
        System.out.println(" 现在开始显示车辆信息。");
        show();
    }
}

class Sample3
{
    public static void main(String[] args)
    {
        Car car1;
        car1 = new Car();

        car1.num = 1234;
        car1.gas = 20.5;
```

```
        car1.showCar();
    }
}
```

Sample3 的运行画面

```
现在开始显示车辆信息。
车牌号 1234。
汽油量 20.5。
```

我们为此 Car 类定义了一个名为 showCar( ) 的方法，然后它调用了同一类中的 show( ) 方法，请注意，这时只有方法名称是单独编写的。如果在类中调用该方法，则只需要编写该方法的名称。

此外，还可以在类中添加 this. 来调用方法，如图 8-13 所示。

```
//Car类
class Car
{
    void show()
    {
        ...
    }
    void showCar()
    {
        System.out.println("现在开始显示车辆信息。");
        this.show();
    }
}
```

```
class Car
{

  int num;
  double gas;

  void showCar()
  {
    System.out.println("现在开始显示车辆信息。");
    show();        ← 也可以写为 this.show   ❷
  }
}
```

```
class Sample3
{
  public static void main(String[] args)
  {
    . . .

    car1.showCar();   ❶

  }
}
```

图 8–13　方法的写法

①在类外，后缀指向对象的变量名来调用方法。

②在类中，直接使用方法名或者添加 this. 来调用方法。

通过 this. 来进行的访问

Sample2 和 Sample3 的成员（域和方法）可以在类中使用 this. 进行访问。但是，类中的某些成员不能以这种方式访问，这部分内容将在第 9 章学习。

在本节中，我们定义并使用了方法。定义了“显示汽车信息的功能”，就可以利用汽车这个物体的功能了。如果能够熟练地使用方法的功能，这将非常有用。

8.5 方法的参数

使用参数来传递信息

本节将更详细地讲解方法的相关知识。

调用方法时，可以从**调用源向方法内传递某种信息（值），并进行与该值相对应的处理**，传递给方法的信息称为**参数**（argument）。具有参数的方法用下面的方式来表示。

```
void setNum(int n)        ← 准备 int 类型的参数
{
    num = n;              ← 可以在方法内使用参数
    System.out.println(" 我把车牌号改成了 " + num + "。");
}
```

这个 setNum( ) 方法指的是，当从调用源中调用该方法时，**在该方法中传递一个 int 类型的值**。方法的“( )”中的 int n 就是参数，参数 n 是 int 类型的变量，只能在该方法中使用。 变量 n（参数）是在调用方法时准备的，用于**存储从调用源传递的值**。

因此，可以在方法中对变量 n 的值进行处理，上面的 setNum( ) 方法就是将传递的值分配给字段 num，并将其输出，如图 8-14 所示。

使用参数，可以把值传递给方法。

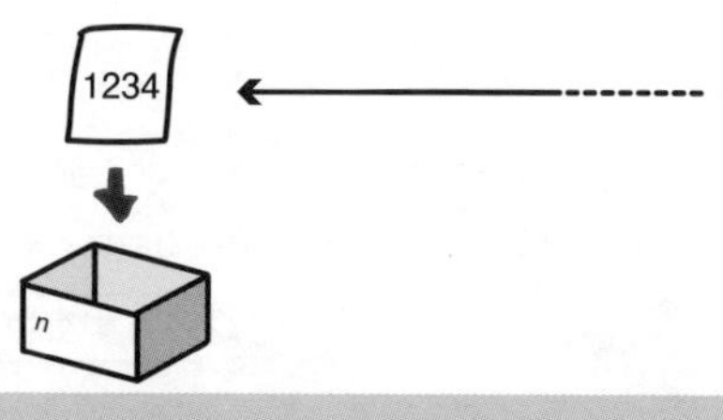


```
void setNum(int n)
{
  num = n;
  System.out.println("我把车牌号改成了" + num + "。");
}
```

图 8-14　可以对方法的主体传递数据并进行处理

通过传递参数调用方法

现在，让我们试着调用一个具有参数的方法。请看下面的代码，当调用具有参数的方法时，在调用语句的“( )”中描述指定类型的值，并将该值传递给方法。

Sample4.java　调用参数的方法

```
//Car 类
class Car
{
    int num;
    double gas;

    void setNum(int n)
    {
        num = n;
        System.out.println("车牌号改成了" + num + "。");
    }
    void setGas(double g)
    {
        gas = g;
        System.out.println("汽油量改成了" + gas + "。");
    }
```

有参数的方法

接收值

```
    void show()
    {
        System.out.println("车牌号为" + num + "。");
        System.out.println("汽油量为" + gas + "。");
    }
}
class Sample4
{
    public static void main(String[] args)
    {
        Car car1 = new Car();

        car1.setNum(1234);
        car1.setGas(20.5);
    }
}
```

没有参数的方法

以 1234 作为实际参数调用

Sample4 的运行画面之一

```
车牌号为 1234。
汽油量为 20.5。
```

传递的值被输出

在这个 main( ) 方法中，通过**传递值 1234 给 setNum() 方法来调用它**。这里将值 1234 传递给方法。

值 1234 被存储在参数 n 中，在方法中，将 n 的值赋给域 num，可以看到其结果是该值显示在屏幕上。

在方法中定义的参数（变量）称为**虚参 / 临时参数**（parameter），从方法调用传递的参数（值）称为**实参**（argument）。在这里，变量 n 是虚参，而 1234 是实参，如图 8-15 所示。

在方法定义中接收值的变量称为虚参。
调用方法时传递的值称为实参。

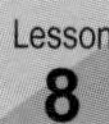

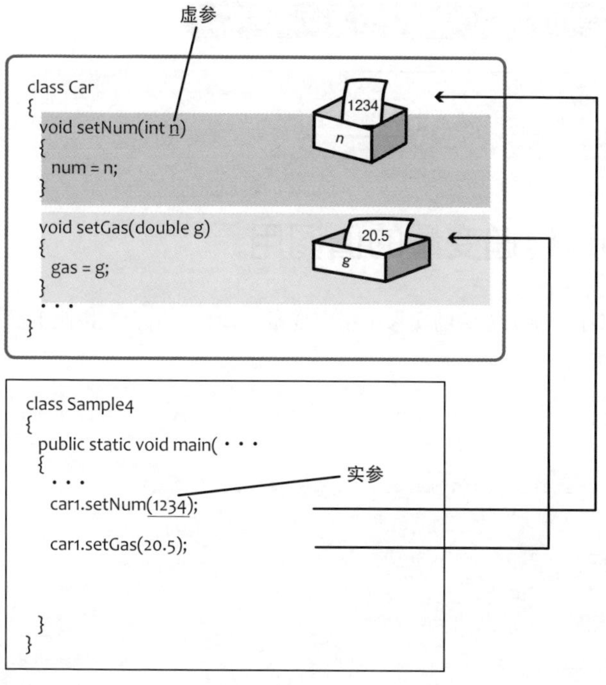

图 8-15　虚参与实参

可以为方法定义一个虚参，在调用方法时传递实参并对其进行处理。

通过传递不同的值调用

可以将不同的值传递给参数。现试着将 Sample4 的 main( ) 方法中的两个语句重写。

```
class Sample4
{
    public static void main(String[] args)
    {
        Car car1 = new Car();

        car1.setNum(4567);
        car1.setGas(30.5);
    }
}
```

尝试使用不同的参数调用该方法

将代码改写后的 Sample4 的运行画面之二

```
车牌号为4567。
汽油量为30.5。
```

输出值变了

通过传递变量的值调用

还可以在传递给方法的实参中指定变量。现在，请尝试按照下面的方法改写 Sample4 的后半部分。

```
class Sample4
{
    public static void main(String[] args)
    {
        Car car1 = new Car();

        int number = 1234;
        double gasoline = 20.5;

        car1.setNum(number);
        car1.setGas(gasoline);
    }
}
```

变量可用作实参

改写后的 sample4 的运行画面之三

```
车牌号为1234。
汽油量为20.5。
```

在这里，用在 main( ) 方法中定义的变量 number（的值）作为传递给方法的实参。由此可知，也可以使用变量作为传递给方法的实参。

实参和虚参的变量名可以不相同，这里也使用了不同的变量名。

实参和虚参的变量名可以不相同。

定义具有多个参数的方法

之前的方法都只有一个参数，实际上，方法可以具有两个以上的参数。让我们马上开始编写代码。

Sample5.java　调用有多个参数的方法

```
//Car 类
class Car
{
    int num;
    double gas;

    void setNumGas(int n, double g)
    {
        num = n;
        gas = g;
        System.out.println(" 车牌号定为 " + num + " 且汽油量为 "
            + gas + "。");
    }
    void show()
    {
        System.out.println(" 车牌号为 " + num + " 。");
        System.out.println(" 汽油量为 " + gas + " 。");
    }
}

class Sample5
{
    public static void main(String[] args)
    {
        Car car1 = new Car();

        int number = 1234;
        double gasoline = 20.5;

        car1.setNumGas(number, gasoline);
    }
}
```

有两个参数的方法

传递两个参数

Sample5 的运行画面

```
车牌定为 1234 且汽油量为 20.5。
```

具有多个参数的方法和之前的内容基本相同，但是，在调用时，参数之间必须使用逗号（，）分隔，如图 8-16 所示，这样的多个参数也被称为**参数列表**。这样，实参的值就会按分隔顺序传递给虚参，也就是说，在 Sample5 的 setNumGas() 方法中，按如下所示的方式来传递值。

虚参		实参
n	⟵	number 的值
g	⟵	gasoline 的值

这个方式对接收到的两个参数进行了赋值和输出的处理。

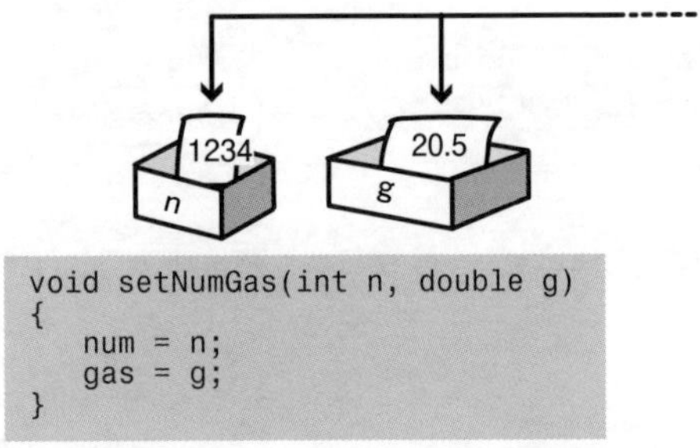

图 8-16 **多个参数**

在方法里，可以有多个参数。

注意，不能通过传递与虚参数量不同的实际参数来调用方法。例如，如果定义了一个带有两个虚参的 setNumGas( ) 方法，则不能通过传递单个参数来调用该方法。

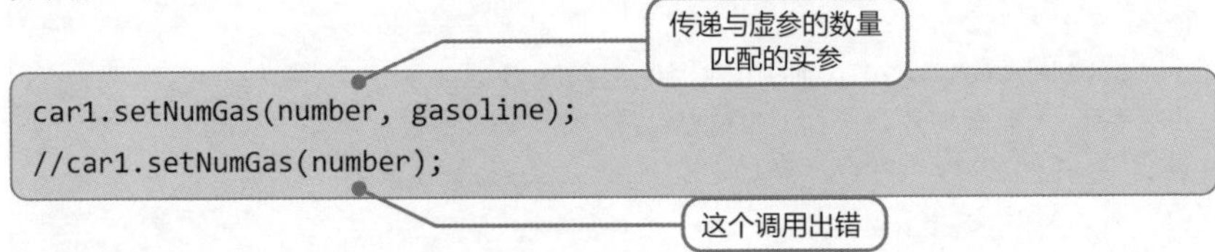

使用没有参数的方法

与 8.4 节中定义的 show( ) 方法相同，有些方法是“没有参数的方法”。在定义没有参数的方法时，不要在参数部分写入任何内容。调用方法时，不要在“( )”

中指定任何内容。

没有参数的情况下，不指定任何内容

```
void show()
{
    System.out.println("车牌号为 " + num + " 。");
    System.out.println("汽油量为 " + gas + " 。");
}
```

调用此类方法时，不在“()”中指定任何值，这是调用没有参数的方法的方式。

不传递参数进行调用

```
...
car1.show();
```

可以定义没有参数的方法。

设计方法

在本节中，我们学习了如何使用参数将信息传递给方法，使用参数，可以设计具有精细功能的方法。在显示汽车信息时，也可以通过传递车牌号和汽油量等信息来显示。

可以配合“物体”的功能，细致地设计方法。8.6 节将学习使用返回值的方法的设计方法。

8.6 方法的返回值

了解返回值的构成

通过前面的学习，想必大家已经理解如何使用参数了。

在方法中，还有一种与参数相反的操作，可以**将特定信息从方法主体返回到方法调用源**，从方法返回的信息称为**返回值**（return value）。与可以指定多个参数不同，只有一个返回值可以返回给调用源。

下面的代码表示的是在8.4节中介绍过的定义方法的方式，请再次回顾一下。要返回返回值，首先要在方法的定义中写出返回值的“类型”（①）；其次，要在方法块中，使用return语句，实际地进行返回的处理（②）。

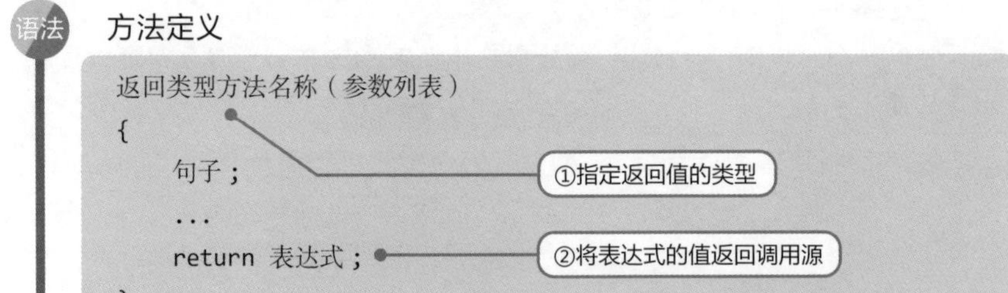

在这个代码中，return语句位于块的末尾，它也可以位于块的中间。但是，当处理方法时，即使没有到达块的末尾，也会在处理return语句时终止。务必要注意return语句的工作原理。

现在，来看看具有返回值的方法的实例，下面的代码将车牌号作为返回值返回到getNum( )方法中。

```
int getNum()
{
```

①返回 int 类型的值

```
    System.out.println(" 查询车牌号。")
    return num;
}
```

②把这个值返回调用源

在这个方法中，将域 num 的值作为返回值（②），由于 num 是 int 类型，因此将返回类型指定为 int 类型（①）。

现在，让我们试着使用这个方法。

Sample6.java　有返回值的方法

```
//Car 类
class Car
{
    int num;
    double gas;

    int getNum()
    {

        System.out.println(" 查询车牌号。");
        return num;
    }
    double getGas()
    {
        System.out.println(" 查询汽油量。");
        return gas;
    }
    void setNumGas(int n, double g)
    {
        num = n;
        gas = g;
        System.out.println(" 车牌号定为 " + num + " 且汽油量为 "
            + gas + " 。");
    }
    void show()
    {
        System.out.println(" 车牌号为 " + num + " 。");
        System.out.println(" 汽油量为 " + gas + " 。");
    }
```

返回 int 类型的值的方法

将值返回到调用源

```
}

class Sample6
{
    public static void main(String[] args)
    {
        Car car1 = new Car();

        car1.setNumGas(1234, 20.5);

        int number = car1.getNum();
        double gasoline = car1.getGas();
        System.out.println("从样本中查询车的信息。");
        System.out.println("车牌号是"+ number + "，汽油量是"
            + gasoline + "。");
    }
}
```

调用拥有返回值的方法

将返回值赋值给变量number

将返回的值输出到屏幕

Sample6 的运行画面

```
车牌号定为1234且汽油量为20.5。
查询车牌号。
查询汽油量。
从样本中查询车的信息。
车牌号是1234，汽油量是20.5。
```

在这里，方法的返回值被分配给调用源——变量 number。要使用返回值，就要使用赋值运算符从方法中赋值。

```
int number = car1.getNum();
```

将返回值赋值给变量 number

在调用源中输出了变量 number 的值，这样就可以将方法的返回值分配给变量，并在调用时使用它，如图 8–17 所示。

返回值不一定由调用源使用，如果不使用返回值，只需要用下面的代码进行描述。

```
car1.getNum();
```

可以不使用返回值

使用返回值，可以将信息返回调用源。

```
class Car
{
   ...

   int getNum()
   {
      return num;
   }

}
```

```
class Sample6
{
   public static void main(···
   {

       number = car1.getNum();

   }
}
```

1234

1234

number

图 8-17　返回值的利用

可以在调用源中使用返回值进行处理。

使用没有返回值的方法

就像某些方法没有参数一样，我们也可以定义没有返回值的方法。例如，8.5 节中的 setNumGas( ) 方法就是一个没有返回值的方法。

```
void setNumGas(int n, double g)
{
    num = n;
    gas = g;
    System.out.println(" 车牌号定为 " + num + " 且汽油量为 "
        + gas + "。");
}
```

没有参数的为 void 型

要使方法没有返回值，需将返回值的类型指定为 void，void 是“没有类型”的意思。

如果调用了没有返回值的方法，则该方法将继续到块的末尾（}），或者通过不带任何后缀的 return 语句终止该方法并返回到调用源的操作。

语法　return 语句

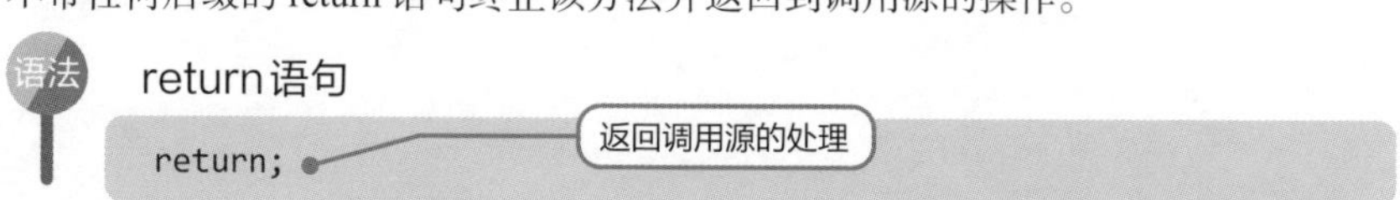

下面试着用 return 语句编写了上面的 setNumGas( ) 方法，但是，对于这样比较简单的方法，写不写 return 语句，运行结果都是相同的。

```
void setNumGas(int n, double g)
{
    num = n;
    gas = g;
    System.out.println("车牌号定为" + num + "且汽油量为"
        + gas + "。");

    return;
}
```

返回调用源的处理

没有返回值的方法指定为 void。

8.7 本章小结

本章学习了以下内容：

- 类的成员包括域和方法。
- 可以在定义类的基础上创建对象。
- 可以创建对象并访问成员。
- 可以在类中定义变量，把它作为域。
- 可以将类中的某些操作组合在一起，并将其定义为方法。
- 可以将参数传递给方法以进行处理。
- 方法调用源可以接收返回值。

在本章中，我们学习了如何设计类和如何使用类，以及如何将域和方法合并到类中并创建对象，我们还设计了使用参数和返回值的方法。从第 9 章开始，将进一步学习更强大的类的功能，因此，掌握本章所学的类的基本知识非常重要。

练习

1. 判断下列语句是否正确。

①创建对象时要使用 new。

②类包含域和方法。

③方法可以有两个以上返回值。

2. 下列代码中是否有错误？如果有错误，请指出。

```
//Car 类
class Car
{
    int num;
    double gas;

    void setNumGas(int n, double g)
    {
        num = n;
        gas = g;
        System.out.println(" 车牌号定为 " + num + " 且汽油量为 "
        + gas + "。");
    }
    void show()
    {
        System.out.println(" 车牌号为 " + num + " 。");
        System.out.println(" 汽油量为 " + gas + " 。");
    }
}

class SampleP2
{
    public static void main(String[] args)
    {
        Car car1 = new Car();
        setNumGas(1234, 20.5);
        car1.show();
    }
}
```

3. 请从下列选项中选出“含有 int 类型的返回值、一个 double 类型的参数的方法”。

   (A) void setNumGas(double g);

   (B) int setNumGas(double g);

   (C) double setNumGas(int n);

4. 请用○或 × 判断下列关于 setNumGas( ) 方法的说法是否正确。

   ①这个方法可以接收两个参数。

   ②这个方法返回了两个返回值。

   ③这个方法进行了在两个域中设定值的处理。

```
class Car
{
    int num;
    double gas;

    void setNumGas(int n, double g)
    {
        num = n;
        gas = g;
        System.out.println(" 车牌号定为 " + num + " 且汽油量为 "
            + gas + "。");
    }
}
```

5. 请创建如下所示表示整数坐标的 MyPoint 类。

   域：

   int x;（X 坐标）

   int y;（Y 坐标）

   方法：

   void setX(int px);（设定 X 坐标）

   void setY(int py);（设定 Y 坐标）

   int getX();（获取 X 坐标）

   int getY();（获取 Y 坐标）

第 9 章

类的功能

在第 8 章中，我们学习了类的基本知识，然而，仅靠这一部分的知识，还不能充分利用类的强大功能。为了创建不容易发生错误的程序，类提供了各种各样的功能。

本章将学习基于面向对象的类的强大功能。

Check Point

- 私有成员
- 公有成员
- 重载
- 构造函数
- this()
- 实例变量
- 实例方法
- 类变量
- 类方法

9.1 访问成员的限制

限制访问成员

在第 8 章中，学习了如何定义类和创建对象，本章将更详细地了解类的强大功能。首先讨论类的成员（域和方法）。

请看下面的代码，这与第 8 章开头的代码相同。

Sample1.java　从类的外部访问成员

```
//Car 类
class Car
{
    int num;
    double gas;

    void show()
    {
        System.out.println("车牌号为" + num + "。");
        System.out.println("汽油量为" + gas + "。");
    }
}

class Sample1
{
    public static void main(String[] args)
    {
        Car car1 = new Car();
```

```
        car1.num = 1234;   ┐
        car1.gas = 20.5;   ┘── 进行赋值

        car1.show();
    }
}
```

Sample1 的运行画面

```
车牌号为 1234。
汽油量为 20.5。
```

在 Sample1 中，将车牌号和汽油量值赋值给域。这一操作，就像是在**实际的汽车上设定车牌号和汽油量**一样，车牌号设定为 1234，汽油量设定为 20.5。

但是，如果仅仅这样，有时会出现问题。例如，Sample1 的 main( ) 方法可能就会像下面一样。

```
class Sample1
{
    public static void main(String[] args)
    {

        Car car1 = new Car();

        car1.num = 1234;
        car1.gas = -10.0;  ●── 进行了错误的赋值

        car1.show();
    }
}
```

这个代码意味着什么呢？从之前所学的内容来看，**car1 所指向的汽车汽油量是 −10**，而真正的汽车是不会出现汽油量为负值的情况的，如图 9-1 所示。

类围绕"物体"的概念进行设计。因此，在程序中也**必须避免对"物体"进行不自然的操作**。因为对"物体"的不自然操作，在编写复杂的程序时，可能会导致程序故障。

通常，在设计类时，使用不同的机制来防止这些问题的发生。接下来，让我们一个一个地来看看它的结构。

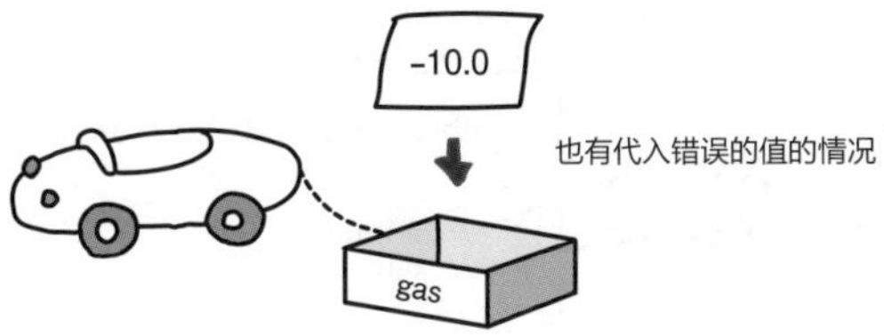

图 9-1　访问成员

如果可以从类的外部随意访问成员，就很容易出现程序故障。

创建私有成员（private 成员）

在 Sample1 中，导致汽油量为负这一错误的原因是什么呢？是因为**无限制地使用了一个成员，并在赋值时给了一个随意的值（在本例中为 -10）**。为了避免这种错误，Java 可以将**成员设置为不能从类外部访问的成员**，这样的成员称为**私有成员**，如图 9-2 所示。

现在试着把车牌号和汽油量设置为 private 成员。

```
class Car
{
    private int num;
    private double gas;
    ...
}
```

使该域成为私人成员

将成员指定为 private，这样就不能从 Car 类 [main( ) 方法] 的外部访问域了。

```
class Sample1
{
    public static void main(String[] args)
    {
        ...
        //このようなアクセスはできなくなります。
        //car1.num = 1234;
        //car1.gas = -10.0;
    }
}
```

外部无法访问私人成员

这样，就不能给车的汽油量赋值一个负数了。

```
class Car
{
  private int num;        ✗ ←
  private double gas;     ✗ ←
  . . .
}
```

```
class Sample1
{
  public static void main(String[] args)
  {
    . . .
    //car1.num = 1234;
    //car1.gas = −10.0;
    . . .
  }
}
```

图 9-2 private 成员

设定为 private 成员后，则不能任意从类的外部访问该成员。

无法从类外部访问私有成员。

创建公有成员（public 成员）

正如前面讲到的，如果域是私有成员，则无法从类外部访问。

但是这样真的就不能在 main( ) 方法中设定车牌号和汽油量了吗？答案是有办法访问的。请尝试输入以下代码，这是 Sample1 的改进代码。

Sample2.java 限制访问成员

```
//Car类
class Car
{
    private int num;            ← 把域设定为 private
    private double gas;

    public void setNumGas(int n, double g)     ← 把方法设定为 public
    {
        if(g > 0 && g < 1000){     ← 查找传递的值
            num = n;               ← 如果正确则设定值
            gas = g;
```

```
            System.out.println(" 设定车牌号为 " + num + ", 汽油量为 "
                + gas + " 。");
        }
        else{
            System.out.println(g + " 不是正确的汽油量。");
            System.out.println(" 无法变更汽油量。");
        }
    }                                             无法设定错误的值
    public void show()
    {
        System.out.println(" 车牌号是 " + num + " 。");
        System.out.println(" 汽油量是 " + gas + " 。");
    }
}

class Sample2
{
    public static void main(String[] args)
    {
        Car car1 = new Car();

        // 这样就无法访问了。
        //car1.num = 1234;                     无法访问 private 成员
        //car1.gas = -10.0;

        car1.setNumGas(1234, 20.5);            确保将 public 成员设定成调用值

        car1.show();

        System.out.println
            (" 尝试指定错误的汽油量 (-10)。");

        car1.setNumGas(1234, -10.0);           即使想要设定错误的值
        car1.show();
    }
}
```

Sample2 的运行画面

```
设定车牌号为1234，汽油量为20.5。
车牌号是1234。
汽油量是20.5。
尝试指定错误的汽油量（-10）。
-10不是正确的汽油量。
无法变更汽油量。
车牌号是1234。
汽油量是20.5。
```

以上代码新增了一个名为 setNumGas( ) 的方法，用于设置编号和汽油量。注意在这里检查汽油量是否正确，然后将值赋给域。

从 Car 类之外，不能直接设定车牌号和汽油量。作为代替，可以调用 setNumGas( ) 方法，如果使用这个方法，一定会在确认是正确的值之后才会设定汽油量，也就是说，不会设定错误的汽油量。

将 setNumGas( ) 方法指定为 public，这样的成员称为**公有成员**，public 成员可以从类外部使用，如图 9-3 所示。这样，通过**分开使用 private 和 public 成员，就可以设定正确的车牌号和汽油量**。

可以从类的外部访问 public 成员。

```
class Car
{
    public void setNumGas(int n, double g)
    {
     ...
    }

    public void show()
    {
     ...
    }
}
```

```
class Sample2
{
   public static void main(···
   {
      ...
      car1.setNumGas(1234, 20.5);
      car1.show();
      ...
   }
}
```

图 9-3 公有成员

设定为公有成员后，可以从类的外部进行访问。

了解封装的工作原理

在 Sample2 中，Car 类本身可以拥有检查汽油量是否正确的功能。这样，就可以设计一个不会无意中设置错误的值的类。

如第 8 章所述，在处理类的程序中，可以由不同的人编写类的规范部分（类定义）和使用类的部分 [如 main( ) 方法]。如果设计名为“类”的程序组件的人，能将成员适当地分类为私有成员和公有成员，那么其他人在使用该类时，就可以创建一个不容易出错的程序，非常方便。

以这种方式，**将类中的数据（域）和功能（方法）合并到一起，并将想要保护的成员设定为 private，使其不可访问的功能称为封装**（encapsulation）。通常，像 Sample2 一样，将域指定为 private 成员，将方向指定为 public 成员。

场地 ⟶ private 成员

方法 ⟶ public 成员

封装是类具备的重要的指向对象功能中的一个，如图 9-4 所示。

将数据和功能合并到一起并保护成员的功能被称为封装。

图 9-4　**封装性**

通过为类提供封装功能，可以创建不容易出错的程序。

如果省略 private 和 public 会发生什么?

private 和 public 被称为**修饰符**（modifier），修饰符是可以省略的。实际上，前面章节的代码中没有出现任何修饰符。

省略修饰符的成员可以从属于“相同包”的类中访问。

如之前所看到的，不做任何特别的指定，在同一文件中写入的所有类都包含在“同一包”中，因此，可以从 Sample× 类顺利地访问 Car 类的成员。在第 13 章中将详细讲解“打包”的工作原理。

9.2 方法的重载

了解重载的工作原理

在9.1节，学习了类的封装功能。接下来，学习类的另一个重要功能。

类可以在同一个类中定义两个或更多具有相同名称的方法，请看下面的代码。

```
//Car类
class Car
{
    ...
    public void setCar(int n)                    // 具有int类型参数的setCar( )方法
    {
        num = n;
        System.out.println(" 车牌号设为 " + num + " 。");
    }
    public void setCar(double g)                 // 具有double类型参数的setCar( )方法
    {
        gas = g;
        System.out.println(" 汽油量设为 " + gas + " 。");
    }
    public void setCar(int n, double g)          // 具有两个参数的setCar( )方法
    {
        num = n;
        gas = g;
        System.out.println(" 车牌号为 " + num + " 且汽油量为 "
            + gas + " 。");
    }
    ...
}
```

这个类中提供了三种名为 setCar( ) 方法的方法，像这样，**将具有相同名称的多个方法，在同一个类中定义，称为重载方法，也称多重定义（over-loading）**。

但是，重载方法时，**每个方法必须具有不同的参数类型和数量**，即具有相同名称的方法必须具有不同的参数，如下所示。


```
setCar(int n)
setCar(double g)
setCar(int n, double g)
```

可以对 setCar( ) 方法进行重载

现在，来试试重载多个方法，请输入以下代码。

Sample3.java　重载方法

```
//Car 类
class Car
{
    private int num;
    private double gas;

    public void setCar(int n)
    {
        num = n;
        System.out.println(" 车牌号设定为 " + num + " 。");
    }
    public void setCar(double g)
    {
        gas = g;
        System.out.println(" 汽油量设定为 " + gas + " 。");
    }
    public void setCar(int n, double g)
    {
        num = n;
        gas = g;
        System.out.println(" 车牌号为 " + num + "、汽油量为 "
            + gas + " 。");
    }
    public void show()
    {
        System.out.println(" 车牌号是 " + num + " 。");
```

```
        System.out.println(" 汽油量是 " + gas + " 。");
    }
}

class Sample3
{
    public static void main(String[] args)
    {
        Car car1 = new Car();

        car1.setCar(1234, 20.5);
        car1.show();

        System.out.println(" 仅变更车牌号。");
        car1.setCar(2345);
        car1.show();

        System.out.println(" 仅变更汽油量。");
        car1.setCar(30.5);
        car1.show();
    }
}
```

调用了有两个参数的方法

调用了有 int 类型的参数的方法

调用了有 double 型的参数的方法

Sample3 的运行画面

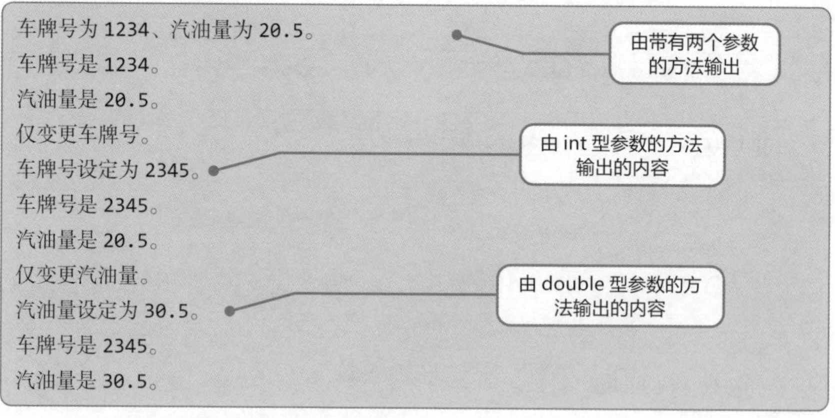

```
车牌号为 1234、汽油量为 20.5。
车牌号是 1234。
汽油量是 20.5。
仅变更车牌号。
车牌号设定为 2345。
车牌号是 2345。
汽油量是 20.5。
仅变更汽油量。
汽油量设定为 30.5。
车牌号是 2345。
汽油量是 30.5。
```


这个代码中调用了三种类型的 setCar( ) 方法，分别如下：

■ 第 1 个中有两个参数。

■ 第 2 个中的参数为 int 型。

■ 第 3 个中的参数为 double 型。

每个 setCar( ) 方法都被正确调用，也就是说，**如果重载类似的多个处理，则只需记住并使用一个方法名，就会自动进行与其类型、个数相对应的处理**，如图 9-5 所示。

设计这样的类是非常有用的，**可以对相似的操作使用相同的方法名称**。例如，前面的例子，在任何情况下，都可以使用 setCar( ) 方法来配置车辆，这样就可以编写易于理解和使用的代码了。

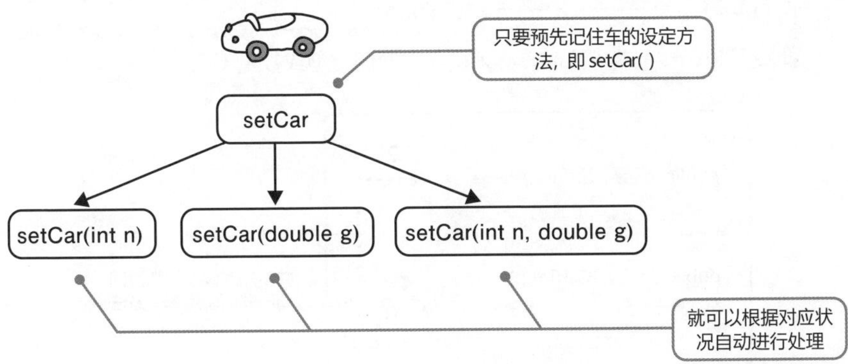

像 setCar 这样，一个名称在不同的情况下起着不同的作用，这被称为**多态性**（polymorphism）。多态性是 Java 的类的一个重要的面向对象的功能。

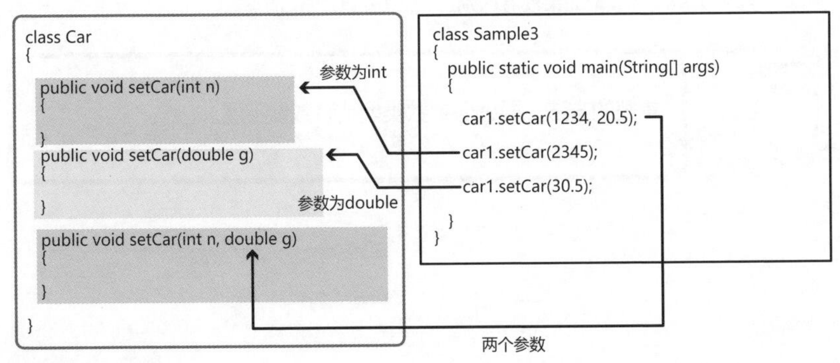

图 9-5　方法的重载

重载方法，会根据调用时传递的参数调用合适的方法。

重载方法的注意事项

正如前面讲到的，**重载的方法必须具有不同的参数类型和数量**。

如果可以重载以下两种方法，它们的参数类型和数量完全相同，但返回值不同，会发生什么呢？

```
int setCar(int n)
void setCar(int n)
```

在这两种方法里，只有返回值不一样

如果这样的两个方法也可以，那当进行下面的调用时，可能无法确定调用哪种方法，如图 9-6 所示。

```
setCar(1234);
```

无法判断应该调用哪个方法

也就是说，在重载方法时，必须确保参数的类型或数量不同。

```
class Car
{
    public int setCar(int n)
    {
    }
    public void setCar(int n)
    {
    }
}
```

setCar(1234);

并不知道仅仅因为返回值不同而调用哪个方法

图 9-6 重载的注意事项

参数类型或者数量如果没有区别，则无法进行方法的重载。

重载的方法，要确保参数类型或者数量不同。

9.3 构造函数的基础知识

构造函数的工作原理

本节将学习另一个在类中不可或缺的部分。在类中，除了域和方法之外，还可以编写**构造函数**（constructor）。请看构造函数的定义。

语法　**构造函数的定义**

```
修饰符 类名（参数列表）
{
    语句
    …
}
```

例如，“车”这个类，可以编写下面的构造函数。

```
public Car()
{
   num = 0;
   gas = 0.0;
   System.out.println("创建了一辆车。");
}
```


构造函数与方法非常相似，不同的是，**构造函数的名称必须与类名相同**，而且，**不能指定返回值**。

构造函数的作用

在调用方法时，会在定义的方法中执行处理，而构造函数则会**在创建类的对**

象时自动执行构造函数中定义的操作。

与方法不同，构造函数自己不能编写自己要调用的构造函数。因此，构造函数通常会编写一些**自动设置对象成员的初始值**之类的处理代码。例如，对于 Car 类的构造函数，我们预先设置一个处理过程，即**用 0 作为车牌号和汽油量的初始值来进行赋值**，这里描述的构造函数将车牌号和汽油量设置为 0。

接下来，让我们看看构造函数是如何工作的。

Sample4.java 调用构造函数

```
//Car类
class Car
{
    private int num;
    private double gas;

    public Car()
    {
        num = 0;
        gas = 0.0;
        System.out.println("创建了一辆车。");
    }
    public void show()
    {
        System.out.println("车牌号是" + num + "。");
        System.out.println("汽油量是" + gas + "。");
    }
}

class Sample4
{
    public static void main(String[] args)
    {
        Car car1 = new Car();
        car1.show();
    }
}
```

Sample4 的运行画面

```
创建了一辆车。
车牌号是 0。
汽油量是 0.0。
```

在 main( ) 方法中创建对象时，将自动调用构造函数。因此，运行了构造函数中的输出“创建了一辆车。”这一部分，车牌号和汽油量也被设定为 0。

构造函数用于自动运行程序组件的初始化设定，如图 9-7 所示。

可以定义构造函数来初始化对象。

```
class Car
{
  ...
  public Car()
  {
   ...
  }
  ...        创建时调用
}
```

```
class Sample4
{
  public static void main(String[] args)
  {
     Car car1 = new Car();
     ...
  }
}
```

图 9-7 **构造函数**

如果定义了构造函数，则会在创建对象的同时自动运行此操作。

域的初始化

这里定义了一个构造函数，并将值分配给域。但是，即使没有为域赋值，也会设置与域的类型相匹配的下一个初始值。

型	初期值
boolean	false
文字型	'¥u0000'
整数型	0
小数点型	0.0
参照型	null

也就是说，Car 类的情况，即使没有赋值，也会将域 num 设置为 0，将 gas 设置为 0.0。关于引用类型字段，将在第 10 章学习。

9.4 构造函数的重载

重载构造函数

在 9.2 节中讲过，参数的数、型不一致，可以定义多个相同名称的方法，称为“重载”。

构造函数也一样，参数的数、型不一致，可以进行重载。也就是说，**可以定义多个构造函数**。

例如，作为 Car 类的构造函数，试着定义（重载）下面两个构造函数。

```
public Car()                          没有参数的构造函数
{
    num = 0;
    gas =0.0;
    Syster.out.println(" 创建了一辆车。");
}
public Car(int n, double g)
{                                     有两个参数的构造函数
    num = n;
    gas = g;
    System.out.println(" 创建了车牌号为 " + num + " , 汽油量为 "
        + gas +" 的车。");
}
```

这是以上两个参数不同的构造函数的定义。

```
Car()
Car(int n, double g)     2 个构造函数
```

现在来创建这 2 个构造函数使用的代码。

Sample5.java　重载构造函数

```
class Car
{
    private int num;
    private double gas;

    public Car()
    {
        num = 0;
        gas = 0.0;
        System.out.println("创建了一辆车。");
    }
    public Car(int n, double g)
    {
        num = n;
        gas = g;
        System.out.println("创建了车牌号为" + num + "，汽油量为
            " + gas + "的车。");
    }
    public void show()
    {
        System.out.println("车牌号是" + num + "。");
        System.out.println("汽油量是" + gas + "。");
    }
}
class Sample5
{
    public static void main(String[] args)
    {
        Car car1 = new Car();
        car1.show();

        Car car2 = new Car(1234, 20.5);
        car2.show();
    }
}
```

没有参数的构造函数

有 2 个参数的构造函数

没有参数的构造函数被调用

有 2 个参数的构造数被调用

Sample5 的运行画面

```
创建了一辆车。
车牌号是 0。
汽油量是 0.0。
创建了车牌号为 1234，汽油量为 20.5 的车。
车牌号是 1234。
汽油量是 20.5。
```

由没有参数的构造函数输出

由有 2 个参数的构造函数输出

这个代码中，创建了 2 个对象。第 1 个对象中，右边的“()”中没有指定任何参数。

```
car1 = new Car();
```

没有参数的构造函数被调用

第 2 个对象中，指定了 2 个参数。

```
car2 = new Car(1234, 20.5);
```

有 2 个参数的构造函数被调用

因此，以下的构造函数分别被自动调用。

- **第 1 个对象 → 没有参数的构造函数。**
- **第 2 个对象 → 有 2 个参数的构造函数。**

至此，我们创建了 2 辆车：第 1 辆车牌号和汽油量都为 0，第 2 辆车牌号为 1234、汽油量为 20.5。

也就是说，提前定义多个构造函数，可以传递各种各样的参数来灵活地创建对象，**可以进行各种各样的初始化**，如图 9-8 所示。

可以将构造函数进行重载。

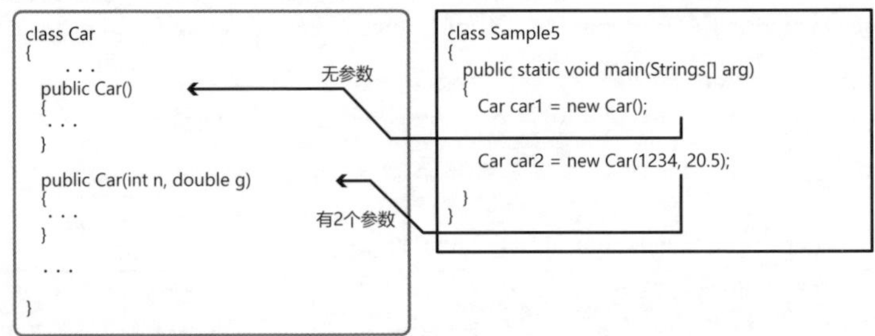

图 9-8 构造函数的重载

重载构造函数，可以根据参数来调用恰当的构造函数。

调用其他构造函数

另外，在构造函数中可以进行简单的描述，请看下面的代码。

Sample6.java　调用其他构造函数

```
//Car 类
class Car
{
    private int num;
    private double gas;

    public Car()
    {
        num = 0;
        gas = 0.0;
        System.out.println(" 创建了一辆车。");
    }

    public Car(int n, double g)
    {
        this();        // 在有 2 个参数的构造函数之前，调用没有参数的构造函数
        num = n;
        gas = g;
        System.out.println(" 设置车牌号为 " + num + "，汽油量为 "
            + gas + "。");
    }
    public void show()
    {
        System.out.println(" 车牌号是 " + num + "。");
        System.out.println(" 汽油量是 " + gas + "。");
    }
}

class Sample6
{
    public static void main(String[] args)
```

```
    {
        Car car1 = new Car();
        car1.show();

        Car car2 = new Car(1234, 20.5);
        car2.show();
    }
}
```

Sample6 的运行画面

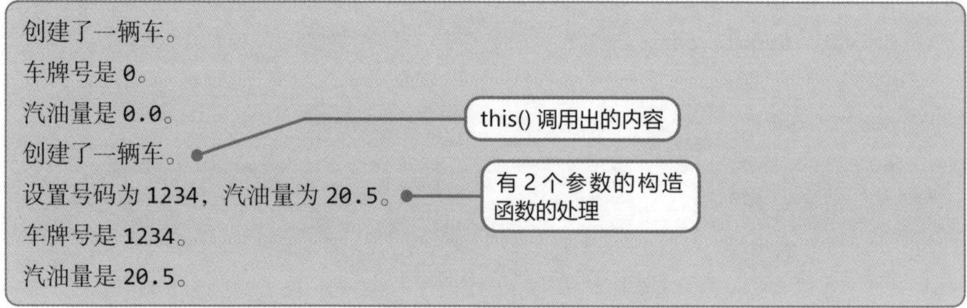

```
创建了一辆车。
车牌号是 0。
汽油量是 0.0。
创建了一辆车。
设置号码为 1234，汽油量为 20.5。
车牌号是 1234。
汽油量是 20.5。
```


在这个代码中，在有 2 个参数的构造函数之前使用了“this( );”，这样，可以进行“**在某个构造函数内，特别调用其他构造函数**”的处理。

例如，在这个代码中，进行“this( );”这部分的处理时，就调用了没有参数的构造函数。也就是说，**可以像处理没有参数的构造函数一样来定义有 2 个参数的构造函数**，使用 this( ) 可以更简洁地编写代码。

另外，如果想要在其他构造函数中调用有 2 个参数的构造函数，指定参数使用 this( ) 就可以了，写法如下：

```
this(1234, 20.5);
```

调用有 2 个参数的构造函数

但是，this( ) 必须放在构造函数中最开始的位置。

在构造函数中使用 this( )，可以调用其他构造函数。
this( ) 必须放在构造函数最开始的位置。

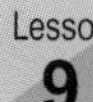

如果省略构造函数将怎样

在之前章节中涉及的类中，没有定义构造函数。在类中没有定义构造函数的情况下，创建对象时会自动调用这样的构造函数。

```
Car()
{
    ...
}
```

不定义构造函数，会自动生成没有参数的构造函数

把这种没有参数的构造函数称为**默认构造函数**（default constructor）。因此，在之前的代码中，“()”内不指定参数也可以创建对象。

```
Car car1 = new Car();
```

如果不定义构造函数，没有参数的构造函数会被调用

在构造函数中添加修饰符

在构造函数中，与方法一样，可以添加 public 或者 private 这样的修饰符。在之前的构造函数中添加了 public，如果将其**替换成 private，就无法创建可以在类之外调用构造函数的对象了。**

```
//Car 类
class Car
{
    ...
    private Car()
    {
        num = 0;
        gas = 0.0;
        System.out.println(" 创建了一辆车。");
    }
    public Car(int n, double g)
    {
        this();
        num = n;
        gas = g;
```

private 构造函数

public 构造函数

```
        System.out.println("设置车牌号为 " + num + " ，汽油量为 "
            + gas + " 。");
    }
    ...
}

class Sample
{
    public static void main(String[] args)
    {
        //Car car1 = new Car();
        //car1.show();

        Car car2 = new Car(1234, 20.5);
        car2.show();
    }
}
```

无法创建可以调用 private 构造函数的对象

调用 public 构造函数

在这个代码中，没有参数的构造函数添加了 private。因此，使用“new Car();”这样的方法，已无法创建对象，如下所示：

```
//Car car1 = new Car();
```

也就是说，在创建这个类的对象时，必须使有 2 个参数的构造函数被调用，如下所示：

```
Car car2 = new Car(1234, 20.5);
```

在这个类中，没有参数的构造函数，只是作为处理 2 个参数的构造函数的一部分被调用而存在的。

想要事先指定车牌号和汽油量并创建对象“车”时，将构造函数 private 化，限定对象的创建方法是比较便利的。

设计构造函数

在本节中，学习了许多关于构造函数的知识。通过定义各种各样的构造函数，可以详细地确定对象的初期设定方法。灵活运用构造函数，对编写程序是很方便的。

9.5 类变量、类方法

实例变量的构成

在此之前，我们学习了类中的以下内容：

- 域。
- 方法。
- 构造函数。

域和方法曾在第 8 章中学习过，构造函数在本章前面部分进行过讲解。本节将对域和类进行更细致的分类。

请回忆一下之前出现过的代码，类中的成员（域和方法）在创建对象时，可以存储或调用值。

例如，下面是在 Car 类创建 2 个对象时的代码，我们来观察一下。

Sample7.java　叙述实例变量、实例方法

```
//Car 类
class Car
{
    private int num;
    private double gas;

    public Car()
    {
        num = 0;
```

这些域是实例变量

```
        gas = 0.0;
        System.out.println("创建了一辆车。");
    }
    public void setCar(int n, double g)
    {
        num = n;
        gas = g;
        System.out.println("设定车牌号为" + num + "，汽油量为"
            + gas + "。");
    }
    public void show()
    {
        System.out.println("车牌号是" + num + "。");
        System.out.println("汽油量是" + gas + "。");
    }
}

class Sample7
{
    public static void main(String[] args)
    {
        Car car1 = new Car();
        car1.setCar(1234, 20.5);
        car1.show();

        Car car2 = new Car();
        car2.setCar(4567, 30.5);
        car2.show();
    }
}
```

这两个方式是实例方法

可以按对象来调用方法

Sample7 的运行画面

```
创建了一辆车。
设定车牌号为 1234，汽油量为 20.5。
车牌号是 1234。
汽油量是 20.5。
创建了一辆车。
```

每个对象都有各自域的值

```
设定车牌号为 4567，汽油量为 30.5。
车牌号是 4567。
汽油量是 30.5。
```
每个对象都有各自域的值

通过创建对象，可以向各个对象的 num、gas 代入或输出值。就像每辆车都有不同的车牌号和汽油量一样，**每个对象也可以存储域的值**。这也被称作域 num、gas 与对象是紧密相连的。

此外，通过创建对象，show( ) 方法也可以被调用了，这个方法也与对象紧密相连。

像这样，与每个对象紧密相连的域被称作实例变量（instance variable），与每个对象紧密相连的方法被称作实例方法（instance method），如图 9-9 所示。

重要　与每个对象紧密相连的域被称作实例变量，与每个对象紧密相连的方法被称作实例方法。

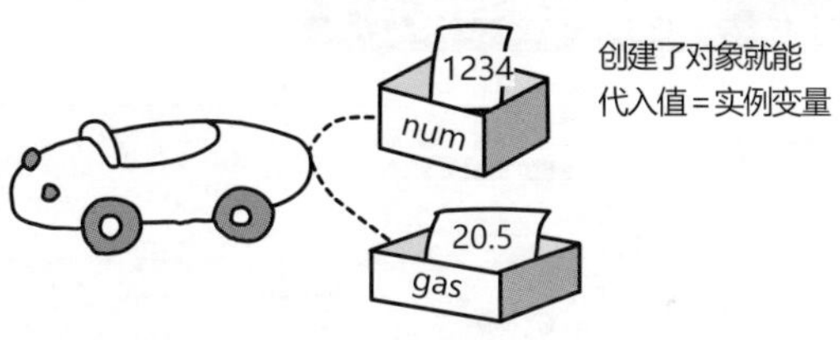

图 9-9　**实例变量、实例方法**
创建了对象就能存取实例变量、实例方法。

类变量与类方法

实际上，在类中，也有一些与对象无关联的成员，这些成员与类整体紧密相连。我们把与类紧密相连的域称为类变量（class variable），与类紧密相连的方法称为类方法（class method）。

类变量与类方法究竟是什么呢?

这些域和方法在声明和定义时，都需要加上名为 static 的修饰符，请看以下代码。

类变量的声明

```
class 类名称
{
    static 类型名称 类变量名称；
    ...
}
```

类变量加上了 static

类方法的定义

```
static 返回值的型 类方法名称（参数列表）
{
    语句；
    ...
}
```

类方法加上了 static

下面通过实例来学习类变量与类方法的相关内容，请看以下代码。

Sample8.java 叙述类变量与类方法

```
//Car类
class Car
{
    public static int sum = 0;

    private int num;
    private double gas;

    public Car()
    {
        num = 0;
        gas = 0.0;
        sum++;
        System.out.println("创建了一辆车。");
    }
    public void setCar(int n, double g)
    {
        num = n;
        gas = g;
```

这是类变量

构造函数被调用时，类变量 sum 的值增加 1

```
        System.out.println("设定车牌号为" + num + "，汽油量为"
            + gas + "。");
    }
    public static void showSum()          这是类方法
    {
        System.out.println("车的总数为" + sum + "辆。");
    }
        public void show()
        {
            System.out.println("车牌号是" + num + "。");
            System.out.println("汽油量是" + gas + "。");
        }
    }

class Sample8
{
    public static void main(String[] args)
    {
        Car.showSum();          调用类方法

        Car car1 = new Car();          创建对象
        car1.setCar(1234, 20.5);

        Car.showSum();          再一次调用类方法
        Car car2 = new Car();
        car2.setCar(4567, 30.5);

        Car.showSum();
    }
}
```

Sample8 的运行画面

```
车的总数为 0 辆。          类方法输出结果为 0 辆
创建了一辆车。          创建对象
设定车牌号为 1234，汽油量为 20.5。
车的总数为 1 辆。          类方法输出的结果变为 1 辆
设定车牌号为 4567、汽油量为 30.5。
车的总数为 2 辆。
```

在这里，在域 sum 上添加 static 变成类变量，如下所示。

```
public static int sum = 0;
```

类变量添加 static

这个类变量用 0 来初始化了，每一次创建“车”对象，构造函数中的“sum++;”就被处理，值一个一个地增加。也就是说 sum 是表示“类整体中存在多少辆车（多少对象）”的域，像这样存储类整体中所使用数据的域就是类变量。类变量是各个对象共享的域。

接下来，定义一下类的 showSum( ) 方法。

```
public static void showSum()
{
    System.out.println(" 车的总数为 " + sum + " 辆。");
}
```

类方法加上了 static

类方法是即使在这个类中不创建对象，也可以调用的方法。而实例方法是与对象紧密相连的方法。

类方法进行类变量的输出，也进行与类整体相关的处理。类方法可以像下面这样，无须创建对象也可以调用。

类方法的调用

```
类名称 . 类方法（参数列表）;
```

在以上代码中，调用了以下的类方法。

```
Car.showSum();
```

添加类名称然后调用

这个类方法，输出了类变量 sum 的值。我们可以看出 sum 的值虽然起初是 0，但在创建了一个对象后再一次调用，sum 的值就变成了 1。

使用类变量与类方法，可以管理整个类中车的数量，如图 9-10 所示。

与类紧密相连的域称为类变量。
与类紧密相连的方法称为类方法。

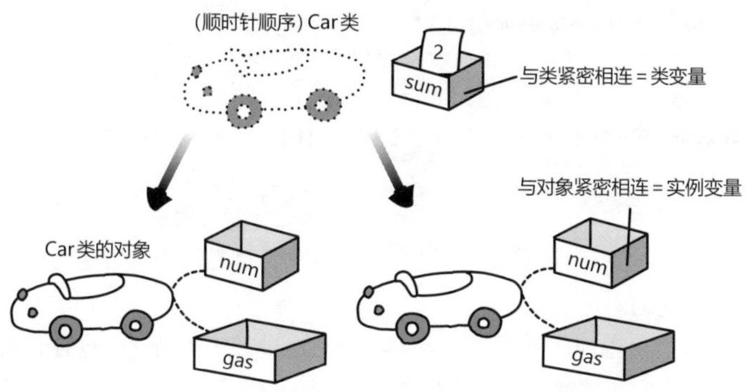

图 9-10　**类变量与类方法**

类变量与类方法是与类紧密相连的成员。

与类紧密相连的成员

与一般的成员相同，如果成员与对象紧密相连，就可以设计出作为程序独立的一部分使用的类。但是，在像管理车对象的数量这种情况下，这样的构成也会带来一些不便之处。与类紧密相连的成员，在对象间可以起到共享数据与功能的作用。

另外，main( ) 方法是一个具有代表性的类方法。在第 2 章中也有介绍过，程序的处理是从 main( ) 方法开始的，这个 main( ) 方法，就是被加上了 static 的类方法。

有关类方法的一些注意事项

在第 8 章中提到过，“在类的内部，可以给成员加上 this. 这个指定”，代码如下所示：

```
public void show()      // 实例方法中
{
    System.out.println(" 车牌号是 " + this.num + "。");
    System.out.println(" 汽油量是 " + this.gas + "。");
}                        // 可以使用 this.
```

实际上，可以添加 this. 的场所，仅限于实例方法中。因为类方法并没有与特定的对象相关联，所以在类方法的内部，无法使用 this. 这个表示特定对象的词。也就是说，以下代码中存在错误。

```
public static void showSum()
{
    // 错误指定
    //System.out.println( "车的总数为" + this.sum + "辆。");
}
```

在类方法中　　无法使用 this.

在类方法中，无法存取实例变量与实例方法，这是因为类方法与特定的对象并不是紧密相连的。

有时候也会出现即使不创建对象，类方法也被调用的情况，这样，就不能存取与特定对象紧密相连的实例变量与实例方法了。

```
public static void showSum()
{
    //System.out.println("车牌号是" + num + "。");
}
```

在类方法中　　无法存取实例变量

也就是说，以上代码是存在错误的。

本地变量

与这里学习的实例变量、类变量相对，在第 7 章之前，方法中声明的变量称为本地变量，在方法中使用的假定参数也是本地变量的一种。

一般情况下，在实例变量与类变量中，习惯用较长而且使变量的内容显而易见的变量名。与此相对，本地变量一般会使用较短且将内容浓缩的变量名。

```
class Car
{
    int num;
    static int sum;
    void setCar(int n)
    {
        int a;
        ...
    }
}
```

实例变量（int num;）　类变量（static int sum;）　本地变量(假定参数)（int n）　本地变量（int a;）

本地变量无法在声明的方法之外的地方使用，在这个方法结束之前，本地变量可以存储值；当方法被调用时，本地变量就被初始化。

9.6 本章小结

本章学习了以下内容：

- private 成员不可以从类之外存取。
- public 成员可以从类之外存取。
- 通过封装处理，可以创建出不易出错的程序。
- 可以重载方法名称相同，但参数的型、数不同的多个方法。
- 构造函数在创建对象时被调用。
- 可以重载参数的型、数不同的多个构造函数。
- 与每个对象紧密相连的成员，称为实例变量、实例方法。
- 与类紧密相连的成员，称为类变量、类方法。

类有各种各样的功能。区分使用 public 成员与 private 成员，可以实现封装的功能。构造函数的定义对类来说也是不可或缺的部分。类变量、类方法的特点在本章中也进行了学习。

练习

1. 判断下列选项是否正确。

 ①可以从类之外存取 public 成员。

 ②不可以从类之外存取 private 成员。

 ③如果不创建对象，就无法存取类变量。

 ④即使不创建对象，也可以存取实例变量。

2. 下列的类是否有不正确的地方？如果有，请指出。

```
class Car
{
    public static int sum = 0;

    private int num;
    private double gas;

    public Car()
    {
        num = 0;
        gas = 0.0;
        sum++;
        System.out.println("创建了一辆车。");
    }
    public void setCar(int n, double g)
    {
        num = n;
        gas = g;
        System.out.println("车牌号为" + num + "，汽油量为"
            + gas + "。");
    }
    public static void showSum()
    {
        System.out.println("一共有" + sum +
            "台车。");
        show();
    }
```

```
        public void show()
        {
            System.out.println("车牌号是" + num + "。");
            System.out.println("汽油量是" + gas + "。");
        }
    }
```

3. 判断下列与代码相关的选项是否正确。

①域 a 无法从类 A 之外存取。

②域 b 无法从类 A 之外存取。

③方法 d 可以从类 A 之外存取。

```
class A
{
    public static int a = 0;

    private int b;

    public A()
    {
        ...
    }
    public void d(int n)
    {
        b = n;
        ...
    }
}
```

4. 请写出下列代码的执行结果中① ~ ③应该填入的数值。

```
class A
{
    A()
    {
        System.out.println("参数 0 的构造函数。");
    }
```

```
    A(int a)
    {
        this();
        System.out.println("参数 1 的构造器。");
    }
}
class SampleP4
{
    public static void main(String[] args)
    {
        A a1 = new A();
        A a2 = new A(10);
    }
}
```

```
参数【①】的构造函数
参数【②】的构造函数
参数【③】的构造函数
```

5. 请像下面这样，创建表示整数值坐标的 MyPoint 类。请注意，坐标轴的范围请限定在 0~100。

域

private int x;（X 坐标）

private int y;（Y 坐标）

方法

public void setX(int px);（设定 X 坐标）

public void setY(int py);（设定 Y 坐标）

public int getX();（获取 X 坐标）

public int getY();（获取 Y 坐标）

构造函数

public MyPoint();（将初始坐标设定为 (0,0)）

public MyPoint(int px,int py);（指定初始坐标）

第 10 章

类的使用

在之前的章节中，学习了类和类强大的功能。本章将学习实际运用类的方法。灵活运用类，可以创建出许多实用的程序。

Check Point

- 类库
- 处理字符串的类
- 带有类方法的类
- 类型的变量
- 对象的数组

10.1 类库

类库的构成

在第 8 章和第 9 章中，学习了类的基础知识。请回忆一下，在之前的内容中，都是以下面的顺序来创建并使用类的程序的。

❶ 编写设计类的代码

→声明类

❷ 编写使用类的代码

→创建对象，使用实例变量、实例方法

或者

→使用类变量、类方法

但是，无论哪种情况，都必须自己编写代码。但是，如果已经有人设计了有关“车”的类，那么，就可以按照 ❷ 的步骤来创建管理车的程序了。也就是说，将已经设计好的类作为程序的一部分直接使用，可以更快速地创建出大规模的程序。

在 Java 的标准开发环境 JDK 中，附加了将经常使用的功能汇集在一起的类库 (class library)。有了已经设计好的类，就可以直接从 ❷ 的步骤开始叙述，如图 10-1 所示。本章将学习有关这个标准“类库”的相关知识。

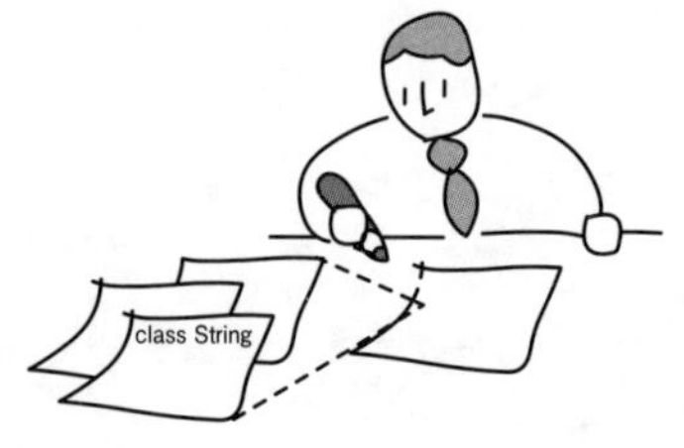

图 10-1 类库的使用

使用类库，可以简单地创建更高级的程序。

到目前为止使用过的类

实际上，我们已经使用过许多类库中的类了。请看下面的代码。

```
import java.io.*;
class Sample
{
    public static void main(String[] args) throws IOException
    {
        System.out.println(" 请输入整数。");

        BufferedReader br =
         new BufferedReader(new InputStreamReader(System.in));

        String str = br.readLine();
        int num = Integer.parseInt(str);
        System.out.println(num + " 已输入。");
    }
}
```

使用了类库中的类

在其中用到的 IOException、BufferedReader、InputStreamReader、System、String 和 Integer 等，都是类库中提供的类。

在以上的代码中，从这些类中，对以下这些变量进行了声明并使用。

br → BufferedReader 的变量
str → String 的变量

其次，调用了下面的方法，使用了类的功能。

br.readLine(); → 调用 BufferedReader 类的实例方法
Integer.parseInt(str); → 调用 Integer 类的类方法

也就是说，即使不叙述这些类的样子（类声明），也可以使用类的功能。我们已经将许多的类作为程序的一部分来使用了，类库是非常方便的东西。

10.2 处理理字符串的类

处理字符串的类

接下来，试着使用几个类库中的类。通常情况下，正确地装载了 JDK 后，就可以使用基本的类了。这里先试着使用用于处理字符串的 String 类。

String 类是以字符串（string）为概念的类，"Hello" 或 " 你好 " 这样具体的字符串都可以说是由这个类创建的对象。

" 字符串 " 的概念 → 类
"Hello" 或 " 你好 "…… → 对象

在此之前，String 类也是用于从键盘输入的代码。这个类中，定义了如表 10-1 所列的方法。调用这些方法，即使不清楚 String 类中进行了怎样的处理，也能简单地处理字符串。

表 10-1　String 类中主要的方法

方法名	功能
char charAt(int index)	返回位于参数位置的文字
boolean endsWith (String suffix)	判断是否以参数的字符串结束
boolean equals(Object anObject)	判断是否为参数的字符串
boolean equalslgnoreCase(String anotherString)	不区别大小写，判断是否为参数的字符串
int indexOf(int ch)	返回参数字符最初出现的位置
int indexOf(String str)	返回参数字符串最初出现的位置
int lastindexOf(int ch)	返回参数字符最后出现的位置
int lastIndexOf(String str)	返回参数字符串最后出现的位置

续表

方法名	功能
int length( )	返回字符串的长度
String substring (int beginIndex)	返回从参数的位置到最后的字符串
String substring(int beginIndex, int endIndex)	返回从参数开始的位置到结束位置之间的字符串
boolean startsWith(String prefix)	判断是否由参数的字符串开始
String toLowerCase( )	返回将字符串转换成小写字母后的结果
String toUpperCase( )	返回将字符串转换成大写字母后的结果

取出字符串的长度与字符

接下来，输入使用了 String 类代码，试着调用表 10-1 中列举的 charAt( ) 方法与 length( ) 方法。

Sample1.java　取出字符串的长度与字符

```
class Sample1
{
    public static void main(String[] args)
    {
        String str = "Hello";

        char ch1 = str.charAt(0);     // 取出第 1 个字符
        char ch2 = str.charAt(1);     // 取出第 2 个字符

        int len = str.length();       // 返回字符串的长度

        System.out.println(str + " 第 1 个字符是 " + ch1
            + " 。");
        System.out.println(str + " 第 2 个字符是 " + ch2
            + " 。");
        System.out.println(str + " 的长度是 " + len + " 。");
    }
}
```

Sample1 的运行画面

```
Hello 的第 1 个字符是 H。
Hello 的第 2 个字符是 e。
Hello 的长度是 5。
```

charAr( ) 方法用于返回位于参数所指定位置的字符。例如，传递参数 0，字符串最开头的字符作为返回值返回。在这里，将这个值作为变量 ch1 来存储并输出。但是，需要注意的是第 1 个字符是“第 0 个”，第 2 个字符是“第 1 个”，以此类推，即从 0 开始计数。

Length( ) 方法是用于返回字符串长度的，可以查询字符串中字符的数量，如图 10–2 所示。

String 类的 charAt() 方法返回指定位置的字符。
String 类的 length() 方法返回字符串的长度。

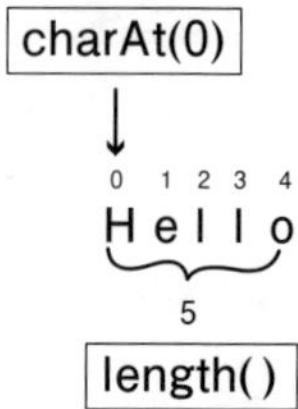

图 10–2 查询字符串

String 类的 charAt( ) 方法返回指定位置的字符；length( ) 方法返回字符串的长度。

创建字符串对象时的注意事项

第 8 章学习了使用 new 运算符来创建对象。但是，因为 String 类的对象使用频率非常高，不需要使用 new 也可以创建对象了。

在 Sample1 中没有使用 new，只用了 " " 括起来的字符串（字符串文字）就成功创建了对象。

```
String str = "Hello";
```

可以指明 String 类的对象

使用之前学习过的创建对象方法，是以下这样的。

```
String str = new String("Hello");
```

这样的写法并不是错误的，但前一个方法更简洁高效。

进行大小写字母的转换

再介绍一个使用 String 类的代码。下面调用把字符串转换成大写字母或转换成小写字母的两种方法。

Sample2.java　转换为大写、小写字母

```
import java.io.*;

class Sample2
{
    public static void main(String[] args) throws IOException
    {
        System.out.println(" 请输入英文字母。");
        BufferedReader br =
            new BufferedReader(new InputStreamReader(System.in));

        String str = br.readLine();

        String stru = str.toUpperCase();
        String strl = str.toLowerCase();

        System.out.println(" 转换为大写字母是 " + stru + " 。");
                                        转换为大写字母
        System.out.println(" 转换为小写字母是 " + strl + " 。");
    }                                   转换为小写字母
}
```

Sample2 的运行画面

```
请输入英文字母。
Hello ↵
转换为大写字母是 HELLO。
转换为小写字母是 hello。
```

String 类的 toUpperCase( ) 方法与 toLowerCase( ) 方法，是将字符串分别转换为大写字母或小写字母的方法。可以看到，输入的 Hello 字符串被转换成了大写字母和小写字母，如图 10-3 所示。

toUpperCase( ) 方法用于将字符串转换为大写字母。
toLowerCase( ) 方法用于将字符串转换为小写字母。

```
H E L L O  toUpperCase()
    ↑
  H e l l o
    ↓
  h e l l o  toLowerCase()
```

图 10-3 大写字母和小写字母的转换

检索字符

最后，讲述一下从字符串中检索指定字符的代码，可以使用 indexOf( ) 方法。请看下面的代码。

Sample3.java 检索字符

```
import java.io.*;

class Sample3
{
    public static void main(String[] args) throws IOException
    {
        System.out.println(" 请输入字符串。");

        BufferedReader br =
        new BufferedReader(new InputStreamReader(System.in));

        String str1 = br.readLine();        // 输入想要检索的字符串

        System.out.println(" 请输入检索字符。");
```

```
        String str2 = br.readLine();
        char ch = str2.charAt(0);

        int num = str1.indexOf(ch);

        if(num != -1)
            System.out.println(" 在 "+ str1 + " 中的第 "+（num+1）
                + " 个字符找到了 " + ch + "。");
        else
            System.out.println(" 在 " + str1 + " 中没有找到字符 " + ch
                + "。");
    }
}
```

输入想要检索的字符

检索字符

输出找到的字符所在的位置

没有找到对应字符时的处理

Sample3 的运行画面

```
请输入字符串。
你好 ↵
请输入检索字符。
好 ↵
在你好中的第 2 个字符找到了好。
```

String 类的 indexOf( ) 方法，在字符串中检索字符，并返回这个字符首次出现的位置，如图 10-4 所示。但是，第 1 个字符是从第 0 开始计数的，这里以第“数字 +1”输出比实际所在位置大 1 的数字。

另外，如果找不到对应字符，返回“-1”值。在这里使用条件判断语句来描述找不到对象时的处理。

String 类的 indexOf( ) 方法，检索字符并返回这个字符出现的位置。

indexOf()
→
你好

图 10-4　字符串的检索

String 类的 indexOf( ) 方法，从字符串中检索字符并返回位置。

添加字符串

在类库中，除了 String 类之外，还有许多可以用于处理字符的类。实际上，一旦创建了对象的内容（字符串），String 类是不能对其进行更改的。如果想要更改字符串中的字符，可以使用 StringBuffer 类。

Sample4.java　添加字符串

```
import java.io.*;

class Sample4
{
    public static void main(String[] args) throws IOException
    {
        System.out.println("请输入字符串。");

        BufferedReader br =
            new BufferedReader(new InputStreamReader(System.in));

        String str1 = br.readLine();        // 输入被添加的字符串

        System.out.println("请输入要添加的字符串。");
        String str2 = br.readLine();        // 添加想要添加的字符串

        StringBuffer sb = new StringBuffer(str1);
        sb.append(str2);                    // 添加字符串

        System.out.println("在" + str1 + "中添加" + str2 + "是"
            + sb + "。");
    }
}
```

Sample4 的运行画面

```
请输入字符串。
你好 ↵
```

```
请输入要添加的字符串。
再见 ↵
在你好中添加再见是你好再见。
```

StringBuffer 类的对象可以将字符串作为参数传递来创建。这个类中，有可以用于进行添加字符串处理的 append( ) 方法，将想要添加的字符串指定为参数，就可以看到字符串被添加了，如图 10–5 所示。

String 类不可以更改字符串的内容。
StringBuffer 类可以更改字符串的内容。

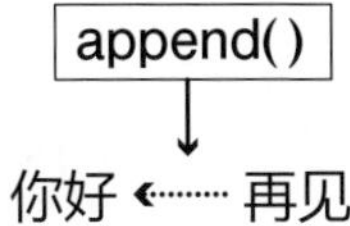

图 10–5　StringBuffer 类
使用 StringBuffer 类的 append( ) 方法，可以添加字符串。

StringBuffer 类中，还有很多方便的方法，如表 10–2 所列。

表 10–2　StringBuffer 类的主要方法

方法名称	功　能
StringBuffer append(char c)	添加参数的字符
StringBuffer append(String str)	添加参数的字符串
StringBuffer deleteCharAt(int index)	删除参数位置上的字符
StringBuffer insert(int offset,char c)	在参数的位置上添加字符
StringBuffer insert(nt offset,String str)	在参数的位置上添加字符串
Int length( )	返回字符的数量
StringBuffer replace(int start,int end String str)	用参数的字符串来替换位于参数位置的字符串
StringBuffer reverse( )	颠倒字符的位置
Void setCharAt(int index,char ch)	将参数位置上的字符替换为参数的字符
String toString( )	更换为 String 类的对象

10.3 其他的类

使用 Integer 类

接下来看看除了字符串之外的类。首先介绍从键盘输入整数时使用的 Integer 类。

Integer 类可以提供许多与第 3 章中介绍过的 int 型相关的功能。与基本型相关的类，也被称为包装类 (wrapper class)。wrap 是“把某物包起来”的意思，包装类是将基本数据类型包起来，并提供与其相关的功能。

包装类中，除了 Integer 类以外，还有表 10–3 所列的这些类。

表 10-3 包装类

包装类	使用的基本数据类型
Byte	byte
Character	char
Short	short
Integer	int
Long	long
Float	float
Double	double

包装类有第 9 章中介绍过的类方法。请看下列的代码，这是接受键盘输入的信息并转换为整数的代码，在此之前，我们经常使用这样的代码。

```
...
String str = br.readLine();
int num = Integer.parseInt(str);
System.out.println(num + "已输入。");
...
```

将传递来的字符串转换为整数的类方法

parseInt( ) 方法是 Integer 类的类方法。也就是说，不需要创建 Integer 类的对象，也可以像“Integer.parseInt( );”这样，通过加上类名称来调用。

这个方法中，将 String 类的对象作为参数传递时，就会返回 int 类型的值。因此，将从键盘输入的文字转换为整数时，使用到了这个方法。Integer 类中的主要类方法如表 10–4 所列。

表 10–4　Integer 类中主要的类方法

方法名称	功　能
static int parseInt(String s)	将参数的字符串转换为整数后返回
static Integer valueOf(String s)	返回用参数字符串的值初始化后的 Integer 对象

使用 Math 类

除了 Integer 类之外，还有一些带有类方法的类。例如，有一个名为 Math 类的类，汇集了进行数学计算的功能，在 Math 类中，有很多的类方法，如表 10–5 所列。

表 10–5　Math 类中的主要类方法

方法名称	功　能
static double abs(double a)	返回 double 类型参数的绝对值
static int abs(int a)	返回 int 类型参数的绝对值
static double ceil(double a)	返回 double 类型的参数以上最小的整数值
static double cos(double a)	返回参数角度的 cos 值
static double floor(double a)	返回 double 类型的参数以下最大的整数值
static double max(double a,double b)	返回 2 个 double 类型的参数中值较大的一个
static int max(int a,int b)	返回 2 个 int 类型的参数中值较大的一个
static double min(double a ,double b)	返回 2 个 double 类型的参数中值较小的一个
static int min(int a,int b)	返回 2 个 int 类型的参数中值较小的一个
static double pow(double a,double b)	返回将第 1 个参数进行第 2 个参数乘方后的值
static double random()	返回 0.0 ~ 1.0 的随机变数
static double rint(double a)	返回离 double 类型参数最近的整数值
static double sin(double a)	返回参数角度的 sin 值
static double sqrt(double a)	返回 double 类型参数的平方根
static double tan(double a)	返回参数角度的 tan 值

作为示例，来试用一下 max( ) 方法，请输入以下的代码。

Sample5.java　查询最大值

```
import java.io.*;

class Sample5
{
    public static void main(String[] args) throws IOException
    {
        System.out.println("输入了 2 个整数。");

        BufferedReader br =
            new BufferedReader(new InputStreamReader(System.in));

        String str1 = br.readLine();
        String str2 = br.readLine();

        int num1 = Integer.parseInt(str1);
        int num2 = Integer.parseInt(str2);


        int ans = Math.max(num1, num2);

        System.out.println(num1 + "和" + num2 + "中"
            + ans + "更大。");
    }
}
```

准备 2 个整数

查询最大值

Sample5 的运行画面

```
请输入 2 个整数。
5 ↵
10 ↵
5 和 10 中 10 更大。
```

max( ) 方法可以返回作为参数传递的 2 个数中的最大值。在这里，接受了 int 类型的值后，max( ) 方法被调用。

从表 10–5 中可以看出，Math 类的 max( ) 方法有很多种类，也就是说，这个方法被重载了，根据传递的参数是 int 类型还是 double 类型，会自动调用适当的 max( ) 方法。

```
Math.max(5, 10);
Math.max(12.5, 20.5);
```

调用了与各个类型相适的 max( ) 方法

另外，Math( ) 类中，如果能使用 random( ) 方法就更加方便了。使用 random( ) 方法，可以获得名为随机数 (random number) 的随机数值。Math 类的 random( ) 方法返回 0.0 ~ 1.0 的数值，为了要获得必要的数值，需要进行乘法、加法等运算。例如，为了像掷骰子那样获取 1 ~ 6 的整数值，需要进行如下操作。

获取 1 ~ 6 的整数值

```
int num = (int) (Math.random()*6)+1;
```

类库的类

标准的类库中，除了之前介绍过的类之外，还有各种各样的类。灵活运用类库，就能简单地创建复杂且能进行高难度处理的程序了。

有关这些类的内容，都可以在类库的目录中确认，建议读者参照目录逐步进行学习。

Java 的标准类库（Java11 版本）。可以通过网址 http://docs.oracle.com/javase/jp/11/docs/api/ 查询类的详细内容。

但是，如果需要使用之前介绍的这些基本类之外的类，有时会需要进行 import 这一步骤。有关这个步骤，将在第 13 章进行详细说明。

10.4 类型的变量

指定类型的变量

前面已经对类库进行了讲解，从本节开始详细介绍“类型的变量”。前几节中使用了类库中的 String 类等，可以以这些内容为参考进行接下来的学习。

在第 8 章中，我们创建了下面这样的对象。

```
Car car1;
car1 = new Car();
```

Car 型的变量 car1

像 car1 这样，指向对象的变量，称为 Car 型变量。另外，也可以使用 new 创建并指定对象类型的变量。

实际上，类型的变量无须创建对象也可以指定。请输入以下这些代码。

Sample6.java 指定类型的变量

```
//Car类
class Car
{
    private int num;
    private double gas;

    public Car()
    {
        num = 0;
        gas = 0.0;
        System.out.println("创建了一辆车。");
    }
```

```
    public void setCar(int n, double g)
    {
        num = n;
        gas = g;
        System.out.println("车牌号为" + num + "，汽油量为"
            + gas + "。");
    }
    public void show()
    {
        System.out.println("车牌号是" + num + "。");
        System.out.println("汽油量是" + gas + "。");
    }
}

class Sample6
{
    public static void main(String[] args)
    {
        Car car1;                                  // 声明了 car1
        System.out.println("声明 car1。");
        car1 = new Car();                          // 创建 1 个对象并指定 car1
        car1.setCar(1234, 20.5);

        Car car2;                                  // 声明了 car2
        System.out.println("声明 car2。");

        car2 = car1;                               // 指定 car2 为 car1
        System.out.println("car1 赋值给 car2。");

        System.out.print("car1 所指的");
        car1.show();
        System.out.print("car2 所指的");
        car2.show();
    }
}
```

Sample6 的运行画面

```
声明 car1。
创建了一辆车。
车牌号为 1234，汽油量为 20.5。
声明 car2。
car1 赋值给 car2。
```

```
car1 所指的车牌号是 1234。
汽油量是 20.5。
car2 所指的车牌号是 1234。
汽油量是 20.5。
```

car2 与 car1 进行同样的输出

在这个代码中，创建了 1 个对象，Car 类型的变量中指定了 car1，到这里都与之前学习过的代码相同。

接下来，只进行了另一个 Car 类型 car2 变量的声明，然后指定了“car1=car2”。也就是说，类型的变量中，可以指定相同类型的变量，如图 10–6 所示。

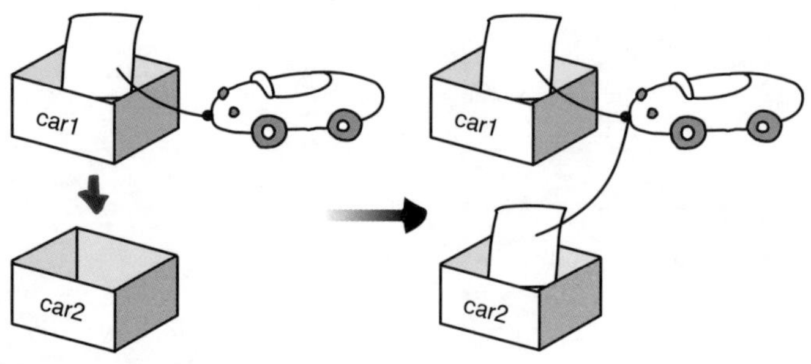

图 10–6 **类型变量的指定**

声明类型的变量，可以指定相同类型的变量。

接下来看一下运行画面，car1 与 car2 进行相同的输出，看起来就像存在两个对象“车”，但是实际上并不存在 2 个对象。我们来确认以下这个情况。

Sample7.java 变更对象

```
//Car 类
class Car
{
```

```
    private int num;
    private double gas;

    public Car()
    {
        num = 0;
        gas = 0.0;
        System.out.println("创建了一辆车。");
    }
    public void setCar(int n, double g)
    {
        num = n;
        gas = g;
        System.out.println("车牌号为" + num + "，汽油量为"
            + gas + "。");
    }
    public void show()
    {
        System.out.println("车牌号是" + num + "。");
        System.out.println("汽油量是" + gas + "。");
    }
}

class Sample7
{
    public static void main(String[] args)
    {
        Car car1;
        System.out.println("声明car1。");
        car1 = new Car();
        car1.setCar(1234, 20.5);

        Car car2;
        System.out.println("声明car2。");

        car2 = car1;
        System.out.println("car1赋值给car2。");
```

```
        System.out.print("car1 所指的 ");
        car1.show();
        System.out.print("car2 所指的 ");
        car2.show();

        System.out.println(" 变更 car1 指向的车。");
        Car1.setCar(2345, 30.5);   ← 使用“car1”向对象添加变更

        System.out.print("car1 所指的 ");
        car1.show();
        System.out.print("car2 所指的 ");
        car2.show();
    }
}
```

Sample7 的运行画面

```
声明 car1。
创建了一辆车。
车牌号为 1234，汽油量为 20.5。
声明 car2。
car1 赋值给 car2。
car1 所指的车牌号是 1234。
汽油量是 20.5。
car2 所指的车牌号是 1234。
汽油量是 20.5
变更 car1 指向的车。
车牌号为 2345，汽油量为 30.5。
car1 所指的车牌号是 2345。 ┐
汽油量是 30.5。           ┘ car1 的输出被变更
car2 所指的车牌号是 2345。 ┐
汽油量是 30.5。           ┘ car2 的输出也被变更
```

使用变量 car1，变更了“车”对象的车牌号和汽油量。在这之后，试着使用 car1 与 car2 输出车牌号与汽油量，可以看到两者进行了同样的变更。也就是说，变量 car1 与 car2 并不是 2 个不同的对象，而是指向同 1 个对象。指定类型的变量就是，指定的变量指向了另一个变量所指的对象，如图 10-7 所示。这种构成需要我们多加注意。

1 个对象可以由 2 个或 2 个以上的变量来指向。

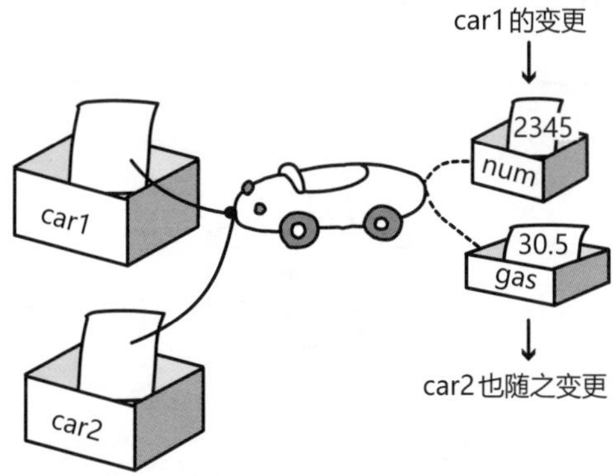

图 10-7　对象的变更

指定类型的对象，被指定的变量（左边）会指向指定了的变量所指向的对象。将其中一方的变量更改对象，另一方也会受到影响。

null 的构造

关于类型变量，再来学习一个重要的内容。如果向某个变量指定 null 值，这个变量就不再指向对象了，代码如下：

```
class Sample
{
    public static void main(String[] args)
    {
        Car car1;
        car1 = new Car();

        car1 = null;        指定 null
        ...
    }
}
```

如果指定 null，变量 car1 将会不指向任何一个对象，如图 10-8 所示。如果这个对象从任何一个变量都不能指向，根据 Java 的判断，这个对象被废弃，记忆也会返回到对象被创建之前的状态。我们称这个构造为垃圾回收机制（garbage collection）。

带入 null，变量将不再指向对象。

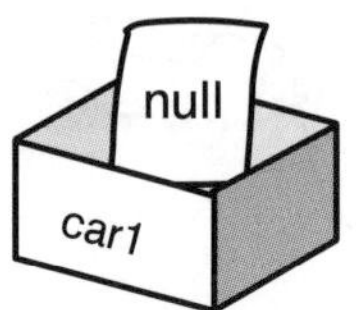

图 10-8 null

指定 null，变量将不再指向对象。

但是，当 2 个变量指向同一个对象时，只向其中 1 个变量指定 null，对象是不会被废弃的。

```
class Sample
{
    public static void main(String[] args)
    {
        Car car1;
        car1 = new Car();

        Car car2;
        car2 = car1;      // car1 与 car2 指向同一个对象

        car1 = null;      // 即使向 car1 指定 null，car2 所指向的对象依然是存在的
        ...
    }
}
```

finalize() 方法

在之前的内容中提到过，在对象被创建时，构造函数会被自动调用。与之相反，对象被废弃时，finalize( ) 方法会被自动调用。

在占用了很多计算机资源时，有时可以通过定义这个方法使之结束来确保正常运行。

但是，无用程序收集是根据 Java 的判断自动进行的。因此，即使定义 finalize( ) 方法，也无法控制方法被调用的时间。

作为方法的参数使用

类型的变量被广泛使用于许多地方。例如，在类的声明中可以将类型的变量变成域。请看下面的声明。

```
class Car
{
    private int num;           ┐
    private double gas;        ┘─ 使用了基本类型变量的域
    private String name;  ── 使用了类型变量的域
    ...
}
```

在这个类中，将 String 型的变量 name 作为域。类型的变量与基本类型的变量一样，都可以作为域。

另外，也可以作为方法与构造函数的参数，使用类型的变量。我们来看一下下面的代码。

Sample8.java　在参数中使用类型的变量

```
class Car
{
    private int num;
    private double gas;
    private String name;  ── 使用了类型变量的域

    public Car()
    {
        num = 0;
        gas = 0.0;
        name = " 无名氏 ";
```

```
        System.out.println("创建了一辆车。");
    }
    public void setCar(int n, double g)
    {
        num = n;
        gas = g;
        System.out.println("车牌号为" + num + ", 汽油量为"
            + gas + "。");
    }
    public void setName(String nm)
    {
        name = nm;
        System.out.println("名称设定为" + name + "。");
    }
    public void show()
    {
        System.out.println("车牌号是" + num + "。");
        System.out.println("汽油量是" + gas + "。");
        System.out.println("名称是" + name + "。");
    }
}

class Sample8
{
    public static void main(String[] args)
    {
        Car car1;
        car1 = new Car();

        car1.show();

        int number = 1234;
        double gasoline = 20.5;
        String str = "1号车";

        car1.setCar(number, gasoline);
        car1.setName(str);
```

将类型的变量作为假定参数的方法

将指向字符串对象的变量作为实际参数来指定

```
        car1.show();
    }
}
```

Sample8 的运行画面

```
创建了一辆车。
车牌号是 0。
汽油量是 0.0。
名称是无名氏。
车牌号为 1234，汽油量为 20.5。
名称设定为 1 号车。
车牌号是 1234。
汽油量是 20.5。
名称是 1 号车。
```

在方法中处理字符串对象

在这里，将 String 型的变量作为参数。因此，可以向方法传递表示车名称的字符串。可以看到最后在方法内，车的名称被输出了，如图 10-9 所示。

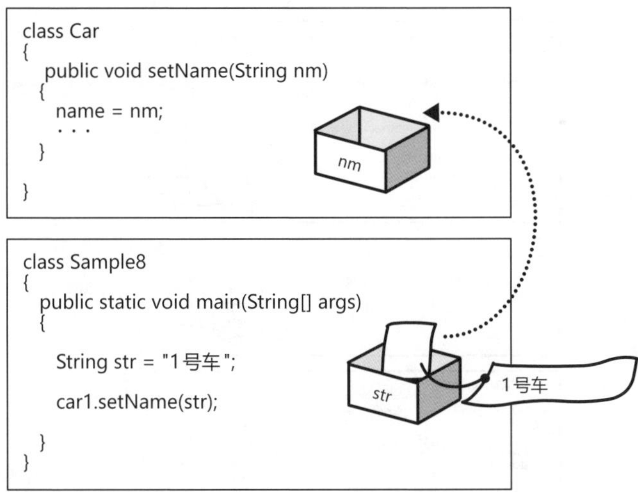

图 10-9　使用了类型变量的参数

可以定义将类型变量作为参数的方法。

值传递与引用传递

方法的参数中使用了类型的变量或者基本型的变量时，一定要注意两者间的不同。如图 10–10（上）所示，像 setName( ) 这样，将类型的变量作为参数时，被调用的变量所指向的对象与发出调用的变量所指向的对象，是同一个对象。

在本节最开始的地方也介绍过，指定类型的变量，被指定的变量与指定的变量将会指向同一个对象。这时，对象并不会被复制增加到 2 个。

另外，像 setCar( ) 方法这样，将基本型的变量作为参数的情况下，调用方和被调用方的变量是不同的。如图 10–10（下）所示，假定参数与实际参数中，基本型的值被复制并传递到调用方。

像这样的参数传递被称为“对象为引用传递、基本型为值传递”，掌握这样的构造是很关键的。

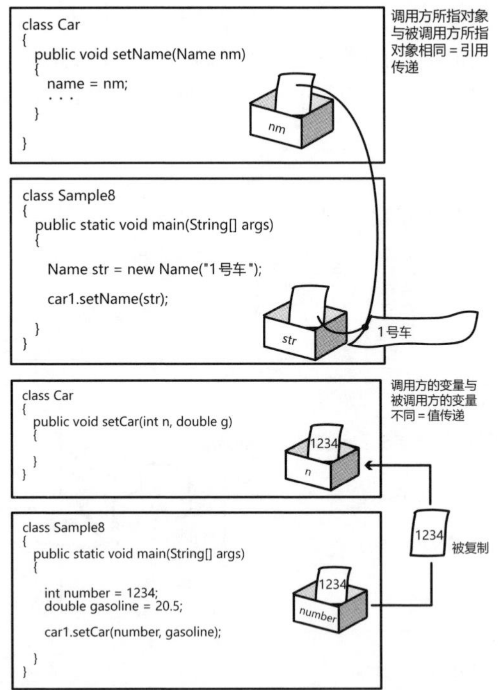

图 10–10　值传递与引用传递

对象被作为引用传递，调用方与被调用方是同样的。基本型被作为值传递，调用方与被调用方不同。

10.5 对象的数组

将对象作为数组处理

在本节中，作为实践运用，来学习把多个对象集合处理的方法。在第 7 章中，我们接触过存储 int 型值的数组，代码如下：

```
int[] test;
test = new int[5];

test[0] = 80;
test[1] = 60;
...
```

与此相同，也可以创建将对象集合处理的数组，试着输入以下代码。

Sample9.java　将对象作为数组处理

```
class Car
{
    private int num;
    private double gas;

    public Car()
    {
        num = 0;
        gas = 0.0;
        System.out.println("创建了一辆车。");
    }
    public void setCar(int n, double g)
```

```
    {
        num = n;
        gas = g;
        System.out.println("车牌号为" + num + "，汽油量为"
            + gas + "。");
    }
    public void show()
    {
        System.out.println("车牌号是" + num + "。");
        System.out.println("汽油量是" + gas + "。");
    }
}

class Sample9
{
    public static void main(String[] args)
    {
        Car[] cars;                    准备数组
        cars = new Car[3];

        for(int i=0; i<cars.length; i++){
            cars[i] = new Car();       创建 3 个对象，指定数组要素
        }

        cars[0].setCar(1234, 20.5);
        cars[1].setCar(2345, 30.5);
        cars[2].setCar(3456, 40.5);

        for(int i=0; i<cars.length; i++){
            cars[i].show();
        }
    }
}
```

Sample9 的运行画面

```
创建了一辆车。
创建了一辆车。
```

```
创建了一辆车。
车牌号为 1234，汽油量为 20.5。
车牌号为 2345，汽油量为 30.5。
车牌号为 3456，汽油量为 40.5。
车牌号是 1234。
汽油量是 20.5。
车牌号是 2345。
汽油量是 30.5。
车牌号是 3456。
汽油量是 40.5。
```

输出 3 台车的信息

将对象作为数组处理，首先必须准备数组。

```
Car[] cars;
cars = new Car[3];
```

准备 Car[ ] 型的数组变量

确保 Car 型有 3 个数组要素

请回忆下 int 型的准备方法，在讲 int 的章节中，同样叙述了类名称 Car，把对象作为数组来集合处理的情况，与基本型数组的准备方法是一样的。

但是，处理对象的数组并不是到此就准备完毕了，还需要实际创建对象并指定数组要素使其指向对象。依次创建对象，指定数组要素，到此，就可以使用数组要素来处理对象了。

```
for(int i=0; i<cars.length; i++){
    cars[i] = new Car();
}
```

创建 3 个 Car 类对象

上面使用了反复语句，这与创建以下单个对象是相同的。

```
cars[0] = new Car();
cars[1] = new Car();
cars[2] = new Car();
```

在这里，将多个对象作为数组来处理，输出了 3 辆车的车牌号及汽油量，如图 10-11 所示。将对象作为数组处理时，请不要忘记进行这 2 项操作。

❶ 准备数组。

❷ 创建对象，指定数组要素使其指向这些对象。

以上 2 项操作都可以使用 new，请注意不要弄错。

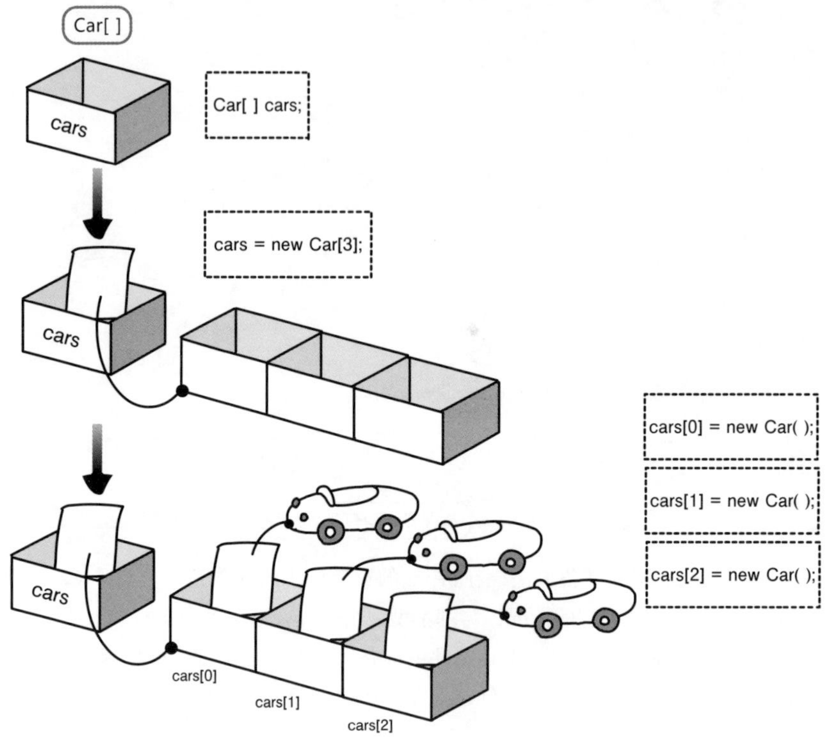

图 10-11 **对象的数组**

可以将对象作为数组来处理。

Collection

将对象进行集合处理时，使用数组会十分方便，但是，在创建数组前必须事先决定作为要素的对象的数量。因此，在类库中已经准备了一个用于集中处理对象的功能更强大的 collection 类。以下是几个比较有代表性的 collection 类。

- list：给元素添加顺序并处理。
- set：不给元素添加顺序并处理。
- map：使用作为钥匙（key）的值处理元素。

使用 collection 类，可以简单地添加、删除作为对象集合的对象。有关 collection 类的详细内容，在《简单易懂的 Java 活用篇》一书中有介绍。

10.6 本章小结

本章学习了以下内容：

- 使用类库中的类，可以简单地编写代码。
- 在类型的变量中，可以指定相同类的变量。
- 指定类型的变量 null，这个变量将不再指向对象。
- 在域中可以使用类型的变量。
- 类型的变量可以作为方法的假定参数来使用。
- 可以将对象作为数组来使用。

在本章中，学习了类的应用方法。使用类库中的类，可以简单地实现高难度的功能。另外，类型变量的构造、处理对象的数组等都是处理类的代码中不可或缺的知识，请务必牢牢掌握。

练习

1. 判断下列选项是否正确。

①2 个以上的变量不可以同时指向同一个对象。

②可以像指向对象的变量中指定 null。

2. 请使用 StringBuffer 类的 reverse( ) 方法写出可以得到以下输出的代码。

```
请输入字符串。
Hello ↵
Hello 的倒序是 olleH。
```

3. 使用 StringBuffer 类的任意一个方法，编写出以下输出的代码。

```
请输入字符串。
Hello ↵
在 a 的位置输入整数。
2 ↵
变为 Heallo。
```

4. 使用 Math 类的任意一个方法，写出可以得到以下输出的代码。

```
请输入 2 个整数。
5 ↵
10 ↵
5 和 10 中，较小值是 5。
```

第 11 章

新的类

从第 8 章到第 10 章，我们对类的各种功能进行了学习。在 Java 中，可以使用已经设计好的类来快速创建新的类，也可以使用已经存在的类来快速创建程序。本章将学习创建新类的方法。

Check Point

- 继承
- 父类
- 子类
- super()
- protected
- 重写
- final
- Object 类

11.1 继承

继承的构造

在前面的章节中，我们使用集合了“车”功能的类创建了程序。本章将创建一些新的程序，如果要创建处理竞技用的赛车这种特殊车辆的程序，赛车也属于车的一种，因此赛车与车有很多的共同点。

在开发程序时，可以在已有素材的基础上开发。在 Java 中，可以将已有的类作为基础，来创建新的类。可以将之前出现过的表示车的 Car 类作为基础，创建表示赛车的 RacingCar 类。像这样创建新类的方法被称为扩张类 (extends)。

新的类继承了已有的类，可以在已有的类中编写代码，使其加上必要的性质与功能，这也可以提高程序开发的速度。

以下就是创建新类的代码。

```
class 车                          ← 原始的类
{
    车牌号；
    汽油量；
    显示汽油数量和数量的功能 ...
}

Class 赛车伸缩车                   ← 新的类
{
    比赛课程；                     ┐
    显示比赛过程的功能 ...          ┘ 总结追加的性质与功能
}
```

“车”类之后，试着总结了“赛车”类，赛车类继承了车类的性质与功能。因此，不用把车类中的性质与功能在代码中再编写一次，只需要编写赛车类特有的功能就可以了。

像这样，新扩张的类继承了已有类的性质与功能，称为继承 (inheritance)，如图 11–1 所示。这时，原有的类称为父类 (superclass)，新的类称为子类 (subclass)。也就是说，在这里，车类与赛车类的关系如下：

“车”类→父类

“赛车”类→子类

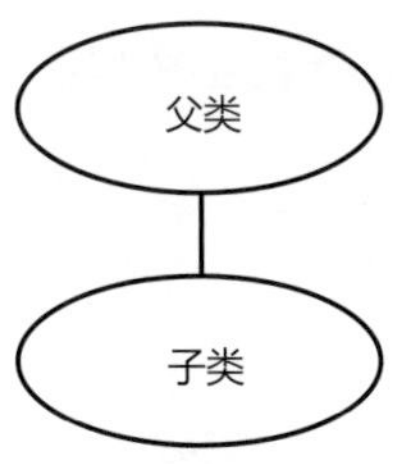

图 11–1　类的扩张

从已有的类（父类）中创建新的类（子类）。

扩张类

现在，通过叙述代码，来学习类扩张的方法。在声明子类时，在关键字 extends 之后，指定父类的名称。

语法　子类的声明

```
class 子类名称，extends 父类名称
{
    添加在子类中的性质与功能
    子类的构造函数（参数列表）
    {
        …
    }
}
```

子类如下所示，请看实际的代码。

Sample1.java　前半部分扩张类

```
//Car 类
class Car        ← 父类的声明
{
```

```
    private int num;
    private double gas;

    public Car()
    {
        num = 0;
        gas = 0.0;
        System.out.println("创建了一辆车。");
    }
    public void setCar(int n, double g)
    {
        num = n;
        gas = g;
        System.out.println("车牌号为" + num + "汽油量为"
            + gas + "。");
    }
    public void show()
    {
        System.out.println("车牌号是" + num + "。");
        System.out.println("汽油量是" + gas + "。");
    }
}
//RacingCar类
class RacingCar extends Car
{
    private int course;

    public RacingCar()
    {
        course = 0;
        System.out.println("已创建赛车。");
    }
    public void setCourse(int c)
    {
        course = c;
        System.out.println("路线号设置为" + course + "。");
    }
}
```

子类的声明

追加的域

子类的构造函数

追加的方法

```
...（稍后继续）
```

叙述了父类 Car 和子类 RacingCar 的声明，如图 11-2 所示。RacingCar 类继承了 Car 类的性质与功能，因此，在 RacingCar 中不需要再叙述已有的性质与功能，只需要叙述 Car 类中没有的，而 RacingCar 中特有的性质与功能就可以了。这就是 course 域与 setCourse( ) 方法。

以通过扩张父类来声明子类。

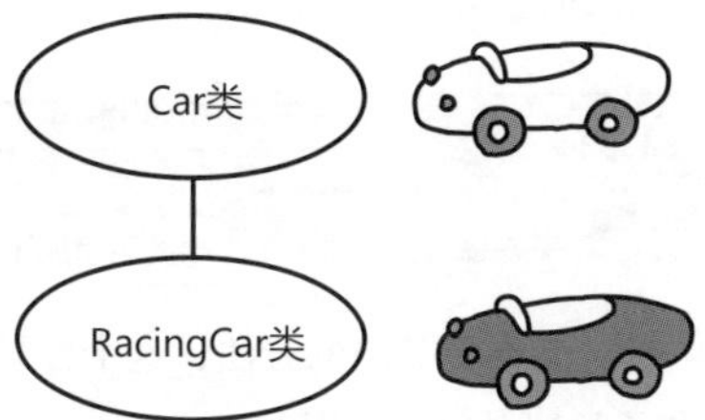

图 11-2　Car 类与 RacingCar 类
可以通过扩张父类来声明子类。

创建子类的对象

接下来，接着 Sample1 的前半部分，输入创建子类对象的代码。创建对象的方法与之前学过的方法相同，使用 new 就可以了。

Sample1.java　后半部分创建子类的对象

```
……（前半部分）
class Sample1
{
    public static void main(String[] args)
    {
        RacingCar rccar1;
        rccar1 = new RacingCar();   ← 创建子类的对象
```

```
        rccar1.setCar(1234, 20.5);      ①调用继承的方法
        rccar1.setCourse(5);            ②调用追加的方法
    }
}
```

Sample1 的运行画面

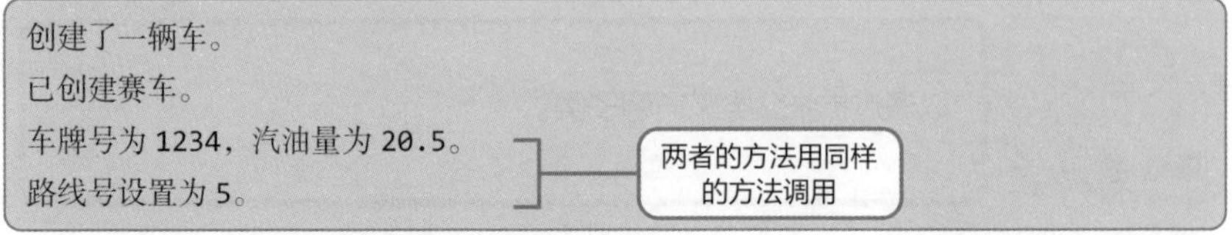

```
创建了一辆车。
已创建赛车。
车牌号为 1234，汽油量为 20.5。
路线号设置为 5。
```


Sample1 中，创建对象之后，如下调用方法。

```
rccar1.setCar(1234, 20.5);      ①调用继承了方法
rccar1.setCourse(5);            ②调用追加了方法
```

setCar( ) 方法（①）是定义在父类中的方法，这个性质与方法被子类所继承，所以可以与之前一样，在子类的对象中调用。

另外，子类中新追加的 setCourse( ) 方法也可以用同样的方式调用。

在子类中，继承的性质与功能和追加的性质与功能都可以以相同的方式调用。像这样，通过扩张类，可以使用已经设计好的类来高效地创建新的类。也就是说，可以更高效地创建对象，如图 11–3 所示。

子类继承父类的性质与功能。

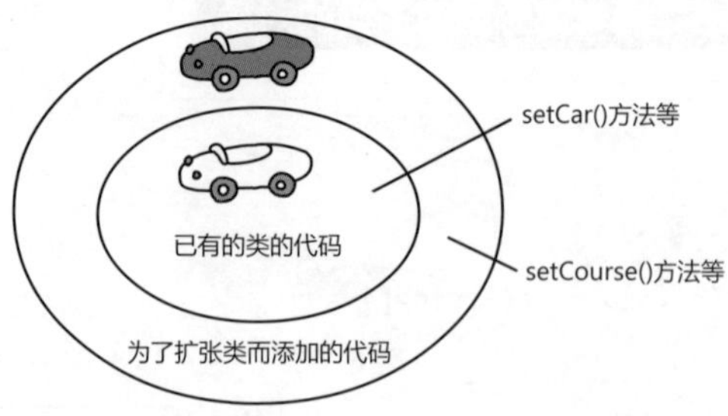

图 11–3 类的扩张

扩张类，可以更高效地创建程序。

Lesson 11

类的功能

这里介绍的继承以及第 9 章中介绍的封装、多态这三种功能，是 Java 的类所特有的强项。有了这些功能，类就能作为安全且独立的、创建程序的零件来组合、使用。由这些类，可以更高效地创建出错误更少的程序。这 3 个功能都是以面向对象为原则，是 Java 中不可或缺的功能。

调用父类的构造函数

接下来请仔细观察 Sample1 的运行结果。

Sample1 的执行画面

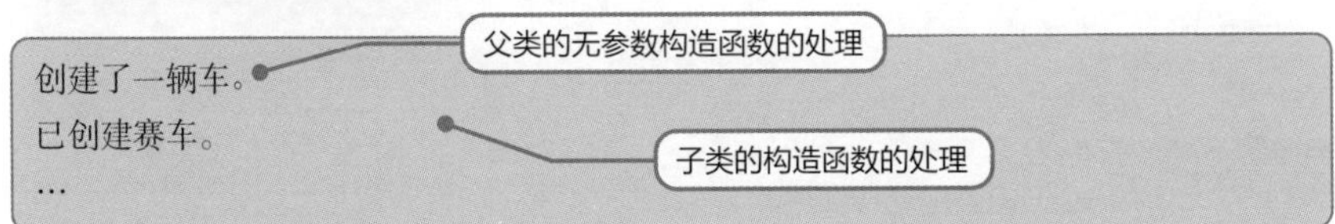

从输出的“创建了一辆车。”这一点可以看出，在创建子类的对象时，优先进行了父类的构造函数的处理。

像这样不特别指定，子类的对象被创建时，在子类构造函数之前，父类的无参数构造函数先被调用，如图 11–4 所示。

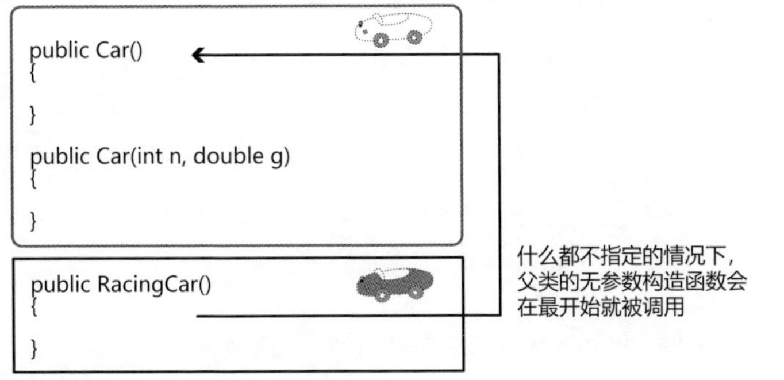

图 11–4　**在构造函数中不做任何指定的情况**

在子类构造函数中的处理之前，父类的无参数构造函数被调用。

父类的构造函数不会继承给子类，取而代之的是，无参数的父类构造函数会被自动调用。这样一来，从父类继承的性质与功能就能顺利地进行初始化了。

指定父类的构造函数

在构造函数中不做特殊指定，父类的无参数构造函数会在最开始被调用。但是，当父类中有多个构造函数时，有时想要明确指定调用的构造函数，这时，可以在子类的构造函数之前，使用 super( ) 调用。请看下面的代码。

Sample2.java　使用 super( ) 调用

```
//Car类
class Car
{
    private int num;
    private double gas;

    public Car()
    {
        num = 0;
        gas = 0.0;
        System.out.println("创建了一辆车。");
    }
    public Car(int n, double g)
    {
        num = n;
        gas = g;
        System.out.println("车牌号为" + num + "汽油量为" + gas
            + "的车已经创建好了。");
    }
    public void setCar(int n, double g)
    {
        num = n;
        gas = g;
        System.out.println("车牌号设定为" + num + "汽油量设定为"
            + gas + "。");
    }
    public void show()
    {
        System.out.println("车牌号是" + num + "。");
```

```
        System.out.println("汽油量是" + gas + "。");
    }
}
//RacingCar类
class RacingCar extends Car
{
    private int course;

    public RacingCar()
    {
        course = 0;
        System.out.println("创建了赛车。");
    }
    public RacingCar(int n, double g, int c)
    {
        super(n, g);          允许调用超类的二元构造函数
        course = c;
        System.out.println("已创建赛车的路线号为" + course
            + "。");
    }
    public void setCourse(int c)
    {
        course = c;
        System.out.println("路线号设置为" + course + "。");
    }
}
class Sample2
{                             允许调用子类的三参数构造函数
    public static void main(String[] args)
    {
        RacingCar rccar1 = new RacingCar(1234, 20.5, 5);
    }
}
```

Sample 2 的运行画面

```
车牌号为1234，汽油量为20.5的车已经创建好了。    父类的有2个参数的构造函数的处理
已创建赛车的路线号为5。
```

在这里，父类的有 3 个参数的构造函数在开头的部分是这样表示的。

```
super(n,g);
```

使父类的有 2 个参数的构造函数被调用

可以看到，这次并不是无参数构造函数，而是有 2 个参数的构造函数在最开始被调用。也就是说，使用 super( )，可以自己指定调用父类的哪个构造函数，如图 11–5 所示。

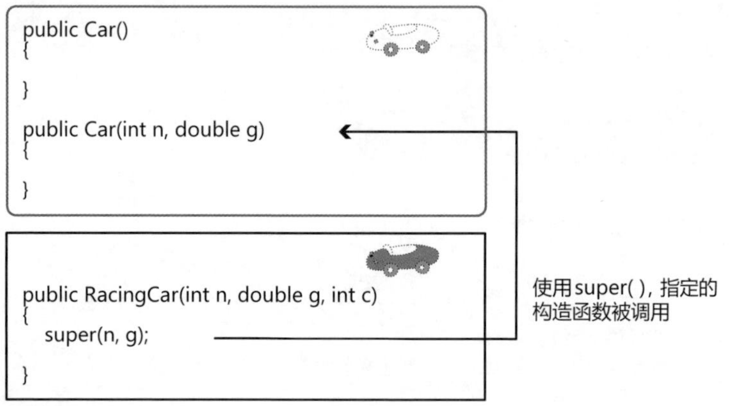

图 11–5 super( )

要在子类的构造函数中处理父类的构造函数，使用 super( )。

this( ) 与 super( )

在第 9 章中学习过使用 this( ) 在构造函数内，调用相同的类中其他构造函数的方法。也就是说，构造函数中，可以使用 super( ) 与 this( )。

this( )：调用这个类的其他构造函数。

super( )：调用这个类的父类的构造函数。

需要注意的是，无论哪一个都必须在构造函数内的开头部分进行叙述。因此，this( ) 与 super( ) 不能在同一个构造函数中同时使用。

另外，在构造函数被重载的情况下，可以通过赋予 this( ) 或 super( ) 各种各样的参数，调用所需要形式的构造函数。

11.2 在成员中存取

在子类内部存取

在第 9 章中学习了指定 private 或 public 来控制在成员中存取的方法，由此，可以创建不容易出现错误的程序。

在这里，我们来学习一下怎样存取位于子类与父类这种紧密关系中的类。首先来学习一下扩张类时，封装是怎样进行的。

在 11.1 节的代码中，将父类的域作为 private 成员，但是，private 成员是不能在类的外部存取的，同样，父类的 private 成员在子类中也是无法存取的，如图 11–6 所示。

也就是说，即使在子类的 RacingCar 类中定义 newShow( ) 等方法，依然无法存取 Car 类的 private 成员 num 或 gas。

```
//Car 类
class Car
{
    private int num;
    private double gas;     ← 父类的 private 成员
    ...
}
//赛车类
class RacingCar extends Car
{
    private int course;
    ...
    public void newShow()
    {
```

```
        // 这样表述是错误的。
        //System.out.println(" 赛车的车牌号是 " + num
            + " 。");
        //System.out.println(" 汽油量是 " + gas + " 。");
        System.out.println(" 路线号是 " + course + " 。");
    }
}
```

无法存取父类的 private 成员

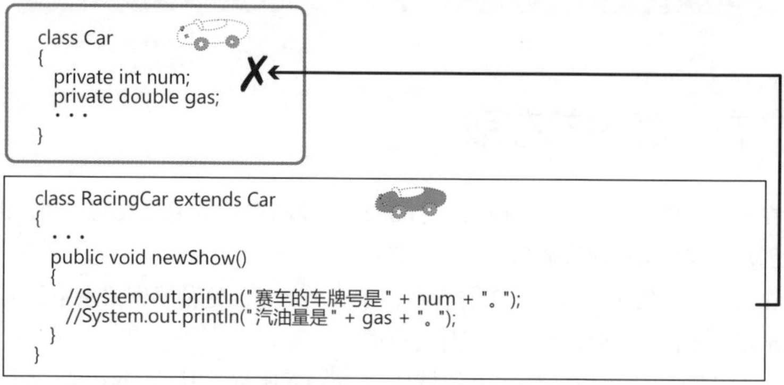

```
class Car
{
  private int num;
  private double gas;
  ...
}

class RacingCar extends Car
{
  ...
  public void newShow()
  {
    //System.out.println("赛车的车牌号是" + num + "。");
    //System.out.println("汽油量是" + gas + "。");
  }
}
```

图 11-6 private 成员

父类的 private 成员，无法在子类存取。

但是，子类和父类之间有紧密的关系，这样的关系有时也会带来不便。

在父类中，可以指定 protected，请看下面的代码。只要将 Sample1 的 Car 类的域改写为 protected 成员，就可以在 RacingCar 类中存取了。

Sample3.java 存取 protected

```
//Car 类
class Car
{
    protected int num;
    protected double gas;

    public Car()
    {
        num = 0;
        gas = 0.0;
        System.out.println(" 创建了一辆车。");
```

成员被保护

```
    }
    public void setCar(int n, double g)
    {
        num = n;
        gas = g;
        System.out.println(" 车牌号设定为 " + num + " ，汽油量设定为 "
            + gas + " 。");
    }
    public void show()
    {
        System.out.println(" 车牌号是 " + num + " 。");
        System.out.println(" 汽油量是 " + gas + " 。");
    }
}
//RacingCar 类
class RacingCar extends Car
{
    private int course;
    public RacingCar()
    {
        course = 0;
        System.out.println(" 已创建赛车。");
    }
    public void setCourse(int c)
    {
        course = c;
        System.out.println(" 路线号设定为 " + course + "。");
    }
    public void newShow()
    {
        System.out.println(" 赛车的车牌号是 " + num
            + "。");
        System.out.println(" 汽油量是 " + gas + " 。");
        System.out.println(" 路线号是 " + course + " 。");
    }
}
class Sample3
{
```

将父类的成员改写为 protected 可以存取父类的 protected

```
    public static void main(String[] args)
    {
        RacingCar rccar1;
        rccar1 = new RacingCar();

        rccar1.newShow();
    }
}
```

Sample3 的运行画面

```
创建了一辆车。
已创建赛车。
赛车的车牌号是 0。
汽油量是 0.0。
路线号是 0。
```

父类中指定了 protected 的成员与 private 成员不同，可以在子类中存取，如图 11-7 所示。像这样使用 protected 成员，可以创建错误较少的程序，不仅如此，也可以使子类与父类间建立更灵活的关系。

父类的 protected 成员无法在子类中存取。

```
class Car
{
  protected int num;
  protected double gas;
  ・・・
}
```

```
class RacingCar extends Car
{
  ・・・
  public void newShow()
  {
    System.out.println("赛车的车牌号是" + num + "。");
    System.out.println("汽油量是" + gas + "。");
  }
}
```

图 11-7 prtected 成员

在子类可以存取父类的 protected 成员。

protected 的存取

另外，Java 中指定 protected，除了在这里介绍过的子类之外，还可以在属于相同包的类中进行存取。关于包，将会在第 13 章中详细介绍。

11.3 重载

重载方法

在本章中，用新增成员的方法进行了子类的扩张。实际上，在子类中叙述新方法时，可以定义与父类的方法名称，参数的数、型都完全相同的方法。

例如，已经设计好的 Car 类的成员中，有名称为 show( ) 的方法，这时，子类 Racing 类中，也可以定义方法名称，参数的数、型都相同的 show( ) 方法。请看下列代码。

```
//Car 类
class Car
{
    …
    public void show()                父类的 show( ) 方法
    {
        System.out.println(" 车的车牌号是 " + num + "。");
        System.out.println(" 汽油量是 " + gas + " 。");
    }
}
//RacingCar 类
class RacingCar extends Car
{
    …
    public void show()                子类的 show( ) 方法
    {
        System.out.println(" 赛车的车牌号是 " + num
            + " 。");
        System.out.println(" 汽油量是 " + gas + " 。");
```

```
        System.out.println(" 路线号是 " + course + "。");
    }
}…
```

2 个类的 2 个 show( ) 方法，带有完全相同的参数的数、型，方法名称。在之前的内容中学习过，子类继承父类的成员。那么，在下列用法的情况下，会调用哪一个 show( ) 方法呢？请看下面的代码。

Sample4.java　方法重写

```
//Car 类
class Car
{
    protected int num;
    protected double gas;

    public Car()
    {
        num = 0;
        gas = 0.0;
        System.out.println(" 创建了一辆车。");
    }
    public void setCar(int n, double g)
    {
        num = n;
        gas = g;
        System.out.println(" 车牌号设定为 " + num + " 汽油量设定为 "
        + gas + " 。");
    }
    public void show()        父类的 show( ) 方法
    {
        System.out.println(" 车牌号是 " + num + " 。");
        System.out.println(" 汽油量是 " + gas + " 。");
    }
}
//RacingCar 类
class RacingCar extends Car
{
private int course;
```

```
    public RacingCar()
    {
        course = 0;
        System.out.println("已创建赛车。");
    }
    public void setCourse(int c)
    {
        course = c;
        System.out.println("路线号设定为" + course + "。");
    }
    public void show()            子类的 show( ) 方法
    {
        System.out.println("赛车的车牌号是" + num
            + "。");
        System.out.println("汽油量是" + gas + "。");
        System.out.println("路线号是" + course + "。");
    }
}

class Sample4
{
    public static void main(String[] args)
    {
        RacingCar rccar1;
        rccar1 = new RacingCar();

        rccar1.setCar(1234, 20.5);
        rccar1.setCourse(5);

        rccar1.show();            调用 show( ) 方法
    }
}
```

Sample4 的运行画面

```
创建了一辆车。
已创建赛车。
```

```
车牌号设定为1234，汽油量设定为20.5。
路线号设定为5。
赛车的车牌号是1234。
汽油量是20.5。
路线号是5。
```

（子类的 show( ) 方法被调用）

创建子类的对象并试着调用了 show( ) 方法，可以看出，子类的 show( ) 方法被调用了。

在方法名称，参数的数、型都完全相同的情况下，子类新定义的方法被调用。

像这样，子类的方法代替父类的成员发挥功能的情况被称为方法重写(overriding)，如图 11-8 所示。

子类的方法代替父类的方法发挥功能，被称为方法重写 (overriding)。

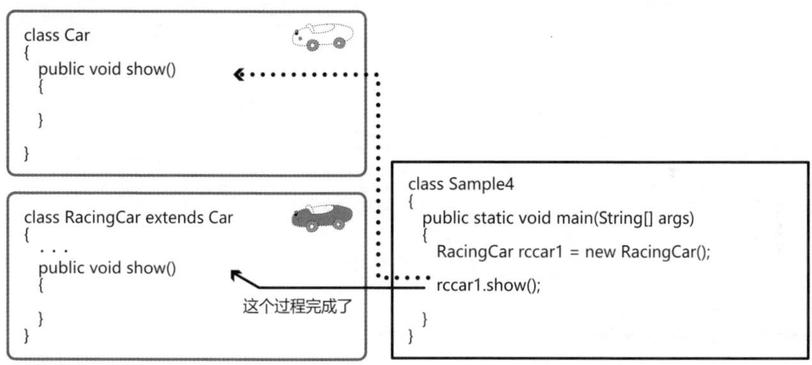

图 11-8 方法重写

子类的方法代替父类的方法发挥功能。

用父类的参数处理对象

本章之前的内容中，准备了子类的变量使其指向对象。

```
RacingCar rccar1;
rccar1 = new RacingCar();
```

（用子类的参数处理对象）

实际上，子类对象也可以用父类的变量来处理。也就是说，可以如下叙述。

```
Car car1;                    可以用父类的变量来处理
car1 = new RacingCar();
```

这是因为子类的对象同样也是父类的对象。赛车继承了车的功能，所以赛车可以说是车的一种。因此，子类的对象可以用父类的变量来处理，如图 11-9 所示。

使用指向子类对象的父类变量，可调用 show( ) 方法。这次哪一个类的 show( ) 方法会被调用呢？请输入下列的代码。Car 类与 Racing 类的声明与 Sample4 相同。

Sample5.java　使用父类的变量

```
...
class Sample5
{
    public static void main(String[] args)
    {
        Car car1;                    用父类的变量来处理子类的对象
        car1 = new RacingCar();

        car1.setCar(1234, 20.5);

        car1.show();                 调用 show( ) 方法
    }
}
```

Sample5 的运行画面

```
创建了一辆车。
已创建赛车。
车牌号设定为 1234，汽油量设定为 20.5。
赛车的车牌号是 1234。
汽油量是 20.5。              这次也同样是子类的 show( ) 方法被调用
路线号是 0。
```

可以看到，运行画面的最后部分同样也进行了方法重写。也就是说，在 Java 中，与对象所指变量的类无关，而是根据对象自身的类调用恰当的方法。在赛车被作为“车”的情况下，“赛车”的表示功能被调用。但是，在处理父类的变量时，像 setCourse( ) 方法这样，不能直接调用子类新定义的方法。同理，“车”类无法调用

赛车独有的功能。

使用父类的变量，可以处理子类的对象。

图 11-9　父类的变量

子类的对象，可以用父类的变量来处理。

方法重写的重要性

以前面所学的知识为基础，来学习一下方法重写的重要性。

在代码中，必须管理各种各样的类对象。这种情况下，有时会像下面这样准备父类的数组变量并处理对象。Car 类与 RacingCar 类的声明与 Sample4 相同。

Sample6.java　使用父类的数组

```
...
class Sample6
{
    public static void main(String[] args)
    {
        Car[] cars;                          准备父类的数组
        cars = new Car[2];

        cars[0] = new Car();                 创建父类的对象
        cars[0].setCar(1234, 20.5);

        cars[1] = new RacingCar();           创建子类的对象
        cars[1].setCar(4567, 30.5);
```

```
        for(int i=0; i< cars.length; i++){
            cars[i].show();
        }
    }
}
```

二者都可以用相同父类的数组来处理

Sample6 的运行画面

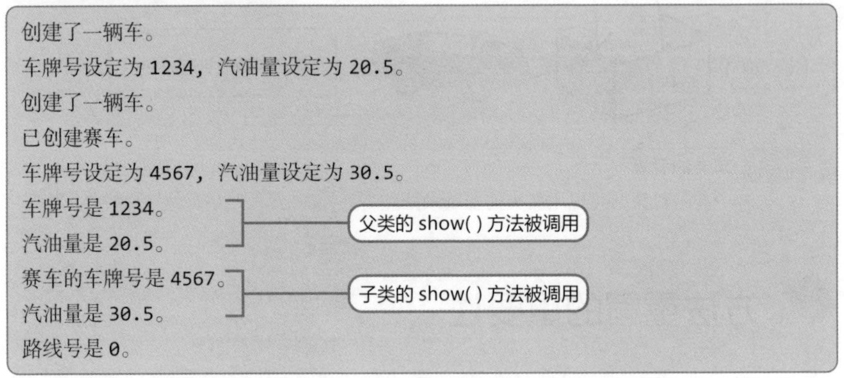

```
创建了一辆车。
车牌号设定为 1234，汽油量设定为 20.5。
创建了一辆车。
已创建赛车。
车牌号设定为 4567，汽油量设定为 30.5。
车牌号是 1234。
汽油量是 20.5。
赛车的车牌号是 4567。
汽油量是 30.5。
路线号是 0。
```

父类的 show( ) 方法被调用

子类的 show( ) 方法被调用

在这里，使用父类的数组变量，一起处理父类与子类的对象。

在这些类中，“表示”这样的一般功能，以 show( ) 方法这样的名称来定义。这样一来，无论数组处理的对象属于哪个类，都可以通过“cars[i].show( );”来调用，进行与该对象的类相对应的处理。车采用车的表示，赛车采用赛车的表示。这样，不需要按对象的类来分别叙述代码，也不需要记忆很多的方法名称。

像这样，通过进行方法重写，可以将对象集合处理，也就是说，可以一起处理车与赛车，如图 11–10 所示。

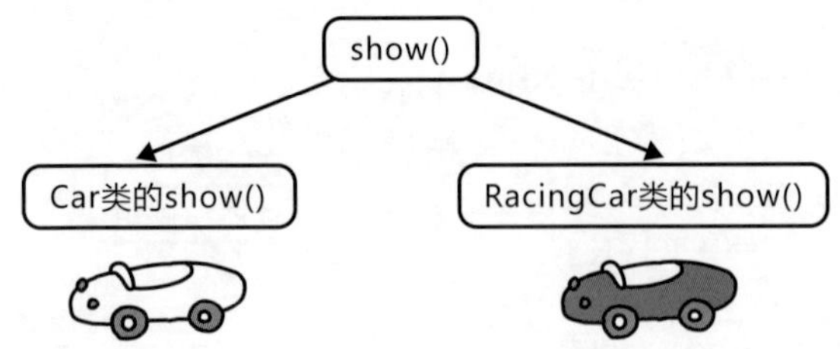

图 11–10 方法重写的优点

通过使用一个方法名称，可以进行与该对象的类相对应的处理。

在第 9 章中介绍过，在不同的情况下，一个方法名称会根据不同情况实现不同的功能，这被称为多态（polymorphism）。多态是创建通俗易懂的程序中不可或缺的部分，而方法重写则是多态中的一个部分。

方法重写与方法重载

在本书中，作为实现多态的功能学习了“方法重写”与“方法重载”。

在第 9 章中学习的方法重载是定义方法名称相同但参数形式不同的方法；而本章中学习的方法重写是，在子类定义与父类的方法具有相同的方法名称、参数形式的方法。

两者比较容易混淆，请多加注意。

使用与父类相同名称的成员

在扩张子类时，方法重载是使用频率非常高的功能。这时，在子类内部调用从父类继承的相同名称的方法会比较方便。请看下面的代码。

```
class RacingCar extends Car
{
    ...
    public void show()
    {
        super.show();        调用父类的 show() 方法
        System.out.println(" 路线号是 " + course + " 。");
    }
}
```

在子类中添加 super. 调用方法，可以调用父类的方法。这样一来，使用父类方法的定义，可以叙述子类的方法。在想要单个处理的基础上进行方法重写，可以很轻松地叙述。

另外，super. 也可以添加在域中。父类与子类的域中有相同名称的内容时，想要存取父类的变量就需要添加 super.。

```
class Car
{
    int x;        父类中有 x
    ...
}
class RacingCar extends Car
```

```
{
    int x;
    ...
    public void show()
    {
        x = 10;
        super.x = 20;
    }
}
```


像这样，父类的方法名称或域的名称与子类相同时，在子类的内部存取父类的成员（方法或域）需要添加 super.。

在子类存取与父类有相同名称的成员时，需要添加 super.。

this. 与 super.

前面介绍了父类与子类的域名称重复时可以使用 super.。当类内部存在多个实例变量与本地变量的名称时，可以用第 8 章中学习的 this. 来区分。

```
class Car
{
    int x;
    public void show(int x)
    {
        this.x = x;
    }
}
```


在方法内，添加 this. 表示实例变量，不添加的表示本地变量。

添加 final

本节中说明了方法重写的重要性。但是，有时也会遇到不想进行方法重写的情况。下面，介绍一下避免方法重写的操作方式。

在父类的方法开头加上 final，就可以避免方法重写了。请看下面的代码。

```
//Car 类
class Car
{
    public final void show()        ← 向方法指定 final
    {
    ...
    }
}
//RacingCar 类
class RacingCar extends Car
{
    //public final void show()
    //{
    // ...                           ← 在子类中无法定义 show( ) 方法
    //}
}
```

加上了 final，在子类中就无法将这个方法重写了。

另外，有时可能会想要设计一个既不进行方法重写，也不扩张子类自身的类，这时可以在类的开头加上 final。

```
//Car 类
final class Car                     ← 在类中指定 final
{
    ...
}
//RacingCar 类
//class RacingCar extends Car
//{
//    public void show()
//    {
//        ...                        ← 不能声明子类
//    }
//}
```

添加了 final 的类，就无法再扩张子类。由此可见，final 是一个表示“不可变”的修饰符。

最后，来看一下将 final 添加在域开头部分的情况。

```
//Car类
class Car
{
    static final int NUM_TIRE = 4;
    ...
}
```

在域中指定 final

值不能再改变

在域中添加 final，表示“不能更改域的值”。这个域在声明时，必须进行初始化，这个表示确定数值的域被称为常量 (constant)。

也就是说，在声明上面这样的类时，可以通过 Car.NUM_TIRE 来表示确定的数字 4。

在方法添加 final，子类不能再方法重写；在域添加 final，不能再更改值；在类添加 final，类不能再扩张。

使用 final 的例子

前面介绍了怎样设计使用 final 的类与方法。在这样的类中，有许多第 10 章介绍过的 Math 类用于进行数学相关的计算。因为 Math 类被加上了 final，所以不能扩张。另外，Math 类的域中包含定义为定数的圆周率 PI。

11.4 Object 类的继承

创建类的阶层

本章介绍了扩张类的方法，在 Java 中会以很多形式来扩张类，现在就来介绍一下扩张类的形式和作为基础的类。

首先，在 Java 中可以扩张一个父类来声明多个子类。这时类之间的关系如下图所示。

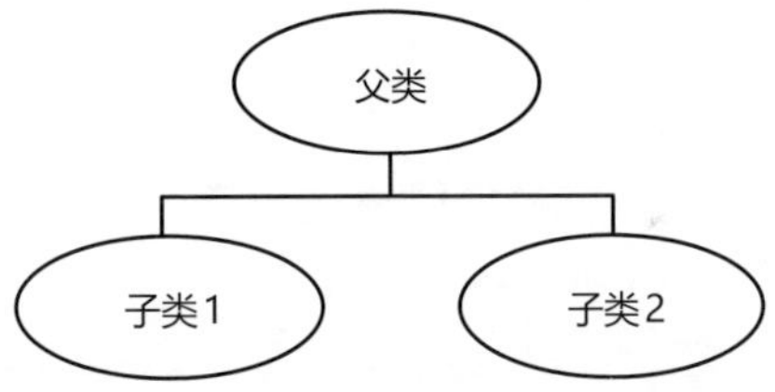

另外，还可以先扩张子类，再创建新的子类。对于新创建的子类来说，原来的子类就是它的父类。子类 1–1、子类 1–2 继承了子类 1 的成员，同样也继承了父类的成员，它们的关系如下图所示。

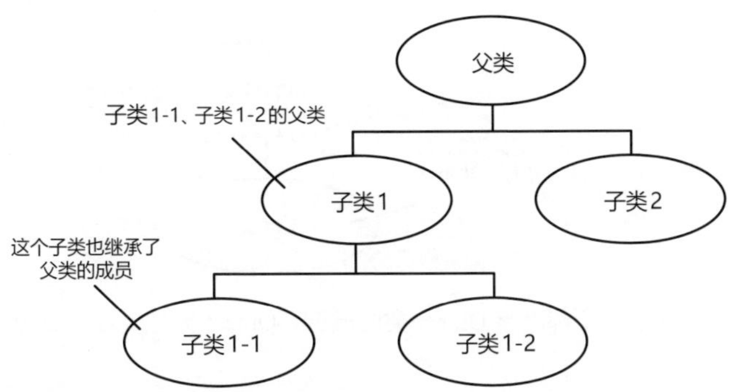

但是，在 Java 中，一个子类无法继承多个父类的成员，如下图所示。

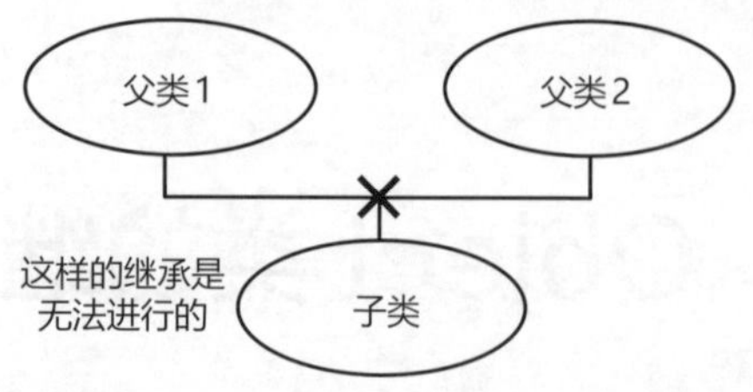

继承多个父类

一个子类无法继承多个父类的成员，但是这样的继承可以用接口（interface）来虚拟进行。接口（interface）的有关内容将会在第 12 章中介绍。

了解 Object 类

在之前的内容中，我们声明过不指定父类的类。实际上，Java 中规定，如果在创建类时不指定父类，这个类就将 Object 类作为父类。例如，下面这样的类实际上就是将 Object 类作为父类的子类。

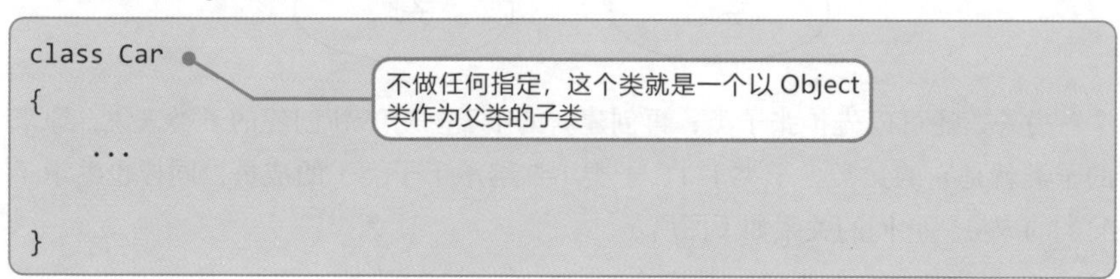

```
class Car
{
    ...

}
```


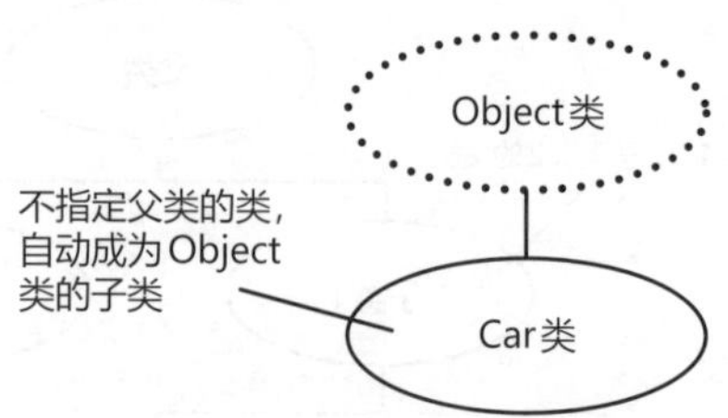

因此，Java 的类全都继承 Object 类的成员，Object 类是 Java 类的基础。

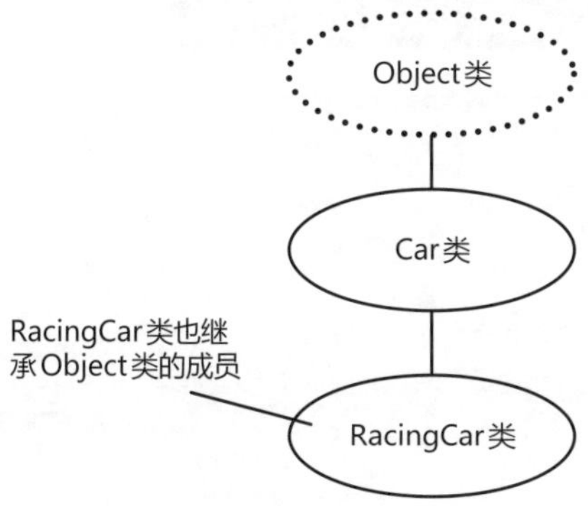

那么，Object 类是一种带有什么样成员的类呢？ Object 类的方法如表 11–1 所列。

表 11–1　Object 类的主要方法

方法名称	功　能
Boolean equals(Object obj)	查询对象与参数是否相同
Class getClass( )	返回对象的类
Sting toString( )	返回表示对象的字符串

不指定父类的类，自动成为 Object 类的子类。

定义 toString() 方法

首先来看一下 Object 类的 toString( ) 方法。这个方法是将一个对象表示为字符串，并返回结果，在进行对象的输出处理时，toString( ) 方法被调用。

```
System.out.println(car1);
```

输出 car1 时，toString( ) 方法被调用

不需要提前准备，使用以上代码时，从 Object 类继承的 toString( ) 方法会自动被调用。作为 toString( ) 方法的返回值，“Car@ 数值”字符串输出在屏幕中。

另外，toString( ) 方法比提前在自己设计的类中定义（方法重写）更方便，这是因为 toString( ) 方法可以返回比“Car@ 数值”更易懂的字符串。

我们来实际操作一下，请看下面的代码。

Sample7.java 重写 toString() 方法

```
//Car 类
class Car
{
    protected int num;
    protected double gas;

    public Car()
    {
        num = 0;
        gas = 0.0;
        System.out.println("创建了一辆车。");
    }
    public void setCar(int n, double g)
    {
        num = n;
        gas = g;
        System.out.println("车牌号设定为" + num + "，汽油量为"
            + gas + "。");
    }
    public String toString()                  定义 toString( ) 方法
    {
        String str = "车牌号是" + num + "，汽油量是" + gas;
        return str;                           将这个字符串作为返回值
    }
}

class Sample7
{
    public static void main(String[] args)
    {
        Car car1 = new Car();
        car1.setCar(1234, 20.5);

        System.out.println(car1);             使用 toString( ) 方法的返回值
    }
}
```

Sample7 的运行画面

```
创建了一辆车。
车牌号设定为 1234, 汽油量为 20.5。
车牌号是 1234, 汽油量是 20.5
```

输出定义的返回值

在以上代码中，定义 toString( ) 方法并使号码与汽油量的值作为返回值。试着输出指向对象的变数，可以看到返回值被输出。

像这样，重写 toString( ) 方法，可以决定表示对象的字符串，如图 11-11 所示。在需要频繁输出对象的情况下，提前重写是很方便的。

重写 Object 类的 toString( ) 方法，可以决定表示对象的字符串。

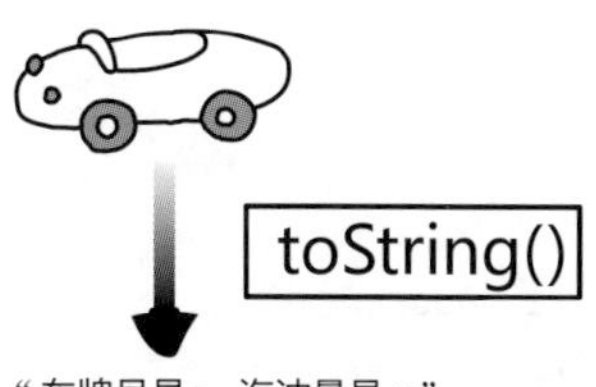

图 11-11　toString( ) 方法

Object 类的 toString( ) 方法决定了表示对象的字符串。

使用 equals() 方法

接下来，我们来使用一下 equals( ) 方法。这个方法是当 2 个变量指向的对象相同时，返回 true ；当 2 个变量指向不同的对象时，返回 false。

请看下面的代码。

Sample8.java　使用 equals() 方法

```
class Car
{
    protected int num;
```

```
    protected double gas;

    public Car()
    {
        num = 0;
        gas = 0.0;
        System.out.println("创建了一辆车。");
    }
}

class Sample8
{
    public static void main(String[] args)
    {
        Car car1 = new Car();
        Car car2 = new Car();

        Car car3;
        car3 = car1;

        boolean bl1 = car1.equals(car2);
        boolean bl2 = car1.equals(car3);

        System.out.println("查询了 car1 与 car2 是否相同，结果为" + bl1
            + "。");
        System.out.println("查询了 car1 与 car3 是否相同，结果为" + bl1
            + "。");
    }
}
```

car1 与 car2 指向不同对象

car1 与 car3 指向相同对象

Sample8 的运行画面

```
创建了一辆车。
创建了一辆车。
查询了 car1 与 car2 是否相同，结果为 false。
查询了 car1 与 car3 是否相同，结果为 true。
```

输出 equals( ) 方法的返回值

在这里，创建 2 个 Car 类的对象，使用变量 car1 与 car2。向变量 3 中带入 car1，使其与 car1 指向相同对象。

接着调用 equals( ) 方法，可以看到，传递的变量与 car1 指向相同对象时返回值为 true，不同时返回值为 false。equals( ) 方法在比较多个对象是否相同时，是非常方便的，如图 11-12 所示。

因为 Java 的所有类都继承了 Object 类，所以即使不叙述 equals( )，也可以调用这个方法。

可以使用 Object 类的 equals() 方法，来查询对象是否相同。

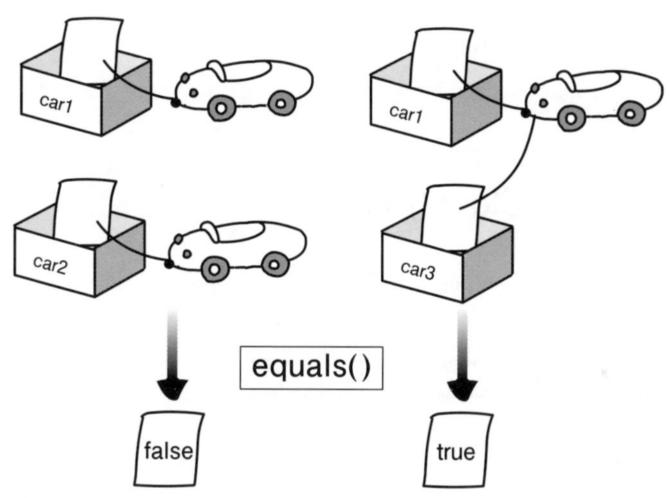

图 11-12　equals( ) 方法

Object 类的 equals( ) 方法，用于查询对象是否相同。

String 类的 equals() 方法

equals( ) 方法有时会被重新定义（方法重写）为与这个类相符合的内容。例如，在类库的 String 类中，equals( ) 方法并不是用于查询 2 个对象是否相同的，而是查询 2 个对象表示的字符串内容是否相同。如下图所示，即使 2 个对象是不同的东西，但表示的字符串内容相同时，也可以判断它们为“相同”。

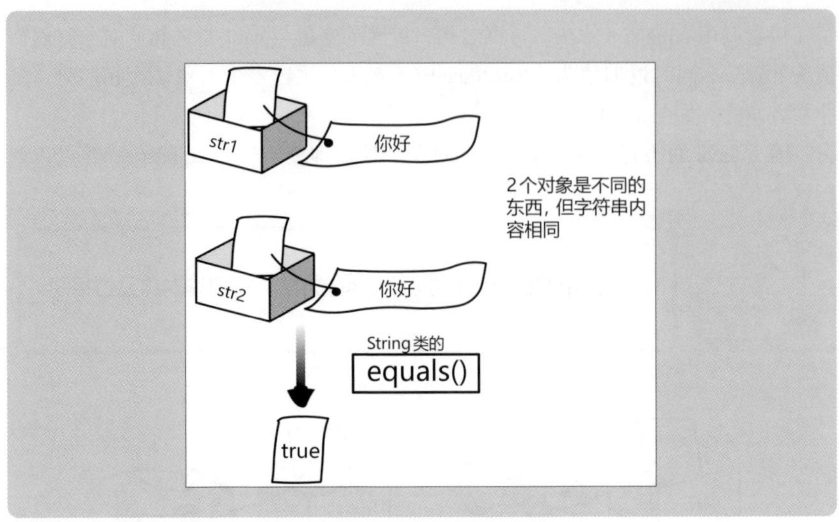

使用 getClass() 方法

最后，来使用一下 getClass( ) 方法。这个方法用于返回对象所属的类，请看下列代码。

Sample9.java 使用 getClass() 方法

```
//Car 类
class Car
{
    protected int num;
    protected double gas;

    public Car()
    {
        num = 0;
        gas = 0.0;
        System.out.println(" 创建了一辆车。");
    }
}
//RacingCar 类
class RacingCar extends Car
```

```
{
    private int course;

    public RacingCar()
    {
        course = 0;
        System.out.println(" 创建了赛车。");
    }
}
class Sample9
{
    public static void main(String[] args)
    {
        Car[] cars;
        cars = new Car[2];

        cars[0] = new Car();
        cars[1] = new RacingCar();

        for(int i=0; i<cars.length; i++){
            Class cl = cars[i].getClass();
            System.out.println(" 第 " + (i+1) + " 个对象的类是 "
                + cl + " 。");
        }
    }
}
```


Sample9 的运行画面

```
创建了一辆车。
创建了一辆车。
创建了赛车。
第 1 个对象的类是 class Car。
第 2 个对象的类是 class RacingCar。
```


getClass( ) 方法获取这个对象所属的类的相关信息，并将其汇总返回 Class 类对象，如图 11-13 所示。将这个结果带入 Class 型的变量 c1，然后输出。在想要获取对象的类的相关信息时，使用 getClass( ) 方法是非常方便的。

使用 Object 类的 getClass( ) 方法，可以获取对象类的相关信息。

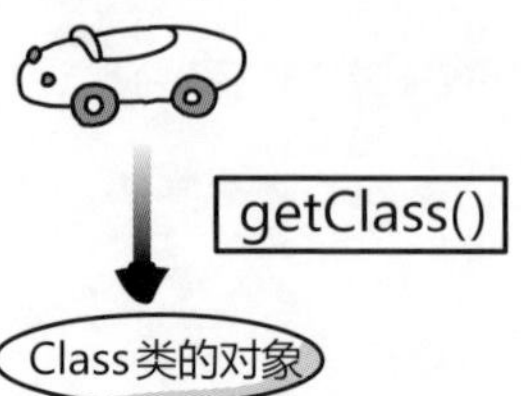

图 11-13 getClass( ) 方法

Object 类的 getClass( ) 方法可以获取对象所属类的信息，并将其作为 Class 类的对象返回。

11.5 本章小结

本章学习了以下内容：

- 可以从父类扩张出子类。
- 子类继承父类的成员。
- 可以从子类向父类的 protected 成员进行存取。
- 可以在子类定义与父类有相同方法名称，参数类型、数的方法，并进行方法重写。
- 不指定父类的类，自动成为 Object 类的子类。

本章学习了由已经存在的类来创建新类的方法。通过继承已经设计好的类，可以更高效地创建程序。这是因为可以在已有的代码上进行添加，形成新的代码。“继承”是类所具有的强大功能中的一种。

练习

1. 判断下列选项是否正确。

   ①可以由父类扩张出的类，数量是一定的。

   ②可以声明继承了 2 个以上父类的子类。

   ③在子类中，可以定义与父类名称相同的方法。

   ④可以用父类的变量来处理子类的对象。

2. 以下 3 个选项是对代码的说明，判断是否正确。

   ①类 A 对类 B 来说是父类。

   ②在类 B 中，需要定义名称为 c 的域。

   ③在类 B 中，不需要定义名称为 d 的方法。

```
class A extends B
{
    private int c;

    public void d()
    {
        ...
    }
}
```

3. 在下列代码的执行结果①～⑧中填入恰当的字母。

```
class A
{
    A()
    {
        System.out.println("A是参数为0的构造函数。");
    }
    A(int a)
    {
        System.out.println("A是参数为1的构造函数。");
    }
}
```

```
class B extends A
{
    B()
    {
        System.out.println("B 是参数为 0 的构造函数。");
    }
    B(int b)
    {
        super(b);
        System.out.println("B 是参数为 1 的构造函数。");
    }
}

class SampleP3
{
    public static void main(String[] args)
    {
        B b1 = new B();
        B b2 = new B(10);
    }
}
```

【①】是参数为【②】的构造函数。
【③】是参数为【④】的构造函数。
【⑤】是参数为【⑥】的构造函数。
【⑦】是参数为【⑧】的构造函数。

4. 在将 Car 类的对象用"车牌号●汽油量○的车"来表示的基础上，请写出能输出以下内容的代码。

```
创建了一辆车。
设定车牌号为 1234，汽油量为 20.5。
车牌号为 1234，汽油量为 20.5 的车。
```

第 12 章

接　口

本章中，将要学习一个特殊的类，它可以和许多类一起使用，来创建具有连惯性的程序。本章将学习“抽象类”和“接口”等新知识。

Check Point

- 抽象类
- instanceof 运算符
- 接口
- 多重继承
- 父接口
- 子接口

Lesson 12

12.1 抽象类

了解抽象类

本章将对之前有过一些了解的类进行进一步学习。请看下面的类。

```
abstract class Vehicle          加上了 abstract 的抽象类
{
    protected int speed;
    public void setSpeed(int s)
    {
        speed = s;
        System.out.println(" 速度设定为 " + speed + " 。");
    }
    abstract void show();        这个方法没有定义处理
}
```

这个类是集合了“交通工具（Vehicle）”的类。请注意，在类的开头部分加上了 abstract 这个关键字（修饰符），加上了这个关键字的类被称作抽象类 (abstract class)。

实际上，抽象类是不能创建对象的。也就是说，抽象类 Vehicle 是不能使用 new 运算符创建对象的类，如图 12-1 所示。

```
public static void main(String[] args)
{
    ...
    Vehicle vc;
    // vc = new Vehicle();          不能创建抽象类的对象
    ...
}
```

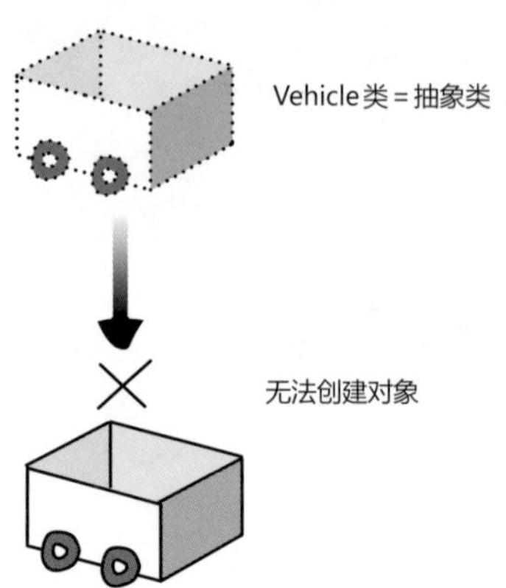

图 12-1 **抽象类**

无法创建抽象类的对象。

请再仔细看一下 Vehicle 类的声明，没有定义 Vehicle 类 show( ) 方法的内容。像这样，抽象类带有未定义处理内容的方法，这也是抽象类的一个特点。这样的方法也带有关键字 abstract，被称为抽象方法（abstract method）。

```
abstract class Vehicle
{
    ...
    abstract void show();   // 抽象类带有抽象方法
}
```

也就是说，通常情况下抽象类的声明如下。

抽象类的声明

```
abstract class 类名称
{
    域的声明；
    abstract 返回值的型 方法名称（参数列表）；
    ...
}
```

抽象类带有未定义处理内容的方法。抽象类无法创建抽象类的对象。

使用抽象类

那么抽象类为什么很重要呢？我们一步一步地来看。

首先，从抽象类 Vehicle 也可以扩张出子类，但是，如果想要让抽象类的子类可以创建对象，需要在子类中重新定义并重写从抽象类继承的抽象方法中的内容。

虽然抽象类无法创建对象，但是如果不在子类定义抽象方法的内容，那么在这个子类中也无法创建对象。

现在来看看使用了抽象类的代码。

Sample1.java　使用抽象类

```
// 车辆类别
abstract class Vehicle          ← 抽象类
{
    protected int speed;
    public void setSpeed(int s)
    {
        speed = s;
        System.out.println(" 速度设定为 " + speed + " 。");
    }
    abstract void show();       ← 抽象方法 show( )
}
//Car 类
class Car extends Vehicle       ← 扩张抽象类
{
    private int num;
    private double gas;

    public Car(int n, double g)
    {
        num = n;
        gas = g;
        System.out.println(" 创建了车牌号为 " + num + ", 汽油量为 "
            + gas+ " 的车。");
    }
    public void show()
```

```
    {
        System.out.println(" 车的车牌号是 " + num + " 。");
        System.out.println(" 汽油量是 " + gas + " 。");
        System.out.println(" 速度是 " + speed + " 。");
    }
}
//Plane 类
class Plane extends Vehicle
{
    private int flight;

    public Plane(int f)
    {
        flight = f;
        System.out.println(" 创建了航班号为 " + flight +
            " 的飞机。");
    }
    public void show()
    {
        System.out.println(" 飞机的航班号是 " + flight + " 。");
        System.out.println(" 速度是 " + speed + " 。");
    }
}

class Sample1
{
    public static void main(String[] args)
    {
        Vehicle[] vc;
        vc = new Vehicle[2];

        vc[0] = new Car(1234, 20.5);
        vc[0].setSpeed(60);

        vc[1] = new Plane(232);
        vc[1].setSpeed(500);

        for(int i=0; i<vc.length; i++){
```

定义 show( ) 方法的处理

扩张抽象类

定义 show( ) 方法的处理

准备抽象类的数组

第 1 个对象是 Car 类

第 2 个对象是 Plane 类

```
            vc[i].show();
        }
    }
}
```

调用 show( ) 方法

Sample1 的运行画面

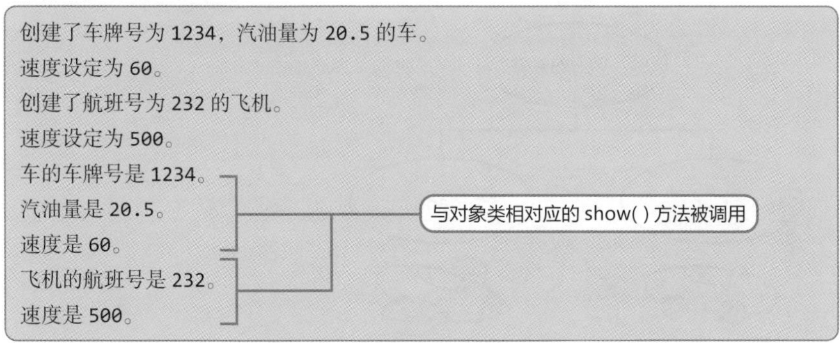

```
创建了车牌号为 1234，汽油量为 20.5 的车。
速度设定为 60。
创建了航班号为 232 的飞机。
速度设定为 500。
车的车牌号是 1234。
汽油量是 20.5。
速度是 60。
飞机的航班号是 232。
速度是 500。
```


从抽象类“交通工具（Vehicle）”扩张了“车（Car）”“飞机（Plane）”两个子类。两个子类各自定义了与该子类相对应的 show( ) 方法的处理内容，可以创建对象。

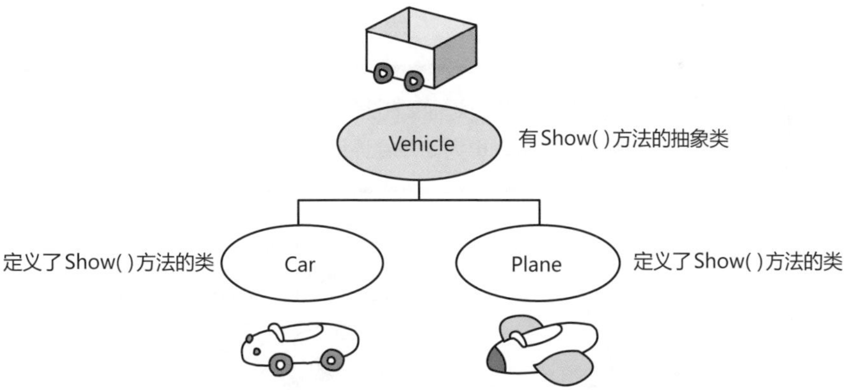

在 main( ) 方法中，准备了抽象类“交通工具（Vehicle）”的数组。虽然抽象类无法创建对象，但是可以准备这个类的变量或数组，使其指向子类的对象。

这里使用数组来调用车与飞机的 show( ) 方法。抽象类的方法一定会在子类中重写，所以与各个对象相对应的 show( ) 方法被调用。车作为车来发挥功能，飞机作为飞机来发挥功能。这个数组可以将车与飞机的对象集合起来操作。

之所以可以进行这样的操作，是因为由抽象类扩张出的子类，都带有抽象类

的抽象方法 [show( ) 方法] 及名称相同的方法，所以“车”与“飞机”都带有“交通工具”的功能。最开始也介绍过，抽象类的子类中一定有名为 show( ) 的方法，也定义了处理内容。

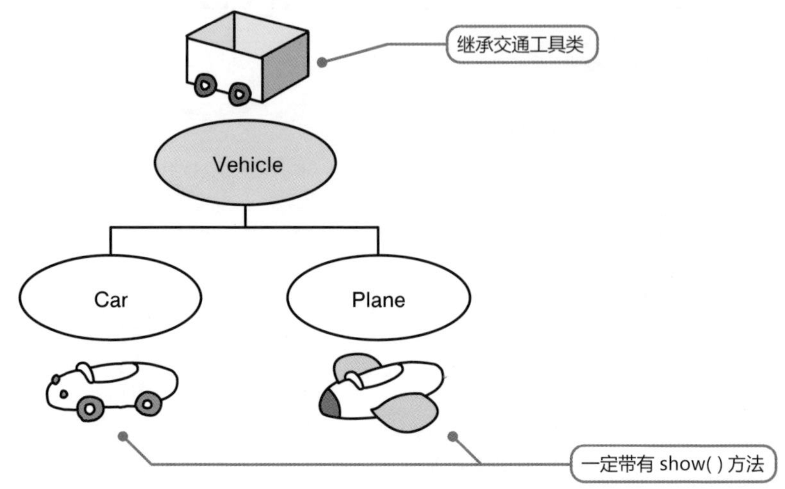

也就是说，使用抽象类，可以将子类汇集起来简单地处理。通过抽象类，可以更为简单易懂地叙述代码，如图 12-2 所示。

在抽象类的子类定义抽象方法的内容。
使用抽象类可以更为简单易懂地叙述代码。

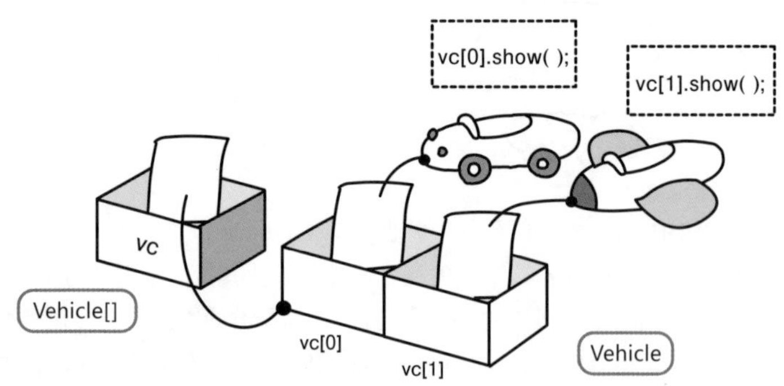

图 12-2 抽象类的使用方法

通过抽象类和抽象类的子类，可以更简洁地叙述代码。

instanceof 运算符

在使用了抽象类的代码中，有时候会遇到处理大量子类的情况。这时，如果能够灵活运用 instanceof 运算符（instanceof operator）就会非常方便，instanceof 运算符可以查询对象的类。下面来试着编写一下代码。前半部分各个类的声明使用与 Sample1 相同的代码。

Sample2　使用 instanceof 运算符

```
...
class Sample2
{
    public static void main(String[] args)
    {
        Vehicle[] vc;
        vc = new Vehicle[2];

        vc[0] = new Car(1234, 20.5);
        vc[1] = new Plane(232);

        for(int i=0; i<vc.length; i++){
            if(vc[i] instanceof Car)
                System.out.println("第" + (i+1)
                    + "个对象是Car 类。");
            else
                System.out.println("第" + (i+1)
                    + "个对象不是Car类。");
        }
    }
}
```

第 1 个对象是 Car 类

第 2 个对象是 Plane 类

查询对象是否为 Car 类

true 时进行处理

false 时进行处理

Sample2 的运行画面

```
创建了车牌号为 1234，汽油量为 20.5 的车。
创建了航班号为 232 的飞机。
第 1 个对象是 Car 类。
第 2 个对象不是 Car 类。
```

可以判断对象的类

使用 instanceof 运算符可以查询左边变量所指的对象类与右边的类是否相同，也就是说可以查询对象的种类，如图 12-3 所示。在需要只对特定类的对象进行特殊处理时，使用这个运算符是很方便的。例如，在同时处理车与飞机时，可以单独对车进行处理。

```
vc[i] instanceof Car
```

查询左边的变量是否指向右边类的对象

使用 instanceof 运算符，可以查询对象的类。

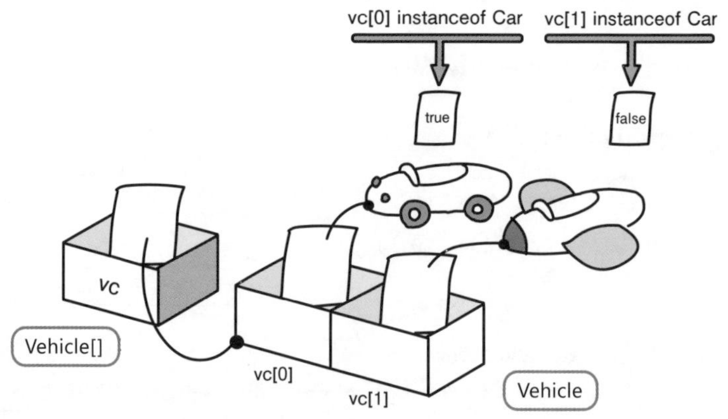

图 12-3 instanceof 运算符

使用 instanceof 运算符，可以查询到变量所指对象的类。

Lesson 12

12.2 接口

了解接口

在 Java 中也可以用接口（interface）来表示与抽象类相同的功能。接口指的是类似下面这样的叙述。

```
interface iVehicle        ← 接口的声明
{
    void show();          ← 带有抽象方法
}
```

以上被称为接口的声明（declaration）。在接口的声明中，使用 interface 来代替 class，但接口的声明与类的声明非常相似。

接口的声明

```
interface 接口名称
{
    型名称 域名称 = 式;        ← 一定要初始化域
    返回值的型 方法名称();     ← 不定义方法的处理
}
```

接口可以带有域和方法，但没有构造函数。

一般情况下，接口的成员不能加任何修饰符。但即使不添加任何修饰符，也和域上添加了 pubic static final、方法上添加了 abstract 修饰符是一样的。也就是说，接口的域是定量（第 11 章），方法是抽象方法（第 12 章）。接口中不能进行变更域、定义方法的处理内容等操作。

另外，虽然接口与类很相似，但接口无法创建对象。也就是说，不能使用 new 来创建对象。

```
public static void main(String[] args)
{
    ...
    iVehicle ivc;                      可以声明接口型的变量
    // ivc = new iVehicle();           无法创建对象
    ...
}
```

但是，可以声明接口型的变量、数组。在以上的代码中，变量 ivc 是 iVehicle 接口型的变量。

实装接口

接下来，来看一下接口的使用方法。接口一般和类组合使用，把这一组合称为实装（implementation）。

请看下列代码。

```
class Car implements iVehicle
{                                      实装了接口的 Car 类
    ...
}
```

在 Car 类中实装 iVehivle 接口时，如上所述，这样一来，Car 类就继承了 iVehicle 接口的域（定量）与方法名称。

接口的实装

```
class 类名称 implements 接口名称
{
    ...
}
```

如果想要创建 Car 类的对象，需要将接口的方法全部进行定义。

下面，来试着编写一下声明接口并进行实装的代码。

Sample3.java 实装接口

```
// 交通工具接口
interface iVehicle                     声明接口
{
```

```
    void show();                                    抽象方法
}
//Car 类
class Car implements iVehicle                       实装接口
{
    private int num;
    private double gas;

    public Car(int n, double g)
    {
        num = n;
        gas = g;
        System.out.println(" 创建了车牌号为 " + num + ", 汽油量为 " + gas
            + " 的车。");
    }
    public void show()                              定义了抽象方法的处理
    {
        System.out.println(" 车的车牌号是 " + num + " 。");
        System.out.println(" 汽油量是 " + gas + " 。");
    }
}
//Plane 类
class Plane implements iVehicle
{
    private int flight;

    public Plane(int f)
    {
        flight = f;
        System.out.println(" 创建了航班号为 " + flight + " 的飞机。");
    }
    public void show()
    {
        System.out.println(" 飞机的航班号是 " + flight + "。");
    }                                               定义了抽象方法的处理
}

class Sample3
{
    public static void main(String[] args)
    {
        iVehicle[] ivc;
        ivc = new iVehicle[2];                      准备接口的数组
```

```
        ivc[0] = new Car(1234, 20.5);   // 第 1 个对象是 Car 类

        ivc[1] = new Plane(232);   // 第 2 个对象是 Plane 类

        for(int i=0; i<ivc.length; i++){
            ivc[i].show();
        }
    }
}
```

Sample3 的运行画面

```
创建了车牌号为 1234，汽油量为 20.5 的车。
创建了航班号为 232 的飞机。
车的车牌号是 1234。
汽油量是 20.5。
飞机的航班号是 232。
```

接口型的数组可以指向这个接口所实装的子类的对象。

在这个数组处理对象，调用 show( ) 方法。看一看运行结果，可以发现每个对象的类中的 show( ) 方法都被调用了。使用接口与实装了接口的类，可以编写出更简单易懂的代码，如图 12-4 所示。

回忆一下 12.1 节的内容，根据抽象类，可以将子类的对象集合处理。接口也正好与抽象类有同样的功能，可以将子类集合处理。

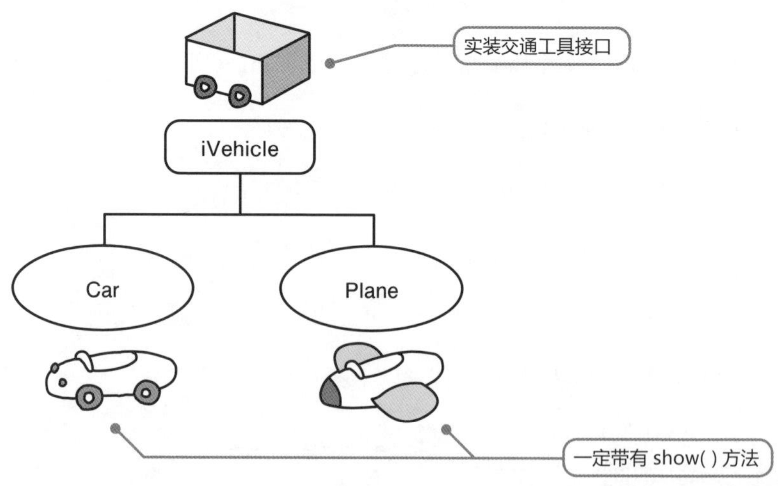

但是，接口的域全部为定量，方法全部为抽象方法。不能像 12.1 节中的抽象类（Vehicle）那样带有可以变更值的域 speed，也不能带有与定义了处理的 setSpeed( ) 方法类似的方法，请多加注意。

接口可以在类中实装。

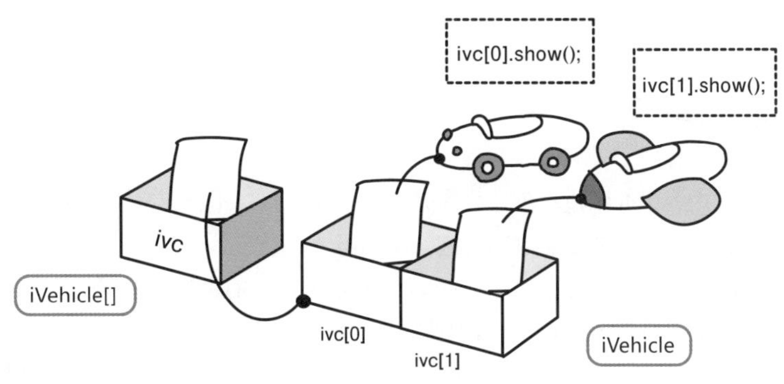

图 12-4 接口

使用接口以及实装了接口的类，可以编写出更简单易懂的代码。

面向对象的编程

正如前面介绍的，使用父类、抽象类、接口的变量，可以处理由这些类继承出的子类对象。例如，通过设计“交通工具”这样抽象的类，可以将继承了“交通工具”功能的“车”与“飞机”等具体的类的对象作为“交通工具”来集合处理。车与飞机是交通工具的一种，在现实中也可以将它们作为交通工具来分类。也就是说，这样的程序可以将处理对象与现实的“物体”相对应，更加简单易懂。

在 Java 中，通过面向对象的继承、多态等功能，可以进行与现实的“物体”相对应的编程。

12.3 类的阶层

多重继承

在之前的内容中介绍过，创建程序是将多个类与接口组合起来，而在本节中，对类与接口组合使用时的注意事项将进一步学习。

在创建程序时，有时会想要使用继承了 2 个类以上的子类，这样的继承就是多重继承（multiple inheritance）。这种情况下应该怎样组合类呢？

在第 11 章中介绍过，Java 中不能继承有 2 个以上父类的子类。例如，如下的子类是无法进行声明的。

```
//class Car extends Vehicle, Material
//{
// ...
//}
```

无法进行多重继承

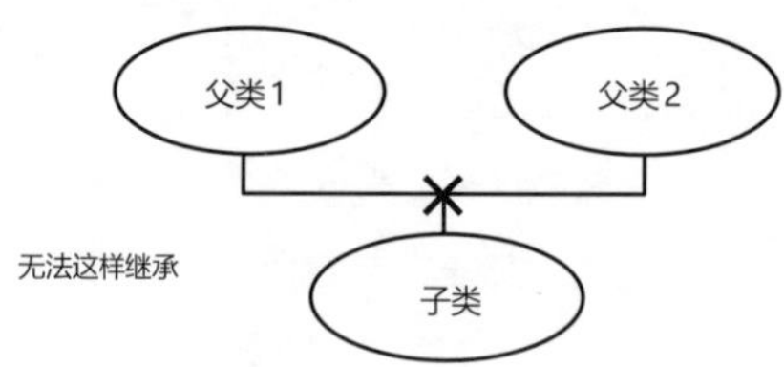

实际上，使用接口可以实现多重继承的一部分功能。

实装 2 个以上的接口

类可以实装 2 个以上的接口，请看下面的介绍。

实装2个以上的接口

```
class 类名称 implements 接口名称 11, 接口名称 2,...
{
    ...
}
```

可以实装 2 个以上的接口

接下来试着编写一下实装 2 个以上接口的代码。

Sample4.java　实装 2 个以上接口

```
// 车辆界面
interface iVehicle
{
    void vShow();
}
// 材料界面
interface iMaterial
{
    void mShow();
}
//Car 类
class Car implements iVehicle, iMaterial
{
    private int num;
    private double gas;

    public Car(int n, double g)
    {
        num = n;
        gas = g;
        System.out.println(" 创建了车牌号为 " + num + ", 汽油量为 " + gas
            + " 的车。");
    }
    public void vShow()
    {
        System.out.println(" 车牌号是 " + num + "。");
        System.out.println(" 汽油量是 " + gas + "。");
    }
```

iVehicle 的抽象方法

定义 iMaterial 的方法

可以实装 2 个以上的接口

定 义 iMaterial 的方法

```
    public void mShow()
    {
        System.out.println("车的材质是铁。");
    }
}

class Sample4
{
    public static void main(String[] args)
    {
        Car car1 = new Car(1234, 20.5);
        car1.vShow();
        car1.mShow();
    }
}
```

定义 iMaterial 的方法

Sample4 的运行画面

```
创建了车牌号为 1234，汽油量为 20.5 的车。
车牌号是 1234。
汽油量是 20.5。
车的材质是铁。
```

在 Car 类中，实装了 2 个接口。因此，Car 必须定义 2 个接口方法的处理内容。在 Java 中，虽然不认可类的多重继承，但是可以通过实装 2 个以上的接口来多重继承方法的名称，如图 12-5 所示。

可以声明实装了 2 个以上接口的类。

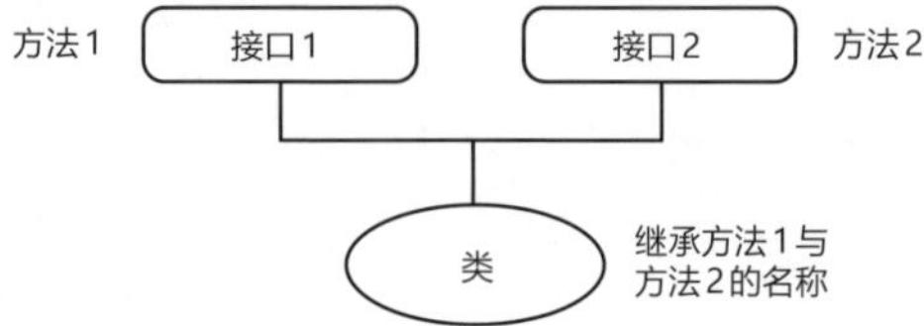

图 12-5 接口与多重继承

可以通过实装 2 个以上的接口来实现多重继承。

扩张接口

最后，来看一下接口的使用方法。

接口与类相同，可以扩张并声明新的接口。被扩张的一方称为父接口（superinterface），扩张出的一方称为子接口（subinterface）。在扩张接口时，需要使用下面这个 extends。

接口的扩张

```
interface 子接口名称 extends 父接口名称 1,
    父接口名称 2,...
{
    ...
}
```

可以扩张接口

例如，扩张 iMovable 接口，声明 iVehicle 接口时，如下所示。

```
// 运动对象界面
interface iMovable
{
    ...
}
// 车辆界面
interface iVehicle extends iMovable
{
    ...
}
//Car 类
class Car implements iVehicle
{
    ...
}
```

父接口

子接口

实装了子接口的类

可以扩张父接口，并声明子接口，如图 12-6 所示。

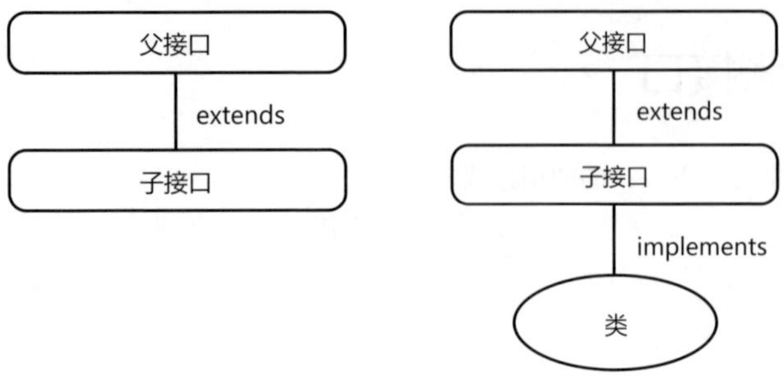

图 12-6 **接口的扩张**
可以扩张父接口，并声明子接口。

另外，在子接口的扩张中使用 extends，但在类中实装这些接口时，还是使用 implement。如果 iVehicle 是由 iMovable 接口扩张出的子接口，那么在实装 iVehicle 接口的 Car 类中，必须定义 iMovable 接口的方法。

设计类的阶层

本章中学习的抽象类及接口在创建大规模程序时是非常有用的。在之前的内容中也有介绍过，使用抽象类或接口，可以将多个类汇集起来处理。

例如，设计好“交通工具”接口，可以将“车”“飞机”等类的对象集合起来处理。通过创建处理“交通工具”接口的程序，可以处理“车”类和“飞机”类等。同样，添加“自行车”类，或者对类进行替换等操作也都变得容易了。通过对抽象类与接口组合的类进行阶层的设计，可以更简单地创建大规模的程序，如图 12-7 所示。

另外，在本节中也有介绍过，可以使接口带有多重继承的功能。在仅仅使用类无法设计阶层时，组合使用接口是非常方便的。

在创建大规模程序时，可以使用抽象类与接口。

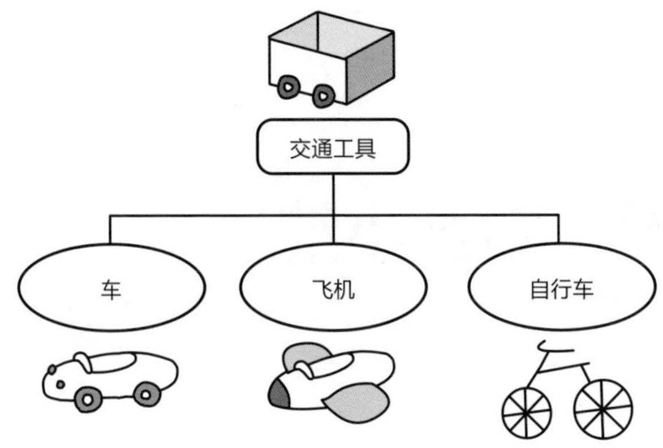

图 12-7　**设计类的阶层**

在创建大规模的程序时，设计类的阶层是很必要的。

本节介绍了组合使用类与接口的方法。在大规模的程序中，灵活运用类与接口的方法有很多种。通过掌握本书中介绍的类与接口的性质，可为今后的实际运用打好基础。

各种各样类的阶层

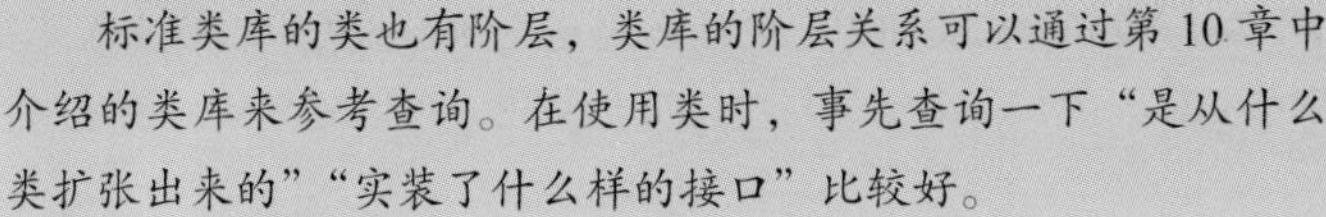

标准类库的类也有阶层，类库的阶层关系可以通过第 10 章中介绍的类库来参考查询。在使用类时，事先查询一下“是从什么类扩张出来的”“实装了什么样的接口”比较好。

12.4 本章小结

本章学习了以下内容：

- 可以声明抽象类。
- 抽象类带有未定义处理的抽象方法。
- 无法创建抽象类的对象。
- 可以声明接口，并在类中实装。
- 接口的域是定量。
- 接口的方法是无法定义处理的抽象方法。
- 可以扩张父接口并声明子接口。

本章中学习了类与接口的相关知识。灵活运用这些知识，可以根据多态来编写更简洁的代码。在 Java 中，将多个类与接口组合使用，可以更高效地创建大规模程序。

练习

1. 判断下列选项是否正确。

①无法声明抽象类的变量。

②无法创建抽象类的对象。

③可以声明接口型的变量。

④从父接口扩张子接口时，使用 implements 关键字。

2. 判断下列选项是否正确。

①类 A 是由类 B 扩张出的子类。

②类 A 实装了接口 C。

③接口 C 是将类 D 扩张后得到的子接口。

```
interface C extends D
{
    ...
}
...
class A extends B implements C
{
    ...
```

3. 想要创建下面类 B 的对象，请写出在【 】中应该填写的字母。

```
interface A
{
  void a();
}
class B implements A
{
    void【  】()
    {
        ...
    }
    void b()
    {
        ...
```

```
    }
}
```

4. 下面的代码有错误吗？如果有错误，请指出错误。

```
abstract class Vehicle
{
    protected int speed;
    public void setSpeed(int s)
    {
        speed = s;
        System.out.println("速度设定为" + speed + "。");
    }
    abstract void show();
}

class SampleP4
{
    public static void main(String[] args)
    {
        Vehicle vc;
        vc = new Vehicle();
        vc.setSpeed(500);
        vc.show();
    }
}
```

第 13 章

开发大规模的程序

在之前的章节中，创建了许多小的程序。但是，如果需要创建大规模程序，在代码中就需要使用很多的类。本章将学习开发大规模程序所需的知识。

Check Point

- 文件的分割
- 包
- 名称空间
- 子包
- 导入

13.1 文件的分割

分割文件

在开发较大规模程序时，往往是多人共同进行编程，有时也会使用已经创建好的类来开发更大的新程序。这种情况下如果使用之前的方法，在同个文件中叙述多个类，会带来很多不便。在涉及多个类时，需要很多人对多个文件进行操作。

这里，来学习“将类分割成多个文件来叙述”的方法。首先，创建下面 2 个源文件。

Car.java 分割文件

```
//Car 类
class Car
{
    private int num;
    private double gas;

    public Car()
    {
        num = 0;
        gas = 0.0;
        System.out.println(" 创建了一辆车。");
    }
    public void setCar(int n, double g)
    {
        num = n;
```

```
        gas = g;
        System.out.println(" 车牌号设定为 " + num + ", 汽油量为 "
            + gas+ "。");
    }
    public void show()
    {
        System.out.println(" 车牌号是 " + num + "。");
        System.out.println(" 汽油量是 " + num + "。");
    }
}
```

Sample1.java

```
class Sample1
{
    public static void main(String[] args)
    {
        Car car1 = new Car();
        car1.show();
    }
}
```

Sample1 与之前出现的 Car 类是几乎相同的东西，只是将之前在一个文件中叙述的两个类分割成两个文件。

Car.java → Car 类
Sample1.java → 带有 main() 方法的 Sample1 类

在编译以上两个文件时，按如下方式进行。

Sample1 的编译方法

```
javac Sample1.java ↵
```

可以用与之前同样的方法进行编译

这样一来，就创建出 Car.class 与 Sample1.class 两个文件。在运行程序时，把以上两个文件放在同一个文件夹中，输入下列内容。

Sample1 的运行方法

```
java Sample1 ↵
```

可以用与之前的方法运行

Sample1 的运行画面

```
创建了一辆车。
车牌号是 0。
汽油量是 0.0。
```

可以看到即使分割了文件，也可以用和之前完全相同的方法来运行。

像这样，将文件分割后，就可以将较大规模的程序分配给多个人来创建，如图 13-1 所示。在创建使用大量类的程序时，分割文件是非常必要的。

可以将多个类分割在不同的文件来编写。

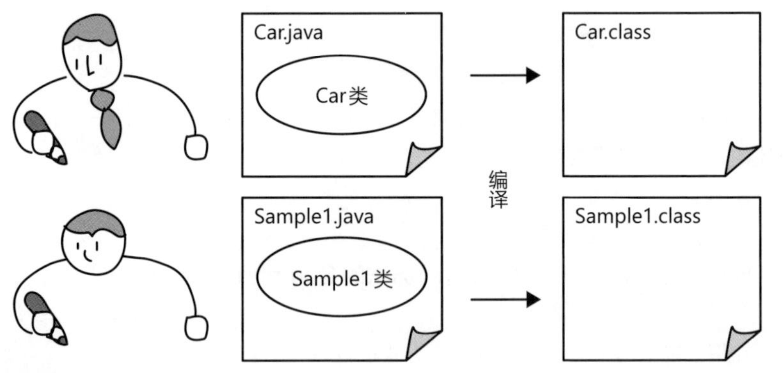

图 13-1 文件的分割

可以将多个类分割在不同的文件中。

13.2 包的基础知识

包

在较大规模的程序中，很多时候需要使用各种各样的由其他人设计的类。有时候不得不在程序中混合使用不同的人所创建的相同名称的类，这时，在 Java 中，可以使用包（package）来区分类的名称。

提前将类包含在包中，即使类的名称相同，也可以通过在类的名称前添加包的名称来进行区分。

首先，来学习一下将类包含在包中的方法。为了完成这一操作，在源文件的开头，先进行如下指定。

包

```
package 包名称
```

在源文件的类中包含包

试着实际操作一下，请输入下列的代码。

Sample2.java　包含在包中

```
package pa;
//Car 类
class Car
{
    private int num;
    private double gas;
    public Car()
    {
        num = 0;
```

包含在包中

这个类被包含在 pa 包中

```
        gas = 0.0;
        System.out.println("创建了一辆车。");
    }
    public void setCar(int n, double g)
    {
        num = n;
        gas = g;
        System.out.println("车牌号设定为 " + num + ", 汽油量为 "
            + gas+ "。");
    }
    public void show()
    {
        System.out.println("车牌号是 " + num + "。");
        System.out.println("汽油量是 " + gas + "。");
    }
}

class Sample2
{
    public static void main(String[] args)
    {
        Car car1 = new Car();
        car1.show();
    }
}
```

这个类被包含在 pa 包中

在编译这个程序时，请首先在正在进行操作的目录里创建与包名称相同的名称为 pa 的目录，然后 pa 目录（文件夹）中保存刚才输入过的 Sample2.java。

例如，我们正在“C 盘下 YJSample 目录中的 13 目录”中进行程序的创建，在这里把 13 目录称为“正在进行操作的目录”。这时，用如下方式在正在进行操作的目录 13 中创建 pa 目录，并保存 Sample2.java。

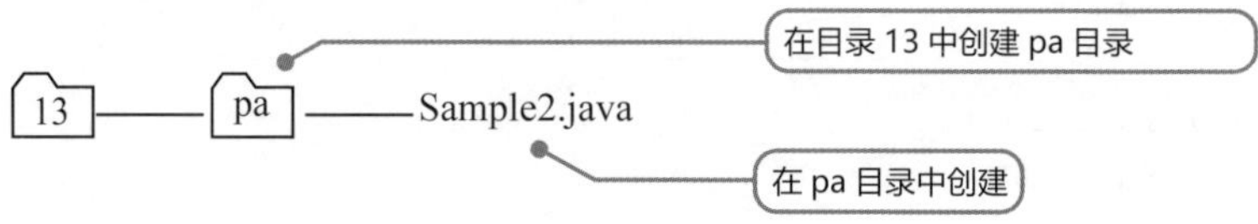

保存之后，在正在进行操作的目录中进行如下编译。

Sample2 的编译方法

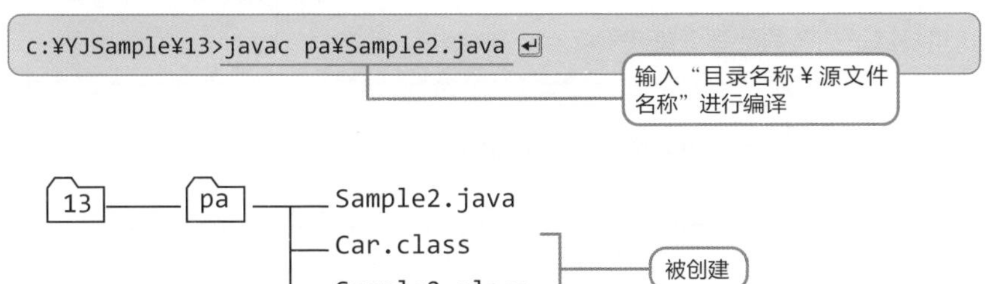

最后，在正在进行操作的目录中输入如下内容，可以运行程序。

Sample2 的运行方法

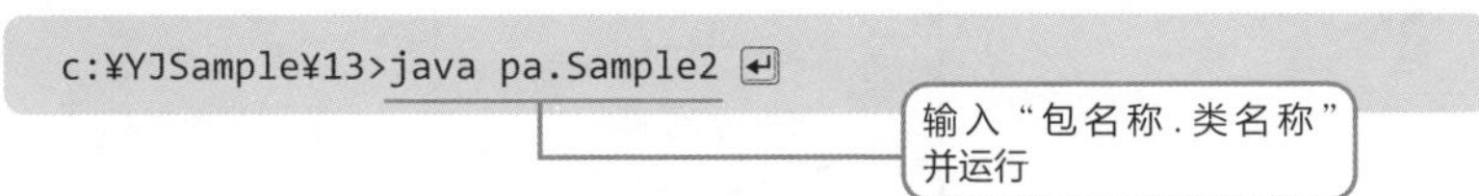

这比之前学习过的编译方法和运行方法稍微复杂一些，请多加注意。下面总结一下将类包含在包中的操作流程。

❶ 在正在进行操作的目录下创建与包名称相同的目录，并保存。

❷ 从正在进行操作的目录输入“javac 目录名称 ¥ 源文件名称”并进行编译。

❸ 从正在进行操作的目录输入“java 包名称 . 类名称”并运行。

使用相同包的类

接下来，请再看一下 Sample2 代码的开头部分。

```
package pa ;
```


这是在指定将文件中叙述的两个类包含在 pa 这个名称的包中，如图 13-2 所示。

想要包中包含类时，这样编写就可以了。

像这样包含在同一个包中的类，在使用时对包没有太多需要注意的地方。在这里只需记住包的处理方法。

可以将多个类包含在包中。

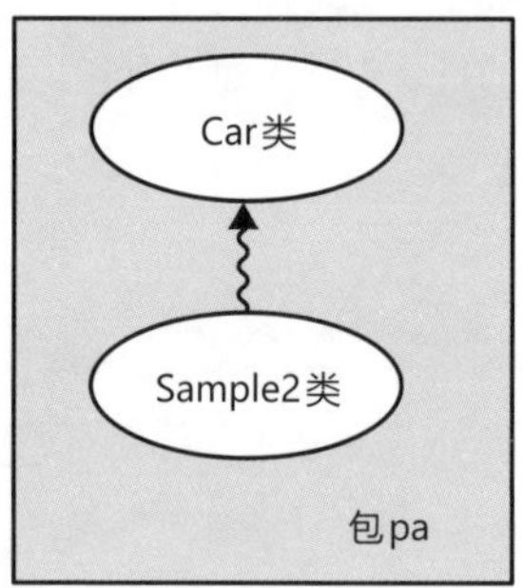

图 13-2 包
在同一个包中可以包含多个类。

如果不指定 package 会怎样？

在未指定 package 的源文件中定义的类，被包含在“没有名称的包”中。也就是说，之前章节中的类，全都包含在没有名称的同一个包中。

正如前面所说，同一个包中包含的类，对于包没有太多需要注意的地方。所以在这之前没有涉及包的相关内容。

13.3 包的使用

包含在同一个包内

接下来，进一步学习包的处理方法。下面试着将不同文件的类包含在相同包中。请编译以下两个文件。

Car.java　包含在同一个包中

```
package pa;        将 Car 类包含在 pa 包中
//Car 类
class Car
{
    private int num;
    private double gas;

    public Car()
    {
        num = 0;
        gas = 0.0;
        System.out.println(" 创建了一辆车。");
    }
    public void setCar(int n, double g)
    {
        num = n;
        gas = g;
        System.out.println(" 车牌号设定为 " + num + ", 汽油量为 "
            + gas+ " 。");
    }
```

```
    public void show()
    {
        System.out.println(" 车牌号是 " + num + "。");
        System.out.println(" 汽油量是 " + gas + "。");
    }
}
```

Sample3.java

```
package pa;  ← 将 Sample3 的类包含在 pa 包中

class Sample3
{
    public static void main(String[] args)
    {
        Car car1 = new Car();
        car1.show();
    }
}
```

这次的两个类是写在不同文件中的，现试着将这两个类包含在 pa 包中。请将两个文件保存在 pa 目录（文件夹）中，从正在进行操作的目录中编译、运行。

Sample3 的编译方法

```
c:¥YJSample¥13>javac pa¥Sample3.java ↵
```

Sample3 的运行方法

```
c:¥YJSample¥13>java pa.Sample3 ↵
```

Sample3 的运行画面

```
创建了一辆车。
车牌号是 0。
汽油量是 0.0。
```

正如上面的操作，即使写在不同文件中的类，也可以包含在同一个包中，如图 13-3 所示。同一个包中包含的类，对于包没有太多需要注意的地方。在这里，除了包的指定之外，还可以进行与之前的代码完全相同的叙述。

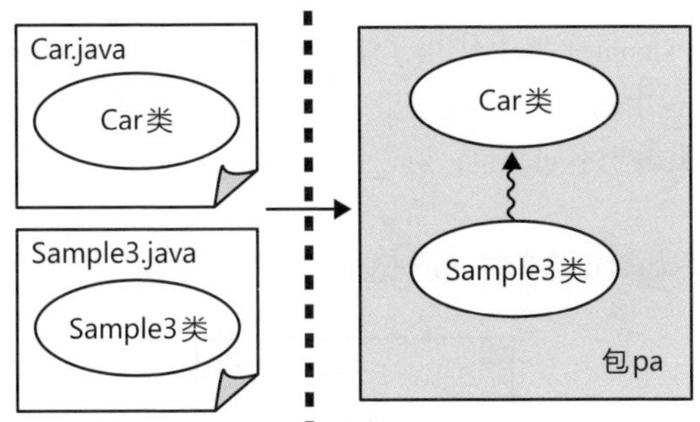

图 13-3 包含在同一个包中

可以将不同文件的类包含在同一个包中。

区分成不同的包

写在不同文件中的类，也可以包含在不同的包中。接下来，试着只将 Sample4 的类包含在 pb 包中。

Sample4.java　分成不同的包

```
package pb;

class Sample4
{
    public static void main(String[] args)
    {
        Car car1 = new Car();
        car1.show();
    }
}
```

Sample4 的类包含在 pb 包中

试验 Sample4 编译的方法

```
c:¥YJSample¥13>javac pb¥Sample4.java ↵
```

无法正确编译

以上操作试图把“Car类→包pa”包含在“Sample4类→包pb”中，但是这个代码并不能正确编译。这是为什么呢?

这是因为在Sample4类中使用了名称为Car的类。在Sample中只写Car，指的是“同一个包中的Car类”。这里想要从与Sample4类相同的包中查找Car类，但因为两个类属于不同的包，所以没有找到。因此，无法正确编译代码，如图13–4所示。

下面，来学习如何正确运行处理不同包的程序。

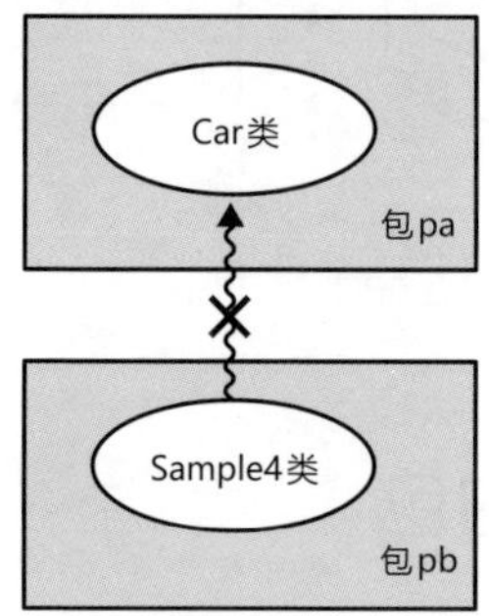

图13–4 包含在不同的包中

不同包的类，在不做任何处理的情况下不能使用。

不同的包

同一个源文件上的类，无法分割成不同的包。这是因为一个文件中，只能指定一个package语句。想要包含在不同包中的类，请分开来叙述。

使用不同包的类

在使用不同包的类时，需要进行如下两步操作。

❶ 在被使用的类前加上public。

❷ 在使用的类中，向被使用的类添加包的名称并指定。

下面来实际操作一下。将这两个代码使用上面的方法来进行编译。

Car.java　使用不用包的类

```
package pc;   ← 将 Car 类包含在 pc 包中
//Car 类
public class Car   ← ❶使 Car 类可以从其他包的类中可以使用
{
    private int num;
    private double gas;

    public Car()
    {
        num = 0;
        gas = 0.0;
        System.out.println("创建了一辆车。");
    }
    public void setCar(int n, double g)
    {
        num = n;
        gas = g;
        System.out.println("车牌号设定为" + num + ", 汽油量为"
            + gas+ "。");
    }
    public void show()
    {
        System.out.println("车牌号是" + num + "。");
        System.out.println("汽油量是" + gas + "。");
    }
}
```

Sample5.java

```
package pb;   ← 将 Sample5 类包含在 pb 包中

class Sample5
{
    public static void main(String[] args)
    {
```

```
        pc.Car car1 = new pc.Car();
        car1.show();
    }
}
```

❷添加包名称并叙述

Sample5 的运行方法

```
c:¥YJSample¥13>java pb.Sample5 ↵
```

现在是将 Car 类包含在 pc 包中，但是，请注意这个类的开头部分添加了 public 指定，这个操作是为了使这个类可以从其他的包使用（❶）。

在使用 Car 类的 Sample5 类中，添加 Car 类的包名称后如下叙述。

pc.Car

并不是只单单叙述 Car，而是指定了“pc 包中的 Car 类”。也就是说，在使用不同包的类时，需要进行“包含包名称来叙述类的名称”这个操作（❷）。在 Sample4 中，没有进行这样的操作，所以没有正确地运行程序。请记住这两步操作，如图 13–5 所示。

在类的开头部分添加 public，可以从不同的包中使用。

在使用不同包的类时，叙述为“包名称 . 类名称”。

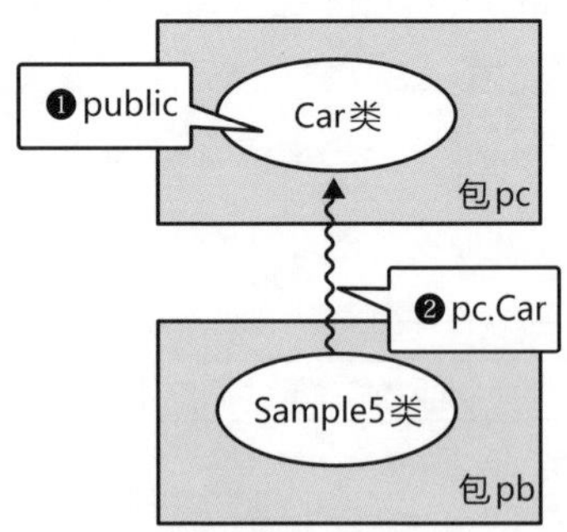

图 13–5 不同包的类

在使用不同包的类时，❶在被使用的类前指定 public，❷使用时叙述为“包名称 . 类名称”。

添加在类前的 public

我们之前学习过，在类的开头部分添加了 public 时，表示使该类可以从不同的包使用；省略 public 则表示该类只能从同一个包中使用。

另外，加上了 public 的类，在一个源文件中只能叙述一个。而且，这样的源文件名称，必须与加上了 public 的类的名称相同。

这里出现了很多次 public、protected、private 等修饰符，修饰符可以添加在类、成员等上。下面总结一下使用方法。

添加在类、接口上的修饰符	意 思
无指定	只能从同一个包中使用
public	从不同的包也可以使用
添加在成员、构造函数上的修饰符	**意 思**
private	使其能且只能在同一个类中存储
无指定	使其能且只能从同个包中存储
protected	使其能且只能从同个包的类或者其他包的子类中存储
public	使其可以从所有的类中储存（但是，类不是 public 的情况下，只能从同个包存储）

用包名称来区分类

Sample3 的 pa.Car 类与 Sample5 中的 pc.Car 类，虽然类名称完全相同，但却是完全不同的类。如果包名称不同，即使是同样的类名称，也指的是不同的类，如图 13–6 所示。

在创建处理大量类的大规模程序时，根据设计者不同，有可能会存在多个相同名称的类。这样的情况下，通过包的名称来区别类的名称是非常关键的。根据包来区分类后名称的集合被称为命名空间（namespace）。

图 13-6 **包名称与类**

相同名称的类，如果属于不同包，也是不同的类。所以即使是不同的开发者设计了相同名称的类，也不会有异常发生。

包的命名方式

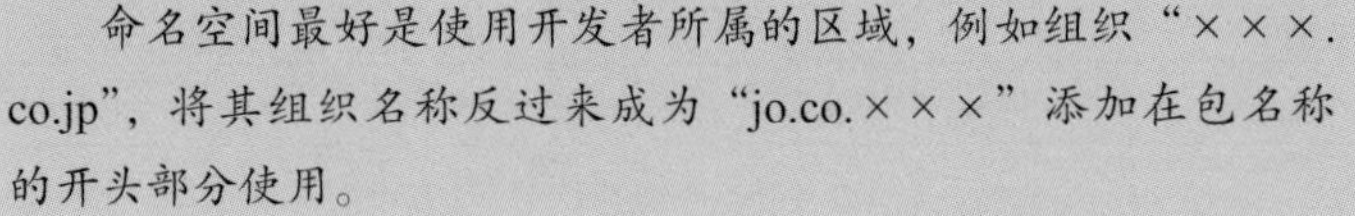

命名空间最好是使用开发者所属的区域，例如组织“×××.co.jp”，将其组织名称反过来成为“jo.co.×××”添加在包名称的开头部分使用。

Lesson 13

13.4 导入

了解导入的基础

在 13.3 节的内容中，学习了为了使用不同包的类，在类名称上添加包名称的操作方法。

```
pc.Car car1 = new pc.Car();
```

需要添加包名称来叙述

但是，在使用大量不同包的类时，如果是在所有的类上一个一个添加包名称，操作起来会非常麻烦。这时，可以在文件的开头进行导入（import）这一操作。

导入

```
import 包名称 . 类名称;
```

导入不同包的类

这样操作，代码中使用不同包的类时无须添加包名称，只需叙述类名称即可。

```
import pc.Car;
...
Car car1 = new Car();
```

无须添加包名称就可以叙述

下面来试着导入，并使用 13.3 节的 Sample5 中创建的 pc.Car 类。

Sample6.java　使用 import 语句

```
package pb;
import pc.Car;

class Sample6
```

导入

```
{
    public static void main(String[] args)
    {
        Car car1 = new Car();
        car1.show();
    }
}
```

可以在不添加包名称的情况下使用

在文件的开头部分导入了 pc.Car 类，这样一来，就可以在不指定包的情况下使用 pc.Car 类。代码变得很简单易懂，非常方便。

导入，无须添加包名称就可以使用类。

创建子包

关于包，还有更加方便的使用方法。

例如，在包中创建阶层，这可以将大量的类按功能来分类。在包的下一阶层创建的包被称为子包（subpackage）。

接下来试着创建子包。首先，在自己的计算机环境中，在 pa 目录（文件夹）下新建 sub 目录（文件夹），在 sub 目录中保存 Sample7.java。

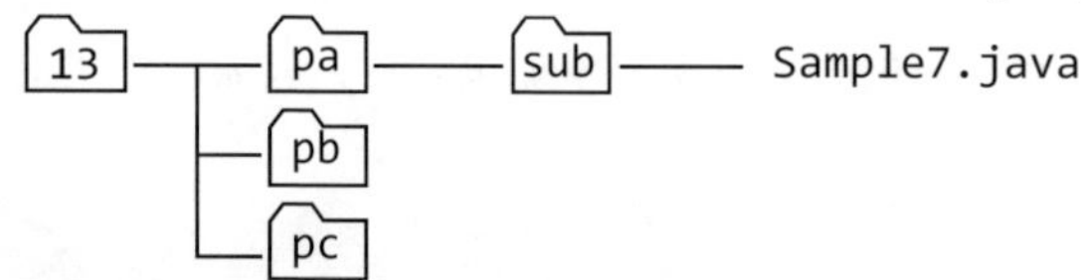

Sample7.java 创建子包

```
package pa.sub;
//Car 类
class Car
{
    private int num;
    private double gas;
```

包含在子包中

```
    public Car()
    {
        num = 0;
        gas = 0.0;
        System.out.println(" 创建了一辆车。");
    }
    public void setCar(int n, double g)
    {
        num = n;
        gas = g;
        System.out.println(" 车牌号设定为 " + num + ", 汽油量为 "
            + gas+ "。");
    }
    public void show()
    {
        System.out.println(" 车牌号是 " + num + "。");
        System.out.println(" 汽油量是 " + gas + "。");
    }
}

class Sample7
{
    public static void main(String[] args)
    {
        Car car1 = new Car();
        car1.show();
    }
}
```

Sample7 的编译方法

```
c:¥YJSample¥13>javac pa¥sub¥Sample7.java ↵
```

Sample7 的运行方法

```
c:¥YJSample¥13>java pa.sub.Sample7 ↵
```

包含子包并指定

可以看出，与之前出现过的包的使用方法几乎相同。但是，子包需要使用终止符（.）来隔开。

创建子包可以将功能相似的类分类为阶层化后的包，可以更简洁地创建程序。

但是，需要注意的是，包（pa）与子包（pa.sub）在代码上是作为完全不同的包来进行处理的，如图 13-7 所示。子包仅仅是为了将包进行简单易懂的分类来使用的。

可以将包进行阶层化处理。

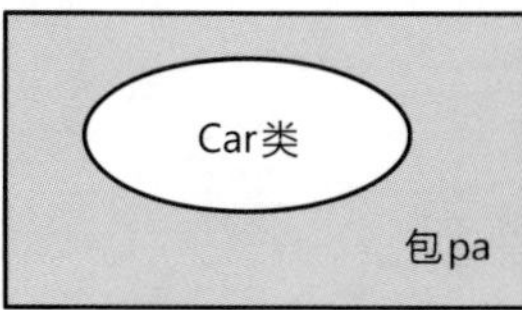

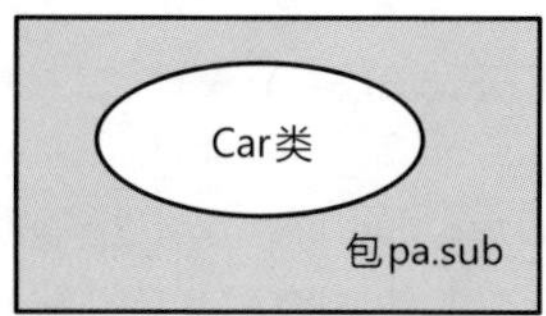

图 13-7 子包

在包之下可以创建子包，但是子包与包是作为完全不同的包来处理的。

类库的包

回忆一下第 10 章中介绍过的 Java 的类库。实际上，类库中的类也是由包分类后的类。类库的包如表 13-1 所列。

表 13-1 类库的包

包名称	包含在包中的类
java.lang	提供了 Java 中的基础类
java.io	提供了全面的 I/O 接口。包括文件读写、标准设备输出等
java.net	与网络相关联的类
java.util	与时用相关联的类
java.math	与数值的运算相关联的类
java.text	提供以与自然语言无关的方式来处理日期、数字和消息的类
java.awt	用于创建用户界面和绘制图形图像的所有分类
java.awt.event	提供处理由 AWT 组件所激发的各类事件的类
java.awt.Image	提供创建和修改图像的各种类

在类库中，如果想要无须指定包名称就可以使用类时，通常需要在文件的开头进行导入。例如，下面这样的使用方式。

```
import java.io.BufferedReader;
...
```

在文件的开头进行导入

但是，java.lang 是不需要进行导入的，只需要叙述类的名称就可以使用。因此，在使用 java.lang 包中所包含的 String 等类时，不需要进行导入，只需要类的名称就可以使用了。

导入多个类

在同一个包中导入多个类时，需要像下面这样逐个进行指定。

```
import java.io.BufferedReader;
import java.io.IOException;
...
```

但是，在同一个包中使用多个类的情况下，这样操作是比较麻烦的。但是，如果能将包内的多个类全部导入，就会变得比较方便。为此，只需要指定想要导入的包并在最后加上“*”（星号）即可。

```
import java.io.*
```

包 java.io 的类被全部导入

这样一来，指定的包中所有的类就都被导入了。

但是需要注意的是，这样的指定并不能将子包中的类也进行导入。如果想要将子包中的类也一同导入，则必须逐个编写 import 语句。

```
import java.awt.*;
import java.awt.image.*;
```

无法导入子包的类

需要单独导入子包

导入同一个包中的所有类时，使用“*”符号。

模块

到 Java 第 9 版之后，增加了一个模块（module）概念，来决定包的公开范围。

在使用模块时，创建名为 module-info.java 的文件，声明模块的名称。然后指定属于这个模块的包、公开范围和模块使用的其他模块名称。在编译或运行类时，编译并配置了 module-info.java。

另外，第 9 版之后的标准类库中的类，包含在 java.base 等模块中。一般情况下，标准库中的模块不需要指定模块名称就可以使用。但是在使用包含在其他模块中的类时，有时也需要指定必要的模块名称。

本书中没有指定模块的类，都包含在了没有名称的模块中。

13.5 本章小结

本章学习了如下内容：

- 可以将文件分割并编译。
- 将类包含在包时，使用 package。
- 想要使类可以从不同的包中使用时，指定 public。
- 在使用不同包中的类时，叙述为“包名称 . 类名称”。
- 不同包中的类可以用 import 语句来导入。
- 类库中的类，分类于包中。
- 想要导入同个包中的所有类时，使用 import 语句用“*”号指定要导入的包。

本章中学习了创建较大规模程序时所需要的必要知识。通过熟练掌握包的相关知识，可以创建更大规模的程序。

练习

1. 判断下列选项是否正确。

①不同源文件中的类，可以包含在同一个包中。

②同一个源文件中的类，可以包含在不同的包中。

③子类可以不与父类包含在同一个包中。

④ public 方法即使不是 public 类的成员，也可以从不同包的类中调用。

2. 判断下列选项是否正确。

① A 类包含在 d 包中。

② B 类包含在 c 包中。

③这个源文件名称必须为 B.java。

```
package d;
import c;
class A
{
    ...
}
public class B
{
    ...
}
```

3. 当下列包中包含了类时，请写出①～③语句中分别导入的类。

包	类
ppp	A、B
ppp.sss	C、D

① import ppp.A

② import ppp.*

③ import ppp.sss.*

4. 请指出下面 SampleP4.java 中的错误。

```
package p;

class Car
{
    private int num;
    private double gas;

    public Car()
    {
        num = 0;
        gas = 0.0;
        System.out.println("创建了一辆车。");
    }
    public void setCar(int n, double g)
    {
        num = n;
        gas = g;
        System.out.println("车牌号设定为" + num + ", 汽油量为"
            + gas+ "。");
    }
    public void show()
    {
        System.out.println("车牌号是" + num + "。");
        System.out.println("汽油量是" + gas + "。");
    }
}

public class SampleP4
{
    public static void main(String[] args)
    {
        pc.Car car1 = new pc.Car();
        car1.show();
    }
}
```

第 14 章

异常与输入 / 输出处理

在运行程序时，有时会出现各种各样的错误。Java 中为了应对程序运行时的错误，准备了“异常处理”功能。本章将对异常处理进行学习。另外，也会学到读写数据时的“输入 / 输出处理”。

Check Point

- 异常
- 异常处理
- 异常的输出
- 输入 / 输出处理
- 流
- 命令行参数

14.1 异常的基础知识

异常

在运行程序时，有时会出现各种各样的错误，如下面这些状况。

- 运行了处理文件的程序，但是找不到指定的文件。
- 运行了将用户输入的字符串更改为整数的程序，但是用户输入了整数以外的数值。
- 运行了处理数组的程序，但是代入值越过了数组元素的数值。

这些都是在编译代码时无法发现的错误，直到运行程序才会发现。

在 Java 中，为了恰当处理这些运行时发生的错误，准备了异常（exception）功能。本章中就来学习异常的相关知识。

首先来看看什么是异常。请输入以下代码。

Sample1.java　代入超过数组要素的值

```
class Sample1
{
  public static void main(String[] args)
  {
     int[] test;
     test = new int[5];
     System.out.println(" 将数值代入 test[10] 。");

     test[10] = 80;
```

因为超过了数组要素的数值，所以发生了异常

```
        System.out.println("在 test[10] 中代入了 80。");
        System.out.println("顺利完成了。");
    }
}
```

这个处理无法进行

Sample1 的运行画面

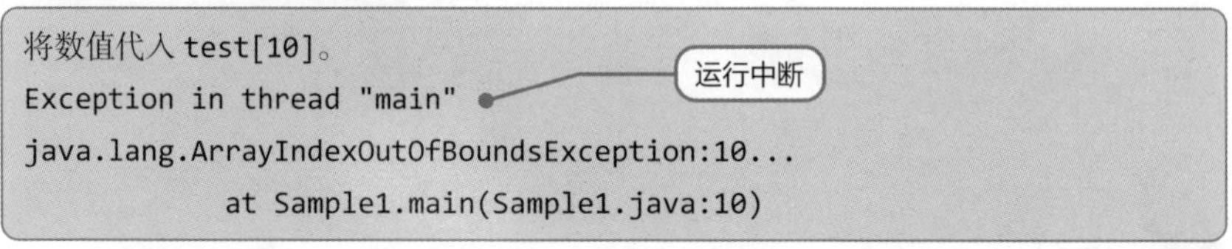

试着运行程序会出现错误，程序的运行中断。这是因为数组的角标（test[10]）超过了元素的数值，导致了错误的发生。不运行程序，是无法发现这个错误的。

Java 中把发生这样的错误称为发生了 ArrayIndexOutOfBoundsException 种类的异常，将“发生了异常”称为“抛出异常（throw）”，如图 14-1 所示。

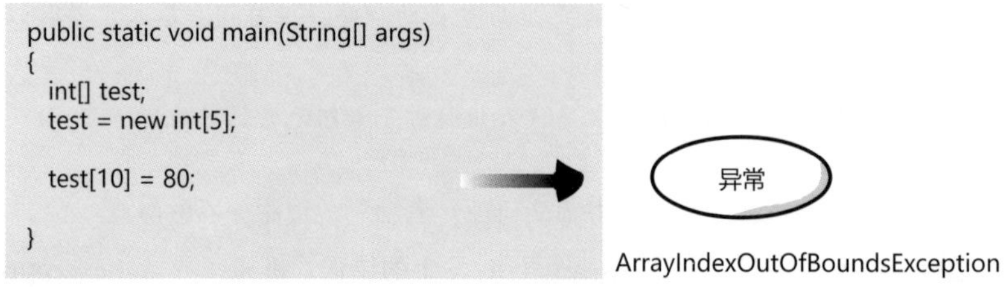

图 14-1 异常

运行程序时发生的错误等。

处理异常

在 Sample1 中，并没有对异常进行什么处理，但是，可以通过编写对这个异常进行适当处理的代码来创建应对错误能力更强的程序。我们把它称为异常处理（exception handing）。

接下来试着将 Sample1 改写，进行异常处理。

Sample2.java 处理异常

```
class Sample2
{
    public static void main(String[] args)
    {
        try{
            int[] test;
            test = new int[5];

            System.out.println("将数值代入 test[10]。");

            test[10] = 80;
            System.out.println("将 80 代入 test[10]。");
        }
        catch(ArrayIndexOutOfBoundsException e){

            System.out.println("超过了数组的元素。");
        }
        System.out.println("顺利完成了。");
    }
}
```

指定查询异常发生的部分

超过数组元素的异常发生时

进行这个块的处理

Sample2 的运行画面

```
将数值代入 test[10]。
超过了数组的元素。
顺利完成了。
```

进行 catch 块的处理

这里用到了 try、catch 两个块，这些块都是异常处理的基本方式。请看下面的处理方式。

异常处理

```
try{
    查询异常发生的语句
    ...
}
```

```
catch( 异常的类、变量名称 ){
    异常发生时进行处理的语句
    ...
}
```

加上这两个块之后，异常会按照如下顺序被处理。

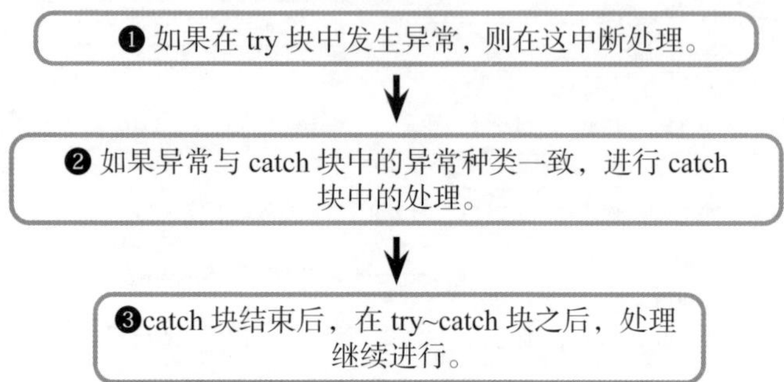

异常处理的流程如图 14-2 所示。

异常与 catch 块中的异常种类一致，从而进行 catch 块的处理，这被称为 catch 捕获异常（catch）。

进行异常处理，程序就不会像 Sample1 一样中断了。首先捕获异常，catch 输出“超过了数组的元素”这一异常信息，然后程序就能顺利地运行到最后。以上就是应对错误的程序的大概过程。

```
public static void main(String[] args)
{
    try{

      int[] test;
      test = new int[5];

      test[10] = 80;        ── 异常 ──┐
                                      │
                                      │
    }                                 │
    catch(ArrayIndexOutOfBoundsException e){
    ...                     ◄─────────┘
    }
}
```

图 14-2 **异常处理**

try 块发生的异常，也可以由 catch 块来抓取并处理。

try 块发生的异常，也可以由 catch 块来抓取并处理。

catch 块

如果没有发现与 try 块中发生的异常所对应的 catch 块，就会返回到调用处理的方法中寻找 catch 块。

在这里，main( ) 方法中发生了异常，所以无法返回。因此，如果 Sample2 中没有 catch 块，程序的运行将会中止。

添加 finally 块

掌握了上面的内容之后，再来学习 finally 块的用法。添加了这个块的异常处理如下。

finally 块

```
try{
    查询异常发生的语句
    ...
}
catch（异常的类 变量名称）{
    异常发生时用于处理的语句
    ...
}
finally{
    必须放在最后处理的语句
    ...
}
```

请看下面的代码。

Sample3.java 添加 finally 块

```
class Sample3
{
    public static void main(String[] args)
    {
        try{
            int[] test;
            test = new int[5];

            System.out.println("将数值代入 test[10]。");

            test[10] = 80;
            System.out.println("将 80 代入 test[10]。");
        }
        catch(ArrayIndexOutOfBoundsException e){

            System.out.println("超过了数组的元素。");

        }
        finally{
            System.out.println("最后一定会进行这个处理。");
        }
        System.out.println("顺利完成了。");
    }
}
```

与异常是否发生无关，放在最后处理

Sample3 的运行画面

```
将数值代入 test[10]。
超过了数组的元素。
最后一定会进行这个处理。
顺利完成了。
```

finally 块被处理

无论异常是否发生，finally 块都是这个方法内最后一个进行处理的块，如图 14-3 所示。就算是方法内没有一致的 catch 块，finally 块也会在最后处理。try、catch、finally 是异常处理的基础。

```
public static void main(String[] args)
{
  try{

    test[10] = 80;

  }
  catch(ArrayIndexOutOfBoundsException e){
    . . .
  }
  finally{
    . . .
  }
}
```


图 14-3　finally 块

在 finally 块中，无论是否发生异常，都最后进行处理。

必须在最后进行的处理，在 finally 块中编写。

finally 块

在讲解 catch 块的内容时也讲过，在异常处理中，如果在发生了异常的方法中没有找到 catch 块，则返回调用方的方法并查找 catch 块。

因此，无论是否发生异常，如果在这个方法中有一定想要进行的重要处理，则必须写在 finally 块中。否则，在程序运行过程中发生异常时，有可能会跳过这个重要的处理。

文件的写入、断开网络链接等处理，通常都被认为是很重要的处理。

14.2 异常与类

了解异常与类的基础知识

本节进一步学习“异常”的详细知识。

实际上，本章中出现的“异常”指的是类库（java.lang 包）中的 Throwable 类的子类对象。例如，之前出现过的异常是由 Throwable 类的子类扩张出的 ArrayIndexOutOfBoundsException 类对象。catch 块叙述了在“( )”内接受了这个类对象并处理时的变量。

指定异常的类

```
catch(ArrayIndexOutOfBoundsException e){
    System.out.println("超过了数组元素。");
}
```

接受异常对象的变量

接受异常的对象后，在 catch 块内，变量 e 表示这个异常对象。另外，可以接受的异常对象必须是由 Throwable 类扩张出的子类，如图 14-4 所示，这一点请多加注意。

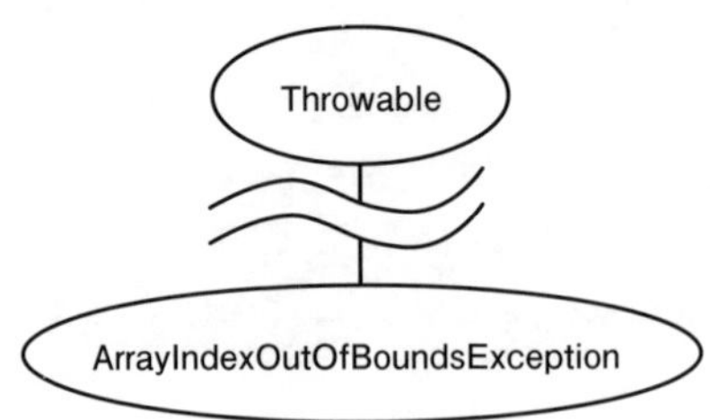

图 14-4 异常与类

catch 块中，接受 Throwable 类子类对象（异常）。

输出异常的信息

使用接受了异常的变量，可以在 catch 中输出异常的相关信息。请看下列代码。

Sample4.java　输出异常的信息

```
class Sample4
{
    public static void main(String[] args)
    {
        try{

            int[] test;
            test = new int[5];

            System.out.println("将数值代入 test[10]。");

            test[10] = 80;
            System.out.println("将 80 代入 test[10]。");
        }
        catch(ArrayIndexOutOfBoundsException e){

            System.out.println("超出了数组元素。");
            System.out.println("发生了 " + e + "异常。");
        }
        System.out.println("顺利完成了。");
    }
}
```

接受异常

输出异常的种类

Sample4 的运行画面

```
将数值代入 test[10]。
超出了数组元素。
发生了 java.lang.ArrayIndexOutOfBoundsException 异常。
顺利完成了。
```

知道异常的种类

在 catch 块中，输出了指示异常的变量。可以看到，接受异常的种类被输出，如图 14-5 所示。使用这个方法方便输出异常的种类。

```
public static void main(String[] args)
{
  try{

     test[10] = 80;

  }
  catch(ArrayIndexOutOfBoundsException e){

     System.out.println(e + · · · );
  }
}
```

异常

图 14-5 异常信息的输出

在 catch 块中，可以输出接受了异常的相关信息。

异常的种类

异常有很多种类，作为异常类基础的 Throwable 类以及 Throwable 类的子类如下所示。

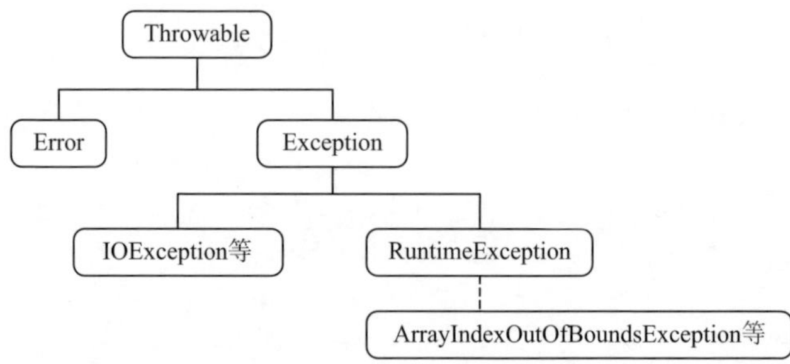

从 Throwable 类扩张出了 Error 类与 Exception 类。Error 类表示程序无法继续运行的错误，一般不进行异常处理；运行异常处理的是 Exception 类。由 Exception 类又扩张出了 RuntimeException 类。例如，超过数组的元素时输出的 ArrayIndexOutOfBoundsException 是由 RuntimeException 类的子类扩张得来的。另外，在从键盘输入时产生的异常 IOException，是 Exception 类的子类。像这样，类库中有各种各样与异常相关的类。

各种各样的异常类

本节只对超过数组元素的数而产生的异常进行了处理。由于可以编写多个 catch 块，因此可以根据异常类的种类来进行处理。

处理超过数组元素的数时产生的错误

```
}
catch(ArrayIndexOutofBoundsException ae){
...
}
catch(IOException ie){
...
}
```

处理输入 / 输出错误

另外，使用父类的变量，可以接受并处理这个父类的子类的所有异常。

```
}
catch(Exception e){
...
}
```

处理数组或输入 / 输出的错误

14.3 抛出异常

声明异常类

前面学习了接受异常并进行处理时代码的编写，实际上，也可以创建引发异常的代码。在自己设计的类中，可以加入抛出异常这一功能。

在别人使用自己设计的类时，抛出异常这个功能是非常方便的。通过增加抛出异常这个功能，可以请类的使用者描述对异常的处理。

首先来看看创建异常的方法。如果能够创建异常类，就可以准备引发各种各样的异常了。

在创建异常类时，需要将 Throwable 类的子类扩张并声明异常类。例如，由 Exception 类（Throwable 类的子类）创建名为 CarException 类的异常类，如图 14-6 所示。

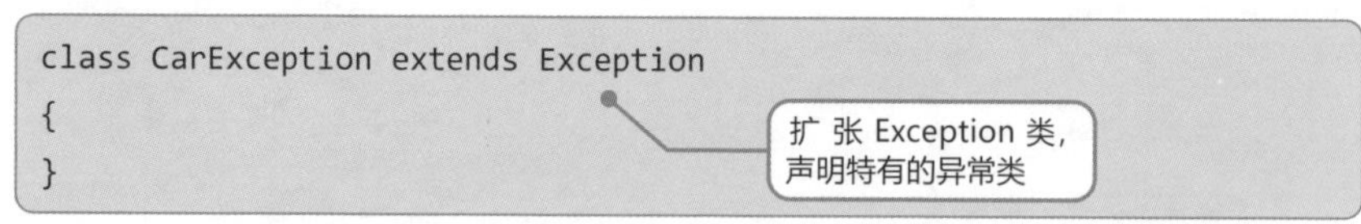

```
class CarException extends Exception
{
}
```


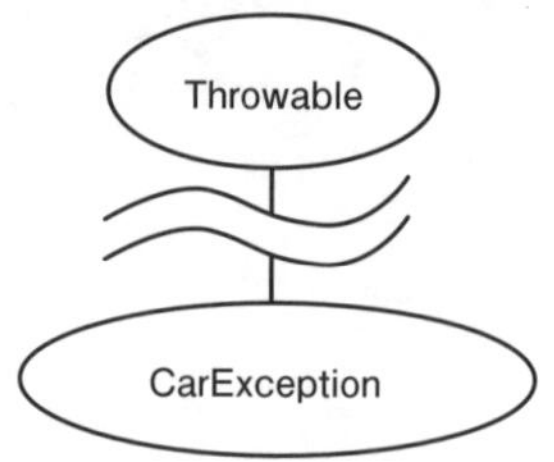

图 14-6 特有的异常类

可以扩张 Throwable 类的子类来声明特有的异常类。

可以将这样的 CarException 类作为异常。

抛出异常

创建好异常类之后，接下来学习抛出异常的方法。抛出异常时，使用throw语句。请看下面的代码。

```
public void setCar (int n, double g) throws CarException
{
    if(g < 0){
        CarException e = new CarException();
        throw e;
    }
}
```


这个方法中，参数 g 小于 0 时，抛出 CarException 对象、抛出异常。throw 语句使用方法如下。

抛出异常

```
throw 指向异常对象的变量 ;
```

请注意方法名称的后面，加上了 throws 这个关键字。

```
public void setCar(int n, double g) throws CarException
```


这指的是有时 setCar( ) 方法会抛出 CarException 类的异常。

抛出异常的方法

```
返回值的类型 方法名称（参数列表）throws 异常类
```

下面来看一下代码。

Sample5.java　抛出异常

```
class CarException extends Exception
{
}
```

```
//Car 类
class Car
{
    private int num;
    private double gas;

    public Car()
    {
        num = 0;
        gas = 0.0;
        System.out.println("创建了一辆车。");
    }
    public void setCar (int n, double g) throws CarException
    {
        if(g < 0){
            CarException e = new CarException();
            throw e;
        }
        else{
        num = n;
        gas = g;
        System.out.println("车牌号设定为" + num + ", 汽油量为"
            + gas + "。");
        }
    }
    public void show()
    {
        System.out.println("车牌号是" + num + "。");
        System.out.println("汽油量是" + gas + "。");
    }
}

class Sample5
{
    public static void main(String[] args)
    {

        Car car1 = new Car();
```

声明为有可能抛出异常的方法

在特定情况下抛出异常

```
        try{
            car1.setCar(1234, -10.0);
        }
        catch(CarException e){
            System.out.println(" 抛出 " + e + "。");
        }
        car1.show();
    }
}
```

这个调用抛出异常

Sample5 的运行画面

```
创建了一辆车。
抛出 CarException。
车牌号是 0。
汽油量是 0.0。
```

进行了异常处理

Car 类的使用者在调用 setCar( ) 的方法中，描述了对异常的处理。这里，在调用了 setCar 的 main( ) 方法中进行异常处理。

异常用 throws 语句抛出。

假设没有接受异常

在使用 Car 类时，也可以选择不进行异常处理。将 Sample5 的后半部分进行如下改写并运行程序。

```
...
class Sample5
{
    public static void main(String[] args)
        throws CarException
    {

        Car car1 = new Car();
```

也可以不处理 CarException 类的异常

```
        car1.setCar(1234, -10.0);
        car1.show();
    }
}
```

但是，如果这时异常被抛出

更改后 Sample5 的运行画面

```
创建了一辆车。
Exception in thread "main" CarException
        at Car.setCar(Sample5.java:20)
        at Sample6=5.main(Sample5.java:42)
```

程序在运行途中结束

在异常有可能被抛出时，可以选择以下两种处理方式。

❶ 使用 try~catch，在这个方法中接受异常并处理。

❷ 添加 throws，表示将这个异常处理交给使用这个方法的调用方的方法。

在 Sample5 中，一开始选择了 ❶ 的处理方式，改写后选择了 ❷ 的处理方式。

在选择 ❶ 的情况下，由这个方法来接受并处理异常，所以不需要再进行其他的描述。在选择 ❷ 的情况下，通过向方法添加 throws 来表示，将没有接受的异常处理交给使用这个方法的调用方的方法。但如果遇到了像 Sample5 一样，main( ) 方法没有调用方的方法的情况，程序的运行将结束。

有可能抛出异常的方法原则上按以下两种方式中的一种来叙述。

❶ 在这个方法中处理异常。

❷ 用 throws 来指明将异常处理交给其他方法。

无须进行异常处理的类

上面介绍了在抛出异常时，选择 ❶ 或 ❷ 的其中一种来叙述代码。但是，当异常是 Error 类的子类，或是 RuntimeException 类的子类时，不需要在 ❶ 或 ❷ 中进行选择。也就是说，即使不能按 ❶ 来进行异常处理，也可以不按照 ❷ 来进行异常处理。

这是因为，Error 表示的是致命的错误，不需要进行异常处理。另外，在 RuntimeException 类中出现的超过数组元素的数等错误，有时不一定是必须要进行异常处理的错误。

在使用有可能抛出异常的方法时，需要选择 ❶ 或 ❷ 来进行处理，如图 14-7 所示。

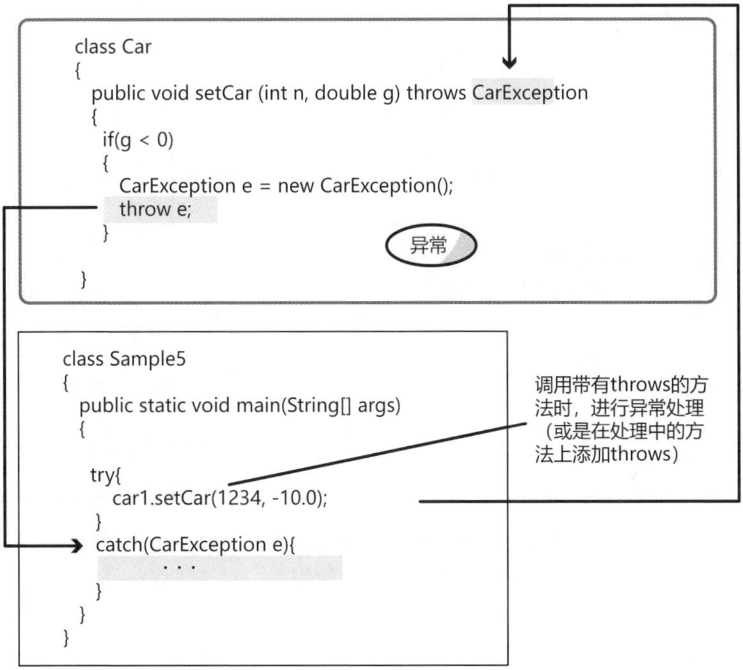

```
class Car
{
  public void setCar (int n, double g) throws CarException
  {
   if(g < 0)
   {
     CarException e = new CarException();
     throw e;
   }

 }
```

异常

```
class Sample5
{
  public static void main(String[] args)
  {

   try{
     car1.setCar(1234, -10.0);
   }
   catch(CarException e){
          . . .
   }
  }
}
```

调用带有throws的方法时，进行异常处理（或是在处理中的方法上添加throws）

图 14-7　**异常的抛出**

除了接受并处理异常之外，也可以选择将异常交给其他的方法去处理。

使用的方法是否有可能抛出异常，可以通过添加类方法上的 throws 来了解。在使用添加了 throws 的方法时，必须在 ❶ 和 ❷ 中进行选择。

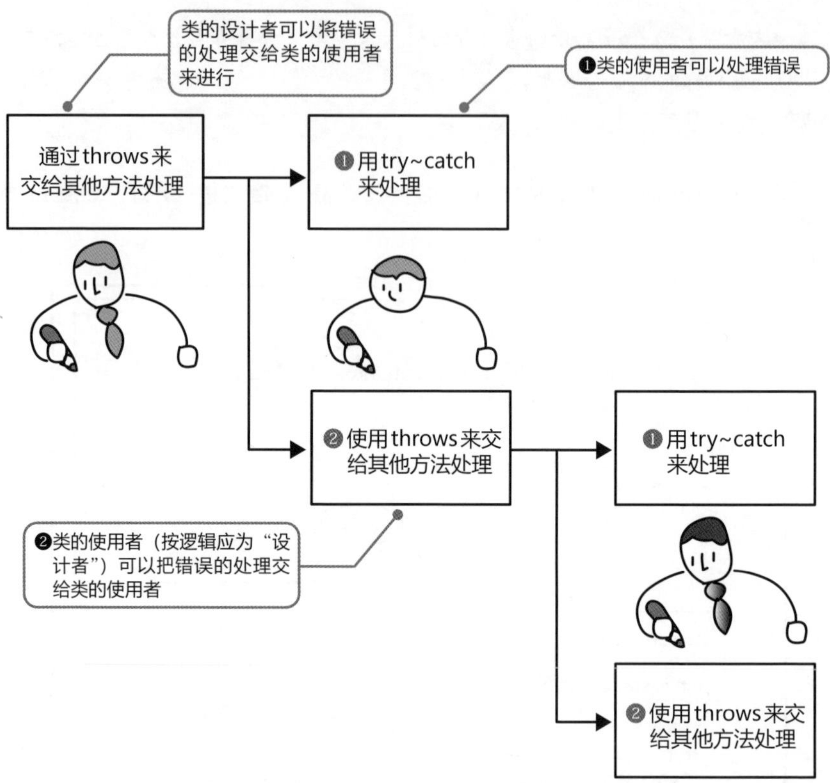

如果类的设计者把能预想到的所有错误的处理都描述出来，有时会适得其反，失去了程序的灵活性。将错误处理交给类的使用者，对于错误的处理也会变得更加灵活。

14.4 输入 / 输出的基础知识

流（stream）的基础

之前学习了异常处理，在本节中将运用所学知识来创建程序。

到目前为止，在创建的程序中都有涉及在画面中输出文字、数值，或者是由键盘输入信息等，输入与输出是在画面、键盘或是文件中进行的。这些装置虽然看起来不一样，但是在 Java 中，可以用统一的方法来处理各种装置的输入与输出。有关输入 / 输出的概念被称为流（stream），如图 14–8 所示。

流是一个把各种各样的装置按照相同的方法进行处理的抽象概念。本节将创建一个用于处理各种各样输入与输出的程序。

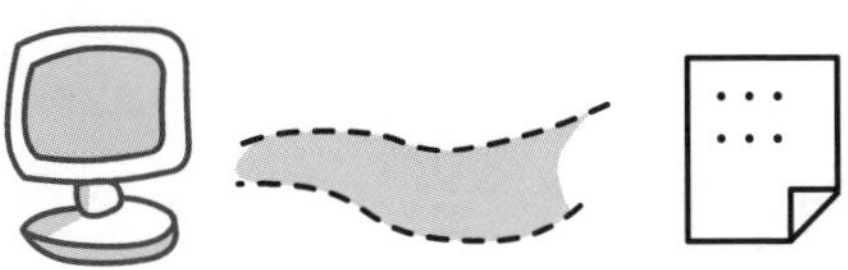

图 14–8　**流**

输入与输出使用流的概念来进行。

流的例子

首先来看看流最基本的使用方法。流一般运用于画面输出的代码、键盘输入等情况中。

Sample6.java　画面输出和键盘输入

```
import java.io.*;

class Sample6
{
    public static void main(String[] args)
    {
        System.out.println("请输入字符串。");

        try{
            BufferedReader br =
            new BufferedReader
            (new InputStreamReader(System.in));

            String str = br.readLine();
            System.out.println("输入了" + str + "。");
        }
        catch(IOException e){
            System.out.println("输入输出错误。");
        }
    }
}
```

❶指定标准输入创建字符流

❷通过 buffer 读取

❸读取 1 行

Sample6 的运行画面

```
请输入字符串。
Hello ↵
输入了Hello。
```

在这个代码中，为了输出到画面上，使用了表示标准输出（画面）与标准输入（键盘）的对象。

System.out……标准输出
System.in……标准输入

为了从键盘输入字符串，按照下列步骤进行了操作。

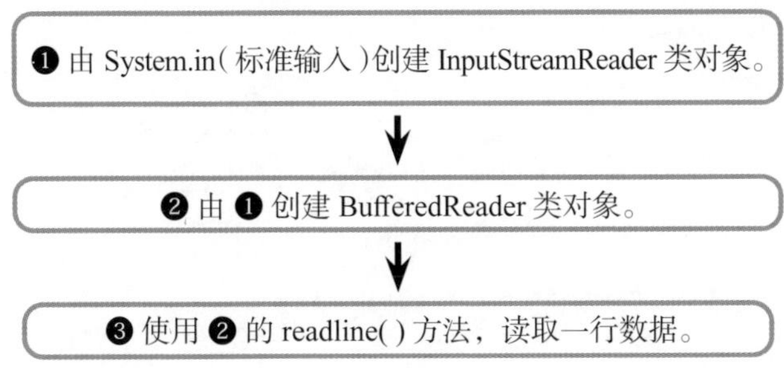

在这里，使用了 2 个类。

InputStreamReader 类……字符流
BufferedReader 类……为了经由 buffer 读取的字符流

InputStreamReader 类（字符流）是用于读写字符或字符串的流。在此基础上添加通过名为 buffer 的场所来进行数据读写的 BufferedReader 类，可以提高读写的效率。流是输入 / 输出中不可或缺的部分。

请注意，Sample6 与之前出现过的代码不同，也进行了异常处理。

文件的基础

由键盘输入数据，或是将数据输出到画面的程序是非常方便的。但是，要长期保存数据或是进行大量读取时，就需要用到文件来管理数据了。

使用文件来进行数据读写的代码，也可以通过使用流，用与之前输入 / 输出代码相同的方式来创建。向文件写出称作输出，由文件读取称作输入。接下来学习文件的输入与输出操作。

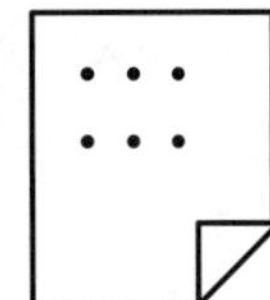

向文件输出

使用文件可以创建保存数据、读取数据等实用的程序。下面试着将数据写入文件。

Sample7.java　向文件输出

```
import java.io.*;
```

```
class Sample7
{
    public static void main(String[] args)
    {
        try{
            PrintWriter pw = new PrintWriter
            (new BufferedWriter(new FileWriter("test1.txt")));

            pw.println("Hello!");
            pw.println("GoodBye!");

            System.out.println("写进了文件。");

            pw.close();
        }
        catch(IOException e){
            System.out.println("输入输出错误。");
        }
    }
}
```

❶指定文件名，为写出到文件准备字符流

❷通过 buffer 来写入

❸准备一行写出

❹逐行写入

❺关闭文件

test1.txt

```
Hello！
GoodBye！
```

在这里，为了写入文件用到了 3 个类，都是 java.io 包中 Writer 类的子类。

FileWriter 类……为了写入文件的字符流
BufferedWriter 类……为了经由 buffer 进行写入的字符流
PrintWriter 类……写出一行的字符流

接下来，按以下操作完成向文件写出字符串。

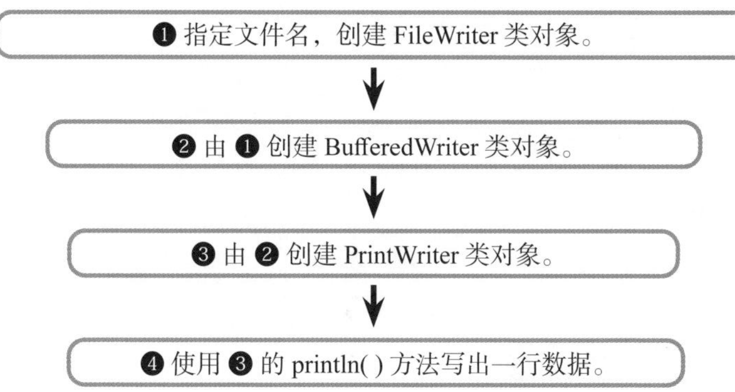

另外，要操作文件，需使用 close( ) 方法来关闭文件。

由文件输入

接下来，试着由刚才写入的文件来编写读取数据的代码。请把刚才写入了两行字符串的 test1.txt 保存在与程序相同的目录中，然后试着将这个文件的内容输出到画面中。

Sample8.java　由文件输入

```
import java.io.*;

class Sample8
{
    public static void main(String[] args)
    {
        try{
            BufferedReader br =
            new BufferedReader(new FileReader("test1.txt"));

            String str1 = br.readLine();
            String str2 = br.readLine();

            System.out.println(" 写入文件的两个字符串为 ");
            System.out.println( str1 );
            System.out.println( str2 );
```

❶ 指定文件名，为由文件读取创建字符流

❷ 通过 buffer 读取

❸ 逐行读取

```
            br.close();
        }
        catch(IOException e){
            System.out.println("输入输出错误。");
        }
    }
}
```

Sample8 的运行画面

```
写入文件的两个字符串为
Hello！
GoodBye！
```

这个代码中，读取了写入文件的两个字符串，并将其输出到画面中。使用到的类都是 java.io 包中 Reader 类的子类。

FileReader 类……读取文件的字符流
BufferedReader 类……经由 buffer 读取的字符流

由文件读取数据时，按如下顺序操作。

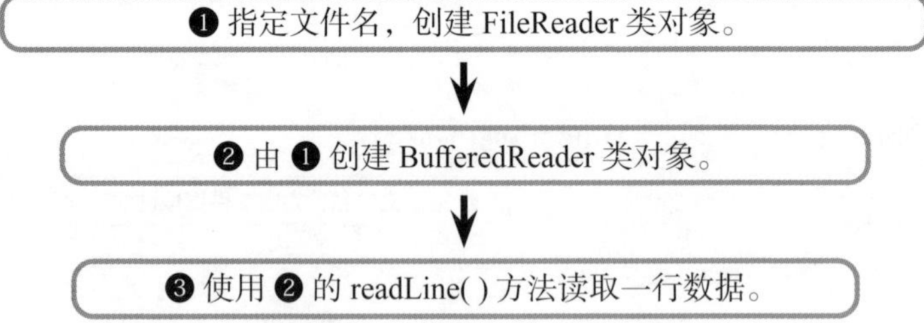

与由键盘读取字符串时相同，都使用 readLine( ) 方法。

输入大量数据

使用由文件输入数据的方法，可以从由文本编译器等创建的文件中读取大量的数据。首先，请使用文本编译器创建文件。

test2.txt

```
80
68
22
33
56
78
33
56
```

表示分数的数据

以上是表示 8 位学生考试成绩的数据，下面来编写读取大量的数据并进行成绩处理的代码。

Sample9.java　由文件输入

```
import java.io.*;

class Sample9
{
    public static void main(String[] args)
    {
        try{
            BufferedReader br =
                snew BufferedReader(new FileReader("test2.txt"));

            int[] test = new int[8];
            String str;

            for(int i=0; i<test.length; i++){
                str = br.readLine();
                test[i] = Integer.parseInt(str);
            }

            int max = test[0];
            int min = test[0];
            for(int i=0; i<test.length; i++){
                if(max < test[i])
```

```
                max = test[i];
            if(min > test[i])
                min = test[i];
            System.out.println(test[i]);
        }

        System.out.println(" 最高分是 " + max + "。");
        System.out.println(" 最低分是 " + min + "。");

        br.close();
    }
    catch(IOException e){
        System.out.println(" 输入输出错误。");
    }
  }
}
```

输出最高分和最低分

Sample9 的运行画面

```
80
68
22
33
56
78
33
56
最高分是 80。
最低分是 22。
```

在以上代码中，从事先保存好的文件中读取 8 位学生的数据，进行输出最高分和最低分的成绩管理。

使用文件功能可以输入大量的数据，从而可以创建处理各种各样数据的程序。

数据库

处理大量数据的方法除了刚才提到的文件，也可以使用数据库功能。关于数据库的使用方法，此书暂不介绍。

使用命令行参数

在之前接触过的代码中，在读写文件的名称上都使用了“text ● .txt”这样既定的名称。但是在运行程序时，如果用户可以给读写的文件命名，那程序将会变得更加方便。

这种情况下，使用命令行参数会非常方便。命令行参数是指接受用户在运行时输入的值，并在程序的处理中使用的功能。命令行参数定义为如下所示的 main( ) 方法的参数。

命令行参数

```
public static void main(String[] args)
{
    ...
}
```

接受输入的字符串

现在来试着编写代码。请准备如下 test.txt。

test3.txt

```
A long time ago,
There was a little girl.
```

Sample10.java　使用命令行参数

```
import java.io.*;

class Sample10
{
    public static void main(String[] args)
    {
        if(args.length != 1){
            System.out.println(" 请正确指定文件名。");
            System.exit(1);
        }
        try{
```

查询输入的字符串个数

```
            BufferedReader br =
                new BufferedReader(new FileReader(args[0]));

            String str;
            while((str = br.readLine()) != null){
                System.out.println(str);
            }
            br.close();
        }
        catch(IOException e){
            System.out.println(" 输入输出错误。");
        }
    }
}
```

由输入的第一个字符串（文件名）来创建字符流

Sample10 的运行方法

```
java Sample10 test3.txt ↵
```

在最后指定文件名

Sample10 的运行画面

```
A long time ago,
There was a little girl.
```

这里，运行程序时，在程序名后加空格再输入字符串，输入了读取的文件名（test.txt）。在使用命令行参数的程序中，输入的字符串可以用数组 args 来处理。

这个代码中，首先使用了第 7 章中学习过的 .length，查询是否已正确地将文件名作为参数输入。当出现用户输入的参数不止一个的情况时，会出现错误提示，程序也随之结束。

查询数组 args 的长度

```
if(args.length != 1){
    System.out.println(" 请正确指定文件名。");
    System.exit(1);
}
```

不一致时程序结束

如果正确输入了文件名，将作为 args[0] 元素来处理，做与之前相同的文件读取准备。

```
BufferedReader br =
 new BufferedReader(new FileReader(args[0]));
```

args[0] 是用户指定的文件名

使用这样的功能，即使读取的文件名不是 test3.txt，也可以指定其他文件名而无须重新创建程序。

另外，在这个代码中，while 语句的条件将作为 readLine( ) 方法返回值中的一行并读取为 str。然后，叙述查询这个值是否为 null 的条件。

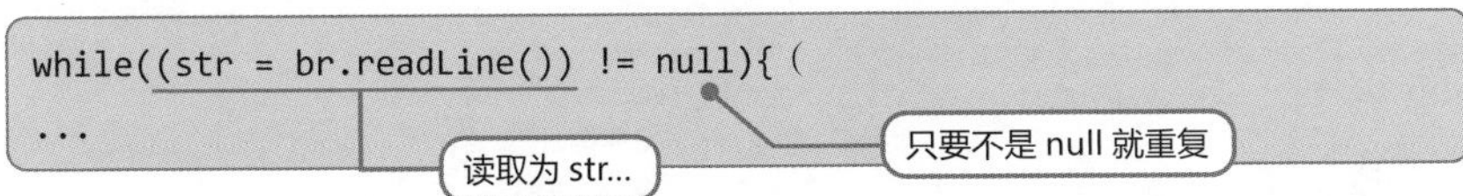

readLine( ) 方法将文件读到最后，会返回 null 值。如果值不是 null，while 语句将重复并继续逐行读取，如图 14-9 所示。

可以由命令行传递参数。

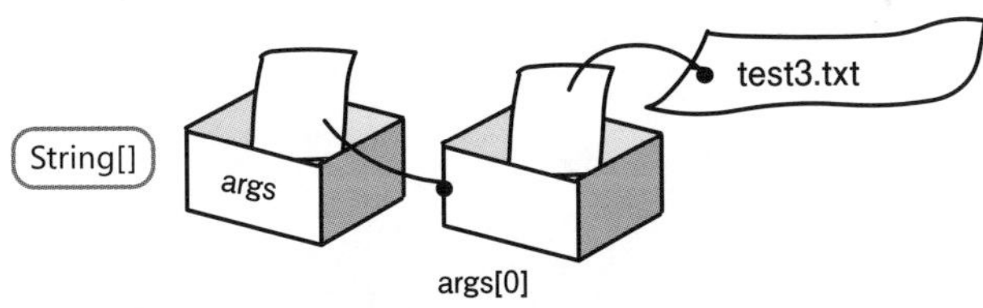

图 14-9　命令行参数

使用命令行参数可以向程序传递字符串。

命令行参数

这里将一个字符串作为文件名传递给了 main( ) 方法。如果将这个字符串用空格隔开，则在运行程序时可以传递两个以上字符串。

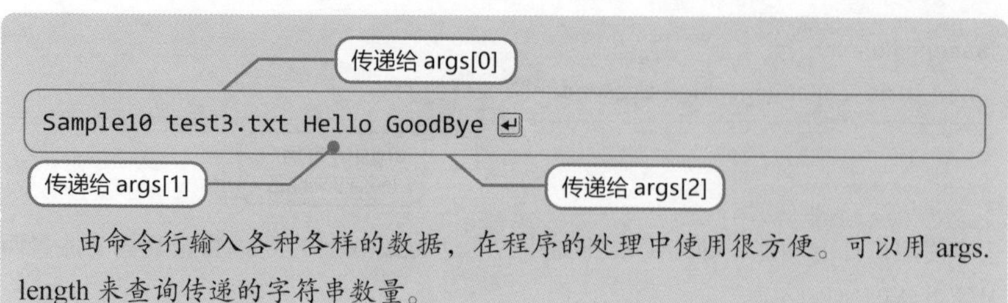

由命令行输入各种各样的数据，在程序的处理中使用很方便。可以用 args.length 来查询传递的字符串数量。

14.5 本章小结

本章学习了以下内容：

- 可以使用 try、catch、finally 块来处理异常。
- 创建特有的异常类时，扩张 Throwable 类的子类。
- 抛出异常时使用 throw 语句。
- 有可能抛出异常的方法，需要添加 throws。
- 进行输入 / 输出处理时使用流。
- 使用命令行参数，可以向程序传递参数。

本章学习了有关异常处理和输入 / 输出的相关知识。在创建可以对错误进行灵活处理的程序时，异常处理是不可或缺的知识。同时，在创建程序时，使用画面、键盘和文件的输入 / 输出也是不可或缺的。能够灵活运用文件等功能，就可以创建更加实用的程序了。

练习

1. 判断下列选项是否正确。

   ①异常被抛出时，一定是 catch 块进行处理。

   ②无论异常是否被抛出，一定是 finally 块进行处理。

   ③ RuntimeException 的子类不进行异常处理也可以。

2. 请编写将下列字符串写入文件 test.txt1 时的代码。

```
A long time ago,
There was a little girl.
```

3. 接第 2 题，请使输出结果的文件名可以由命令行来指定。

第 15 章

线　程

在前面章节涉及的程序中，可以将处理的语句作为代码中的一部分。在 Java 中，代码中可以出现多个这样的处理流程。本章将学习启动多个线程的方法。

Check Point

- 线程
- Thread 类
- 线程的启动
- 线程的中止
- 线程的终止
- Runnable 接口
- 同步

15.1 线程的基础知识

线程

在前面章节涉及的程序中，可以将代码中的处理语句作为一套流程。也就是说从 main( ) 方法开始，一边进行按顺序运行语句，或是找寻条件判断句的流程，一边学习了代码。

Java 中，可以同时存在多个这样的“处理流程”。也就是说，Java 可以在代码中同时进行多个处理，如图 15–1 所示。这样处理流程中出现的每一个程序都叫作线程（Thread）。在代码中增加处理流程叫作增加线程。

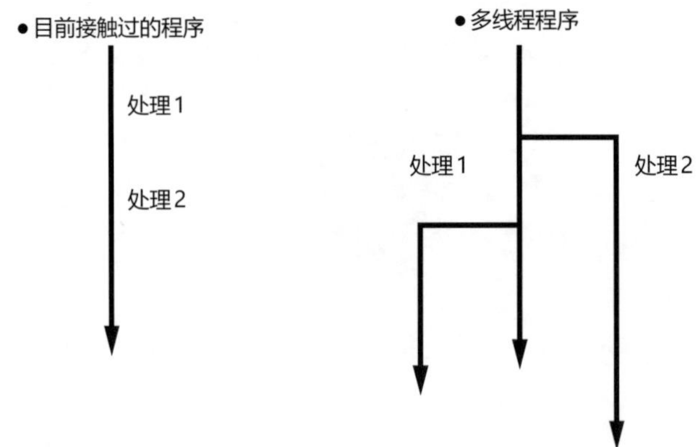

图 15–1 线程

运行多个线程，可以增加处理的运行流。

同时运行多个线程，在有些情况下可以更高效地进行处理。例如，在进行一个非常耗时、使用了反复语句的处理时，可以在其他的线程进行其他的处理。Java 中准备了简单使用线程的功能。

下面来学习创建线程的方法。

创建线程

为了创建线程，首先需要扩张类库中的 Thread 类（java.lang 包）来创建类，如图 15-2 所示。请看下列例子。

```
class Car extends Thread
{
    public void run()
    {
        在其他线程进行处理；
        ...
    }
}
```

扩张 Thread 类

定义 run( ) 方法

在扩张 Thread 类后得到的类中，需要定义 run( ) 方法。如果在这个方法中提前描述处理过程，这个处理会出现在运行流的开头。

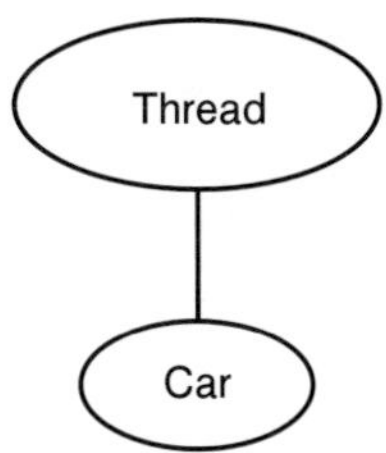

图 15-2　Thread 类

在创建线程时，创建 Thread 扩张后的类。

下面来实践一下如何创建线程。

Sample1.java　创建线程

```
class Car extends Thread
{
    private String name;

    public Car(String nm)
    {
```

扩张 Thread 类

```
        name = nm;
    }
    public void run()
    {
        for(int i=0; i<5; i++){
            System.out.println("正在处理" + name + "。");
        }
    }
}

class Sample1
{
    public static void main(String[] args)
    {
        Car car1 = new Car("1号车");
        car1.start();

        for(int i=0; i<5; i++){
            System.out.println("正在处理main()。");
        }
    }
}
```

创建 Thread 类的子类

创建新的线程

Sample1 的运行画面

```
正在处理main()。
正在处理main()。
正在处理1号车。
正在处理main()。
正在处理1号车。
正在处理main()。
正在处理1号车。
正在处理main()。
正在处理1号车。
正在处理1号车。
```

处理 main() 方法的线程

处理 run() 方法的线程

这个代码和之前出现的代码一样，从 main( ) 方法开始处理。在这里扩张 Thread 类来创建类对象。

```
Car car1 = new Car("1 号车 ");    ● 创建 Thread 类的子类对象
```

然后，调用 start( ) 方法。

```
car1.start();    ● 创建新的线程
```

start( ) 方法是 Car 类从 Thread 类继承的方法，调用这个方法将会创建新的线程，run( ) 方法作为最开始的处理被运行。

因此，如果创建新的线程，开始了 run( ) 方法的处理，就会重复输出“正在处理 1 号车。”这个信息。

另外，创建了新的线程之后，main( ) 方法也继续进行处理，并反复输出“正在处理 main( )。”这个信息，如图 15-3 所示。

请观察运行结果，2 个处理并没有决定按怎样的顺序来进行，也就是说 2 个处理按照各自的流程分别进行。虽然这里 2 个种类的输出结果混在一起，但根据使用环境的不同，有时也会出现不同的输出结果。还可以更改反复次数（这里是 5 次）来进行确认。

也就是说，创建新的线程，处理的流程则变成 2 个。

另外，新建的线程在 run( ) 方法结束时随之结束。main( ) 方法的线程也在 main( ) 方法结束时随之结束。

扩张 Thread 类，定义 run() 方法来为处理线程做准备。
通过调用 start() 方法来创建线程。

●目前接触过的程序

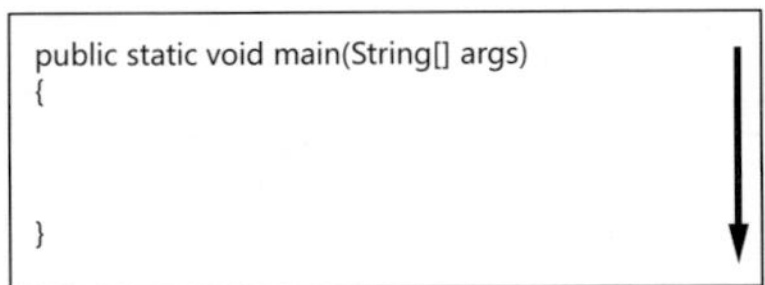

●创建线程的程序

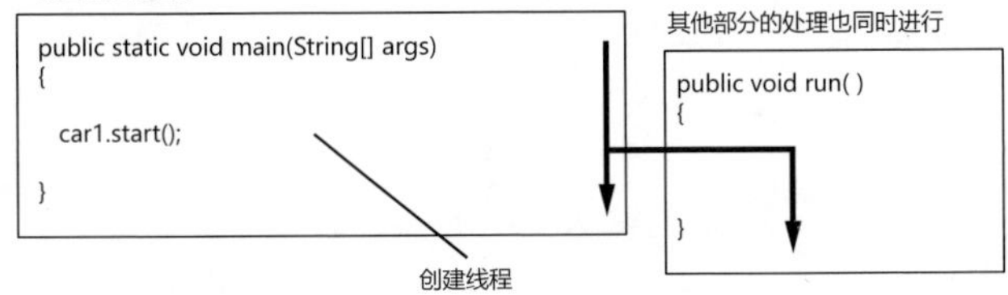

图 15-3　**线程的创建**

创建线程，run( ) 方法内的处理随之开始。创建了线程的 main( ) 方法的处理依然继续进行。

创建多个线程

为了加深对线程的印象，下面再增加一个线程。在 Car 类的部分，输入与 Sample1 相同的代码。

Sample2.java

```
...
class Sample2
{
    public static void main(String[] args)
    {
        Car car1 = new Car("1 号车 ");
        car1.start();  // 创建线程

        Car car2 = new Car("2 号车 ");
        car2.start();  // 再创建一个线程

        for(int i=0; i<5; i++){
            System.out.println(" 正在处理 main()。");
        }
    }
}
```

Sample2 的运行画面

```
正在处理 main()。
正在处理 main()。
正在处理 1 号车。
正在处理 2 号车。  // 在新线程上的处理
正在处理 main()。
...
正在处理 1 号车。
正在处理 2 号车。
```

这次使用 new 创建了名为 2 号车的对象，同样调用 strat( ) 方法。这样一来，新线程中的 run( ) 方法也开始进行处理。可以看到，在 2 个流程的基础上增加了

一个，变成了 3 个，如图 15-4 所示。

像这样就可以运行多个线程。

可以运行多个线程。

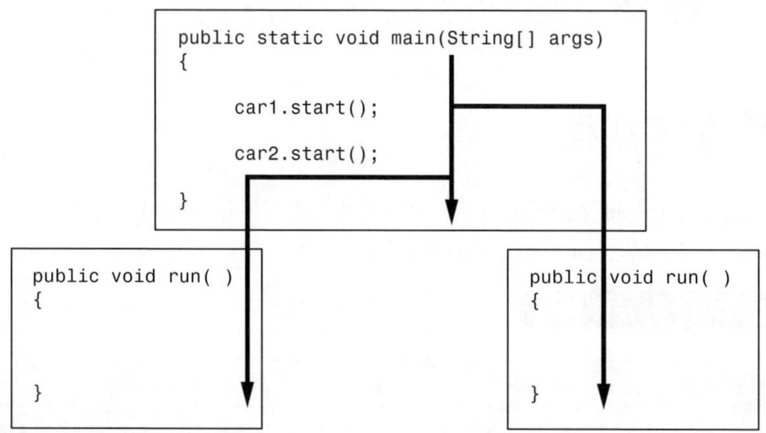

图 15-4　多个线程

可以增加线程的数量。

15.2 线程的操作

暂停线程

使用由 Thread 类继承的方法，可以对线程进行操作。例如，使用 sleep( ) 方法可以暂停正在运行的线程。请看下列代码。

Sample3. 暂停线程

```
class Car extends Thread
{
    private String name;

    public Car(String nm)
    {
        name = nm;
    }
    public void run()
    {
        for(int i=0; i<5; i++){
            try{
                sleep(1000);
                System.out.println(" 正在处理 " + name + "。");
            }
            catch(InterruptedException e){}
        }
    }
}
```

每当处理这个语句时，线程就暂停 1 秒

有可能从 sleep( ) 方法抛出的异常

```
class Sample3
{
    public static void main(String[] args)
    {
        Car car1 = new Car("1 号车 ");
        car1.start();        // 启动线程

        for(int i=0; i<5; i++){
            System.out.println(" 正在处理 main()。");
        }
    }
}
```

Sample3 的运行画面

```
正在处理 main()。
正在处理 main()。
正在处理 main()。
正在处理 main()。
正在处理 main()。
正在处理 1 号车。
正在处理 1 号车。
正在处理 1 号车。      每 1 秒输出一次
正在处理 1 号车。
正在处理 1 号车。
```

从运行结果可以看到，“正在处理 1 号车。”每 1 秒输出一次。这是因为线程运行 sleep( ) 方法的处理时，只会暂停 ( ) 内指定的秒数。

接下来，创建如下代码。

Sample4.java　暂停其他线程

```
class Car extends Thread
{
    private String name;

    public Car(String nm)
    {
```

```
        name = nm;
    }
    public void run()
    {
        for(int i=0; i<5; i++){
            System.out.println(" 正在处理 "+ name + "。");
        }
    }
}

class Sample4
{
    public static void main(String[] args)
    {
        Car car1 = new Car("1 号车 ");
        car1.start();

        for(int i=0; i<5; i++){
            try{
                Thread.sleep(1000);
                System.out.println(" 正在处理 main()。");
            }
            catch(InterruptedException e){}
        }
    }
}
```

每当处理这个语句时，线程暂停 1 秒

Sample4 的运行画面

```
正在处理 1 号车。
正在处理 1 号车。
正在处理 1 号车。
正在处理 1 号车。
正在处理 1 号车。
正在处理 main()。
正在处理 main()。
正在处理 main()。
正在处理 main()。
正在处理 main()。
```

每 1 秒输出 1 次

这次，main( ) 方法的处理每 1 秒输出 1 次。因为 sleep( ) 方法是 Thread 类的类方法，可以通过叙述“Thread.sleep(1000);”来暂停线程，如图 15-5 所示。

暂停线程时调用 sleep() 方法。

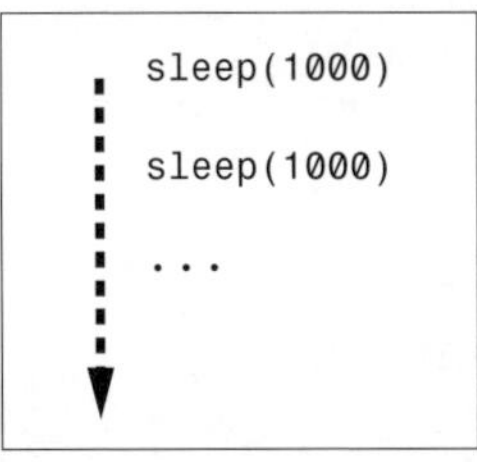

图 15-5　**暂停线程**

调用 sleep( ) 方法可以暂停线程。

等待线程结束

到目前为止，各个线程都是在各自的流程中进行处理的。实际上，也可以设置为等待其他线程结束后再开始的处理。这时可以使用 join( ) 方法。

Sample5.java　等待线程其他结束

```
class Car extends Thread
{
    private String name;

    public Car(String nm)
    {
        name = nm;
    }
    public void run()
    {
        for(int i=0; i<5; i++){
            System.out.println(" 正在处理 " + name + "。");
```

```
        }
    }
}

class Sample5
{
    public static void main(String[] args)
    {
        Car car1 = new Car("1 号车 ");
        car1.start();

        try{
            car1.join();
        }
        catch(InterruptedException e){}

        System.out.println(" 结束 main() 的处理。");
    }
}
```

中断处理并等待到这个线程结束

有可能从 join( ) 方法抛出的异常

Sample5 的运行画面

```
正在处理 1 号车。
正在处理 1 号车。
正在处理 1 号车。
正在处理 1 号车。
正在处理 1 号车。
结束 main() 的处理。
```

在其他线程结束之后输出

调用了 join( ) 方法后，调用了 join( ) 方法的线程，直到与该对象相关的线程结束。线程结束之后，等待中的线程开始进行处理，如图 15-6 所示。

也就是说，join( ) 方法后的“结束 main( ) 的处理。”这一信息，一定会在最后输出。

等待线程结束时，可以调用 join() 方法。

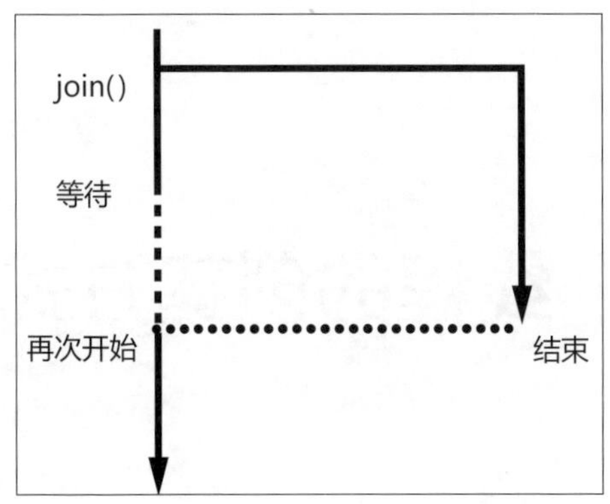

图 15-6　线程的结束与等待

调用 join( ) 方法，就会一直等待直到这个线程结束。

线程的应用

有时会遇到很耗时的处理，这时，创建线程是非常重要的。通过将耗时的处理与其他处理分为不同的线程，可以将程序变得更加容易使用。网络的通信处理和大规模文件、数据的处理等，都是很耗时的处理。

15.3 线程的创建方式

再了解一个创建线程的方法

在 15.1 节中，我们使用扩张 Thread 类而得到的类来创建了线程。但是，如果扩张 Thread 类的类时，必须继承其他的类要怎么办呢？在第 12 章中介绍过，Java 中不可以多重继承 2 个以上的类，也就是说，无法将 Thread 类与其他的类同时作为父类。

```
//class Car extends Vehicle, Thread
//{
//   ...
//}
```

无法继承 2 个以上的类

这时，使用类库中的 Runnable 接口（java.lang 包）可以构建出创建线程的条件。不是扩张 Thread 类，而是编写实装 Runnable 接口的代码，如图 15-7 所示。

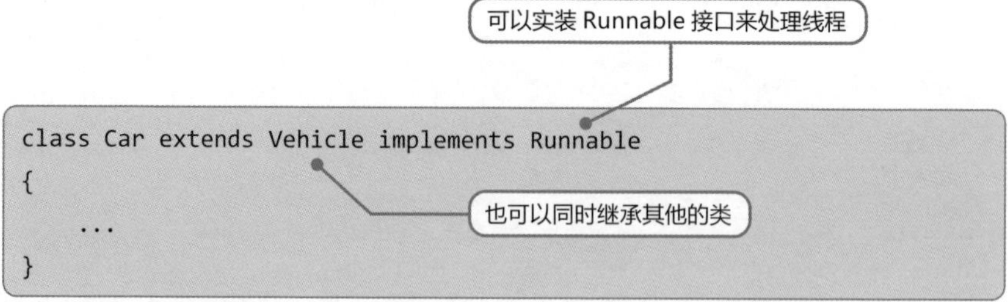

也就是说，在创建线程时可以有以下两种方法。

- 扩张 Thread 类。
- 实装 Runnable 接口。

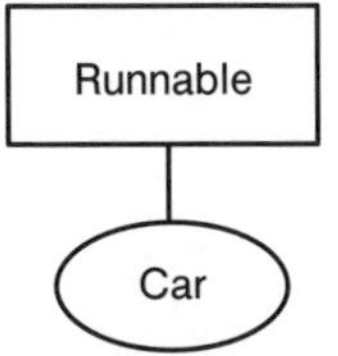

图 15-7　实装 Runnable 接口

通过实装 Runnable 接口来启动线程。

接下来，编写实装 Runnable 接口的代码。

Sample6.java　实装 Runnable 接口

```
class Car implements Runnable
{
    private String name;

    public Car(String nm)
    {
        name = nm;
    }
    public void run()
    {
        for(int i=0; i<5; i++){
            System.out.println(" 正在处理 " + name + "。");
        }
    }
}
class Sample6
{
    public static void main(String[] args)
    {
        Car car1 = new Car("1 号车 ");
        Thread th1 = new Thread(car1);
        th1.start();

        for(int i=0; i<5; i++){
            System.out.println(" 正在处理 main()。");
        }
```

实装 Runnable 接口

定义 run() 方法

创建 Thread 类对象

启动线程

```
    }
}
```

Sample6 的运行画面

```
正在处理main()。
正在处理main()。
正在处理1号车。
正在处理main()。
正在处理1号车。
正在处理main()。
正在处理1号车。
正在处理main()。
正在处理1号车。
正在处理1号车。
```

Sample6 的 Car 类是实装了 Runnable 接口的类。即使是实装了 Runnable 接口的类，也可以通过定义 run( ) 方法来描述其他线程上进行的处理。

但是，这种情况下，在 main( ) 方法内创建 Car 对象后，还需要进行一步操作，即创建 Thread 类对象。请看下面的代码。

```
Car car1 = new Car();
Thread th = new Thread(car1);    // 创建 Thread 类对象
th.start();                      // 创建线程
```

创建了 Thread 类对象后，调用了 start( ) 方法。传递实装了 Runnable 接口的类对象，并创建 Thread 对象。在这之后调用 start( ) 方法，启动线程。

这个操作比之前学习过的方法稍微复杂一些，但是运行结果与 Sample1 相同。这样，我们就可以创建使用了线程且灵活的程序。

处理线程时，也可以使用实装 Runnable 接口的方法。

15.4 同步

同步的概念

线程是很方便的功能，但是在启动了多个线程时，有几个必须注意的问题。

例如，某汽车公司有 2 名司机，分别工作赚钱。这里，将司机作为名为 Driver 的类，假设一个创建了 2 个线程的程序，2 名司机赚的钱由 Company 类来管理。

Sample7.java 由线程引发的矛盾

```
// 公司类
class Company
{
    private int sum = 0;
    public void add(int a)
    {
        int tmp = sum;
        System.out.println(" 现在，合计金额为 " + tmp + " 元。");
        System.out.println(" 赚取了 " + a + " 元。");
        tmp = tmp + a;
        System.out.println(" 合计金额为 " + tmp + " 元。");
        sum = tmp;
    }
}
// 司机类
class Driver extends Thread
{
    private Company comp;
```

汇款处理

```
    public Driver(Company c)
    {
        comp = c;
    }
    public void run()
    {
        for(int i=0; i<3; i++){
            comp.add(50);
        }
    }
}

class Sample7
{
    public static void main(String[] args)
    {
        Company cmp = new Company();

        Driver drv1 = new Driver(cmp);
        drv1.start();

        Driver drv2 = new Driver(cmp);
        drv2.start();
    }
}
```

进行汇款处理

创建公司对象

创建司机对象 1

创建司机对象 2

Sample7 的运行画面

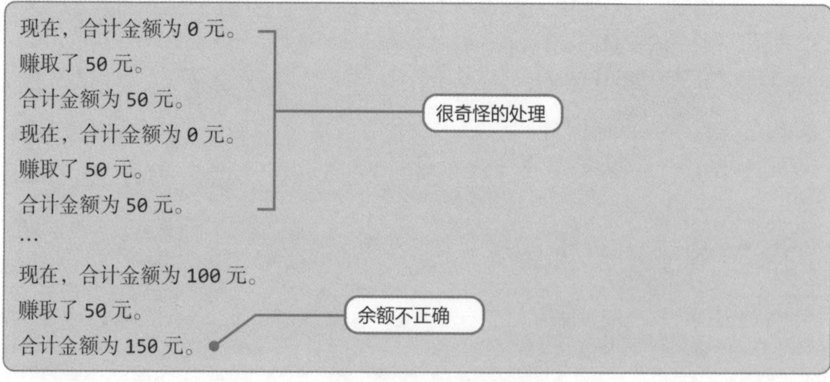

在 main( ) 方法中，创建了 1 个代表公司的 Company 类对象，2 个代表司机的 Driver 类对象。调用 Driver 对象的 start( ) 方法，线程随之启动。

Driver 类对象使用 Company 类对象的 add( ) 方法，进行了“将赚到的钱（1 次 50 元）分别分 3 次汇款给公司”的处理。也就是说，最后公司的余额应该有 2 人 ×3 次 ×50 元。

但是，从运行结果可以看到，公司余额与预想的金额不同。

如图 15–8 所示，1 名司机（1 个线程）在进行汇款操作 [add( ) 方法的调用]，其他的司机也同时开始了汇款操作，因此出现了与预想余额不同的情况。多个线程同时对公司的 1 个账户（域）进行存储时，就发生了矛盾。

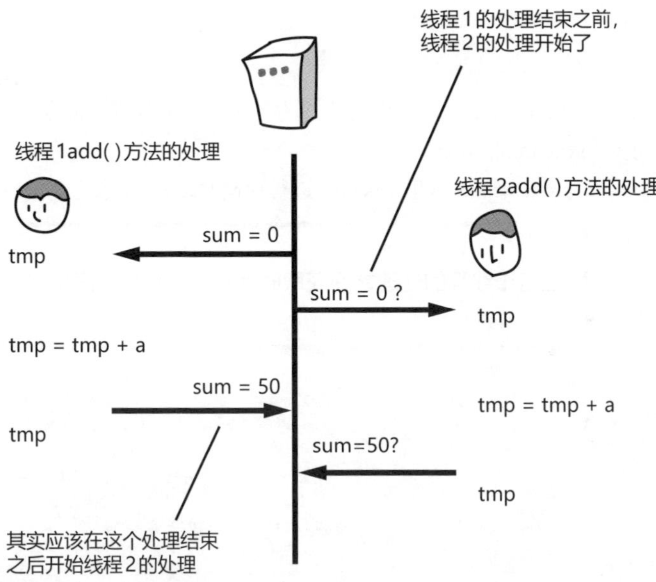

图 15–8　多个线程引起的矛盾

多个线程同时处理通用的域时，有些情况下会发生矛盾。

为了避免这样的问题发生，需要在一个线程进行汇款处理时，让其他线程的处理无法进行。为此，需要改写汇款处理 add( ) 方法。请看下面的代码。

```
public synchronized void add(int a)
{
    ...
}
```

添加 synchronized

在方法中添加synchronized，某个线程在处理方法的过程中，其他线程则无法调用这个方法。也就是说，在某个人的汇款结束之前，另一个人只能等待。下面试着在add( )方法上添加synchronized，得到如下运行结果。

更改后Sample7的运行结果

```
现在，合计金额为0元。
赚取了50元。
合计金额为50元。
…
现在合计金额为250元。
赚取了50元。
合计金额为300元。
```

这一次，正确地进行了处理。像这样，为各个线程的处理之间获取时间的功能被称为同步（synchronization）。

从多个线程与某1个域（这里是sum）进行存储时，需要注意避免矛盾的发生。

在各个线程的处理之间获取时间的功能被称为同步。

同步的使用

前面以存钱为例介绍了同步功能。在计算机中，有时会发生多个存储同时对1个资源进行处理的情况，这时需要注意避免资源中发生矛盾。

例如，从多个线程来使用存储了数据的文件、数据库时，必须要注意避免由各个线程的存储引发的矛盾。同步这一功能在实际操作中是非常重要的。

15.5 本章小结

本章学习了以下内容：

- 可以启动多个线程。
- 启动线程时扩张 Thread 类、调用 strat( ) 方法。
- 作为线程最开始的处理，run( ) 方法被调用。
- 在暂停线程时，调用 sleep( ) 方法。
- 等待线程结束，可以调用 join( ) 方法。
- 处理多个线程共享的域时，需要在方法中指定 synchronized。

本章学习了启动线程的方法。通过启动线程，可以将耗费时间的处理作为其他线程来进行处理，这样就可以写出更高效的程序了。

练习

1. 判断下列选项是否正确。

   ①启动线程时，调用 Thread 类的子类的 start( ) 方法。

   ②也可以使用实装 Runnable 接口来创建线程。

   ③在暂停线程时，调用 stop( ) 方法。

2. 请使用 Runnable 接口来改写 Sample2。

3. 请使用 Runnable 接口来改写 Sample3。

第 16 章

图形应用程序

Java 应用于各个方面，可以用 Java 编写窗口应用程序与智能手机应用程序等，也可以开发在 Web 服务器上运行的程序。本章将详细介绍 Java 的应用。

Check Point

- GUI 应用程序
- component 组件
- 事件
- 智能手机
- Web 应用程序

16.1 GUI 应用程序的基础知识

GUI

本书的最后一章来学习 Java 的应用。在之前的章节中，学习了创建从键盘输入并运行的程序。实际上，经常使用的程序都是有窗口并使用鼠标来操作的。像这样有图形化外观的程序叫作 GUI（Graphical User Interface），如图 16-1 所示。

使用 Java 来开发 GUI 应用程序时有很多可以使用的类。本章将介绍创建 GUI 应用程序的最基本方法。

图 16-1 GUI 应用程序

可以用 Java 来创建图形化外观的程序。

创建有窗口的应用程序

Java 的标准类库中所包含的 AWT（Abstract Window Toolkit）是最基本的创建 GUI 应用程序的方法，AWT 库包含创建用户界面和绘制图形图像的所有分类。

首先来介绍一下创建用户界面的方法。请输入下列代码。

Sample1.java　使用 Frame

```
import java.awt.*;
import java.awt.event.*;

public class Sample1 extends Frame
{
    public static void main(String[] args)
    {
        Sample1 sm = new Sample1();
    }
    public Sample1()
    {
        super(" 例子 ");

        addWindowListener(new SampleWindowListener());

        setSize(250, 200);
        setVisible(true);
    }

    class SampleWindowListener extends WindowAdapter
    {
        public void windowClosing(WindowEvent e)
        {
            System.exit(0);
        }
    }
}
```

❶ 继承 Frame 类

❷ 由继承的类来创建对象

❸ 设定窗口的标题

❹ 设定窗口的尺寸

❺ 设定使窗口显示

设定使窗口可以关闭

Sample1 的运行画面

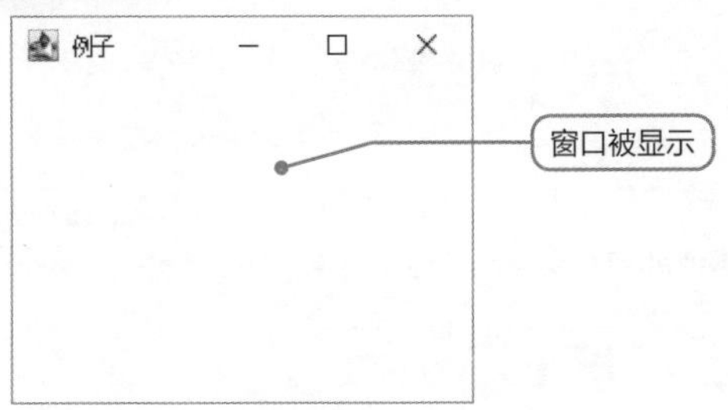

创建窗口是使用AWT的Frame类，定义java.awt包的Frame类继承得来的子类（❶）。在main( )方法中创建这个类的子类对象，就可以创建窗口了（❷）。

通过调用Frame类的构造器，可以设定窗口的标题（❸）。然后在setSize( )方法中设定窗口的尺寸（❹），在setVisible( )方法中设定使窗口被显示（❺）。

关闭窗口

为了使鼠标单击窗口的右上角时就可以退出运行，本节最后介绍的事件处理的方法是很重要的。这里可以提前熟悉一下代码。

组件

AWT库包含创建用户界面和绘制图形图像的所有分类。有关窗口的组件叫作component，标签（Label）作为其中最基本的组件，用于显示文字。下面来试着使用一下标签组件。

Sample2.java　显示component

```
import java.awt.*;
import java.awt.event.*;

public class Sample2 extends Frame
{
    private Label lb;

    public static void main(String[] args)
    {
         Sample2 sm = new Sample2();
    }
    public Sample2()
    {
        super(" 例子 ");

        lb = new Label(" 欢迎。");          ❶创建标签

        add(lb);                           ❷添加标签
```

Lesson 16

```
        lb.setForeground(Color.blue);                      设置文字颜色
        lb.setFont(new Font("Serif", Font.BOLD, 24));

        addWindowListener(new SampleWindowListener());
                                                           设置字体

        setSize(250, 200);
        setVisible(true);
    }

    class SampleWindowListener extends WindowAdapter
    {
        public void windowClosing(WindowEvent e)
        {
            System.exit(0);
        }
    }
}
```

Sample2 的运行画面

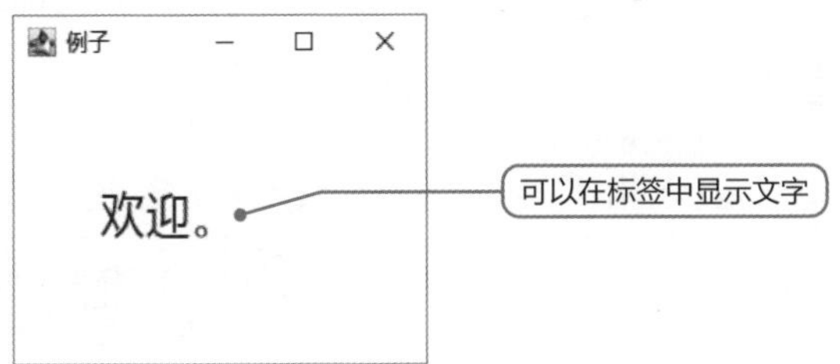

创建 Label 类对象，在标签中显示了文字（❶）。通过使用由 Frame 类继承的子类 add( ) 方法，可以在 Frame 上添加 component 组件（❷）。

另外，AWT 中还有许多有关窗口的组件，如表 16-1 所列，建议大家都可以尝试使用一下。

表 16-1　AWT 的主要组件与类

组件名称	类名称
按钮	Button
复选框	Checkbox

续表

组件名称	类名称
选项	Choice
标签	Label
列表	List
文本框	TextField
文本区域	TextArea
滚动条	Scrollbar
画布	Canvas
面板	Panel
对话框	Dialog
文件对话框	FileDialog
框	Frame

设定颜色和字体字号

在使用了这个标签的应用程序中，可以指定标签文字的颜色、字体和字号。使用 component 组件的 setForeground( ) 方法设定颜色，使用 setFont( ) 方法设定字体和字号。

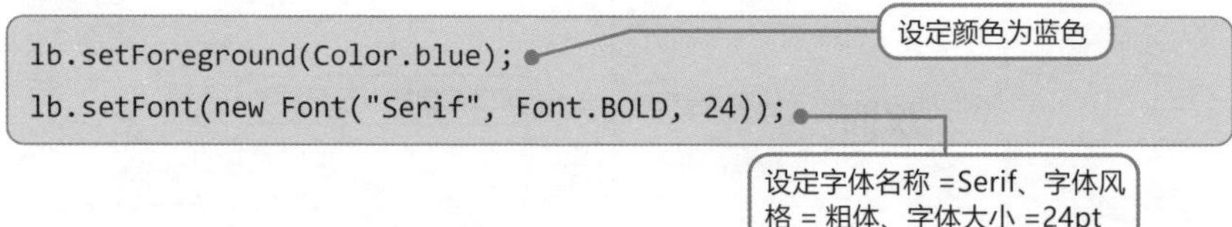


```
lb.setForeground(Color.blue);
lb.setFont(new Font("Serif", Font.BOLD, 24));
```

常用的颜色、字体和字号的指定方式如表 16–2 ~ 表 16–4 所列。请大家尝试一下。

表 16–2　颜色

颜　色	指　定
白色	Color.white
浅灰色	Color.lightGray
灰色	Color.Gray
深灰色	Color.darkGray
黑色	Color.black

续表

颜　色	指　定
红色	Color.red
粉色	Color.pink
橙色	Color.orange
黄色	Color.yellow
绿色	Color.green
紫色	Color.magenta
青色	Color.cyan
蓝色	Color.blue

表 16-3　字体

字体名称
Dialog
DialogInput
Monospaced
Serif
SansSerif
Symbol

表 16-4　字体样式

字体样式	指　定
一般	Font.PLAIN
粗体	Font.BOLD
斜体	Font.ITALIC

与 GUI 应用程序相关的库

作为开发更高层次 GUI 应用程序的类，除了 AWT 之外，还有 JavaFX 及 Swing 的窗口组件。

事件

在窗口组件中，有一些事件是用鼠标等进行操作的。在 GUI 中，将对鼠标等反应并运行的过程称为事件处理（event handling）；把鼠标和键盘的操作称为事件（event），并对此进行反应及处理。

首先，创建一个使用鼠标单击按钮就会反应的应用程序。

Sample3.java　添加按钮

```
import java.awt.*;
import java.awt.event.*;

public class Sample3 extends Frame
{
    private Button bt;

    public static void main(String[] args)
    {
        Sample3 sm = new Sample3();
    }
    public Sample3()
    {
        super(" 例子 ");

        bt = new Button(" 欢迎。");        // 创建按钮
        add(bt);                          // 添加按钮

        addWindowListener(new SampleWindowListener());
        bt.addActionListener(new SampleActionListener());   // 使可以接受事件❷

        setSize(250, 200);
        setVisible(true);
    }

    class SampleWindowListener extends WindowAdapter
    {
```

```
        public void windowClosing(WindowEvent e)
        {
            System.exit(0);
        }
    }
    class SampleActionListener implements ActionListener
    {
        public void actionPerformed(ActionEvent e)
        {
            bt.setLabel(" 您好。");
        }
    }
}
```

处理事件 ❶ 的监听器

事件 ❸ 发生时被调用

Sample3 的运行画面

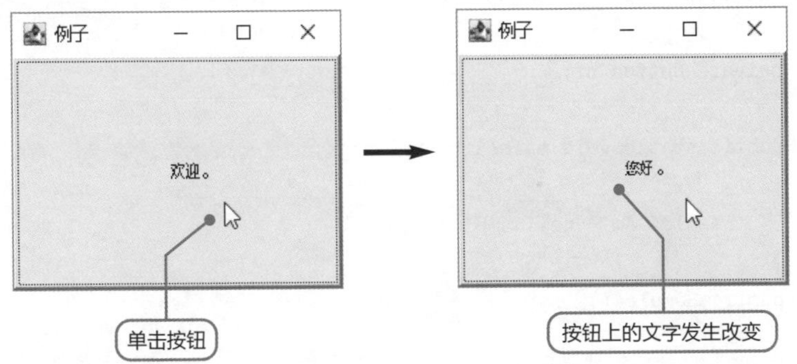

在这个应用程序中配置了按钮，按钮填充了整个窗口。在单击这个按钮时，按钮上的文字发生改变。

为了使按钮可以正常反应，首先声明实装了 ActionListener 接口的类。定义这个接口的 actionPerformed( ) 方法，指定进行什么样的处理（❶）。

然后，调用用于查询“事件”的窗口组件（按钮）addActionListener( ) 方法，传递处理事件的类对象。这里就是为接受“单击按钮”这个事件做的准备（❷）。

这时，在应用程序中单击按钮时，提前定义的 actionPerformed( ) 方法被调用，事件也被传递，事件的处理也随之进行（❸）。

查询事件的窗口组件一方称为源，处理事件的一方称为监听器，如下图所示。源中的类、监听器的接口组合由 AWT 决定。

处理高难度事件

下面来试着处理一些更高难度的事件。这次试着对鼠标更多的动作作出反应。

Sample4.java　对鼠标反应

```
import java.awt.*;
import java.awt.event.*;

public class Sample4 extends Frame
{
    private Button bt;

    public static void main(String[] args)
    {
        Sample4 sm = new Sample4();
    }
    public Sample4()
    {
        super(" 例子 ");

        bt = new Button(" 欢迎。");
        add(bt);

        addWindowListener(new SampleWindowListener());
        bt.addMouseListener(new SampleMouseListener());

        setSize(250, 200);
        setVisible(true);
    }
```

```
    class SampleWindowListener extends WindowAdapter
    {
        public void windowClosing(WindowEvent e)
        {
            System.exit(0);
        }
    }

    class SampleMouseListener implements MouseListener
    {
        public void mouseClicked(MouseEvent e){}
        public void mouseReleased(MouseEvent e){}
        public void mousePressed(MouseEvent e){}
        public void mouseEntered(MouseEvent e)
        {
            bt.setLabel(" 欢迎光临。");
        }
        public void mouseExited(MouseEvent e)
        {
            bt.setLabel(" 欢迎。");
        }
    }
}
```

实装 MouseListener 接口

当有鼠标进入时进行的处理

鼠标移开时进行的处理

Sample4 的运行画面

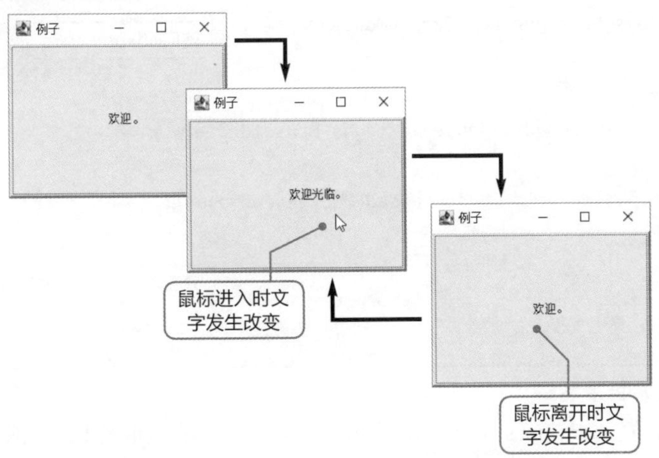

在创建可以对鼠标的活动进行更详细反应的应用程序时，需要声明实装 MouseListener 接口的类。

然后，提前定义好鼠标活动时被调用的 5 个方法。这里，在 mouseEntered( ) 方法中叙述了鼠标进入时的处理语句，在 mouseExited( ) 方法中叙述了鼠标移开时的处理语句。这个事件处理的组合如下图所示。

更简洁地叙述事件

在这个例子中，为了实装 MouseListener 接口，必须事先定义 5 个方法。本来简单的事件，其代码却非常复杂并难以读取。

如果遇到这样的情况，有很多方法可以将事件的处理简洁地叙述出来。例如下面这些方法。

■ 使用适配器。

适配器（adapter class）是一个进行适配的类，可以将需要把很多方法进行重写的接口，变更为只把必要的方法进行重写的类。使用适配器可以更简洁地叙述代码。

```
bt.addMouseListener(new SampleMouseAdapter());

  ...
  class SampleMouseAdapter extends MouseAdapter
  {
      public void mousePressed(MouseEvent e)
      {
          ...
      }
  }
```


■ 使用匿名类。

匿名类（anonymous class）是没有名称的类，是叙述在其他类中的内部类（inner

class）。虽然指定了继承的类名称，但是不叙述自己的类名称。监听器和适配器的类都是匿名类。使用匿名类，可以在登录事件的方法中叙述事件的处理，代码也就随之变得简洁了。

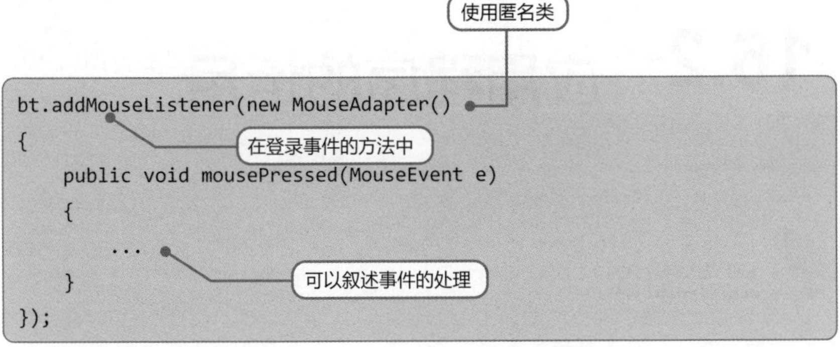

■ 使用 Lambda 表达式。

Lambda 表达式（lambda expression）是由较新版本的 Java 中导入的概念，按照（方法的参数）→{ 方法的处理 } 的方式来叙述处理。当参数为 1 个时可以省略“( )”，方法的处理是 1 个语句时可以省略“{}”。使用 Lambda 表达式，可以将代码进一步简化。

```
bt.addMouseListener(new MouseAdapter(
    e ->
    {
        ...
    }
);
```

可以使用 Lambda 表达式来叙述事件处理

在事件处理时，这种简洁的叙述方法是很常用的，如果能熟练运用则会很方便。

16.2 应用程序的运用

显示图像

下面来创建处理图像的应用程序。准备一个名为 image.jpg 的图像文件，输入以下代码，将代码和图像保存在同一个目录中。

Sample5.java 显示图像

```
import java.awt.*;
import java.awt.event.*;

public class Sample5 extends Frame
{
    Image im;

    public static void main(String[] args)
    {
        Sample5 sm = new Sample5();
    }
    public Sample5()
    {
        super(" 例子 ");

        Toolkit tk = getToolkit();            ❶ 获取工具
        im = tk.getImage("Image.jpg");        获取图像

        addWindowListener(new SampleWindowListener());
```

```
        setSize(250, 200);
        setVisible(true);
    }
    public void paint(Graphics g)
    {
        g.drawImage(im, 100, 100, this);
    }

    class SampleWindowListener extends WindowAdapter
    {
        public void windowClosing(WindowEvent e)
        {
            System.exit(0);
        }
    }
}
```

❷ 改写 paint() 方法

❸ 进行绘图处理

Sample5 的运行画面

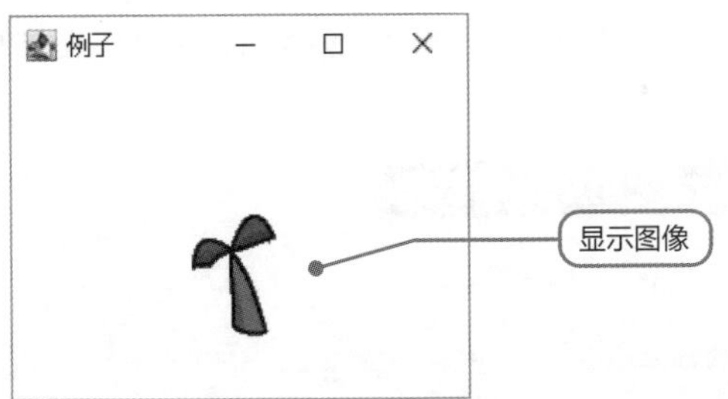

在这里，首先获取被称为工具包的对象（❶）。然后，调用 getImage( ) 方法读取图像，将 Frame 类的 paint( ) 方法进行重写。这个方法是绘制 Frame 图像时调用的方法（❷）。最后，在 paint( ) 方法中，调用 Graphics 类的 drawImage( ) 方法来进行绘制（❸）。这样就可以显示图像了。

另外，Graphics 类的方法中，除了绘制图像之外，还准备了许多绘制用的方法，如表 16–5 所列。下面来简单介绍一下。

表 16–5　Graphics 类的主要方法

方法名称	功　能
void drawArc(int x,int y,int width,int height,int startAngle,int arcAngle)	绘制圆弧

续表

方法名称	功　能
Boolean drawImage(Image img,int x int y,ImageObsever observer)	绘制图像
void drawLine(int x1,int y1,int y2)	绘制线
void drawOval(int x, int y, int width, int height)	绘制椭圆
void drawPolygon(int[] xPoints, int[] yPoints, int nPoints)	绘制多边形
void drawRect(int x, int y, int width, int height)	绘制四边形
void drawString(String str, int x, int y)	绘制字符串
void fillArc(int x, int y, int width, int height, int startAngle, int arcAngle)	填充圆弧
void fillOval(int x, int y, int width, int height)	填充椭圆
void fillPolygon(int[] xPoints, int[] yPoints, int nPoints)	填充多边形
void setColor(Color c)	设定颜色
void setFont(Font font)	设定字体字号

用鼠标绘制

接下来将绘制与事件处理组合起来，创建对鼠标动作反应来绘制图像的应用程序。

Sample6.java　用鼠标来绘制

```
import java.awt.*;
import java.awt.event.*;

public class Sample6 extends Frame
{
    int x = 10;
    int y = 10;

    public static void main(String[] args)
    {
        Sample6 sm = new Sample6();
    }
    public Sample6()
```

```
    {
        super(" 例子 ");

        addWindowListener(new SampleWindowListener());
        addMouseListener(new SampleMouseAdapter());

        setSize(250, 200);
        setVisible(true);
    }
    public void paint(Graphics g)                      写 paint( ) 方法
    {
        g.setColor(Color.RED);
        g.fillOval(x, y, 10, 10);                      ❶ 进行图形绘制处理
    }

    class SampleWindowListener extends WindowAdapter
    {
        public void windowClosing(WindowEvent e)
        {
            System.exit(0);
        }
    }
    class SampleMouseAdapter extends MouseAdapter
    {                                                  单击鼠标时
        public void mousePressed(MouseEvent e)
        {
            x = e.getX();                              ❷ 获取单击位置
            y = e.getY();
            repaint();
        }                                              ❸ 绘制圆形
    }
}
```

Sample6 的运行画面

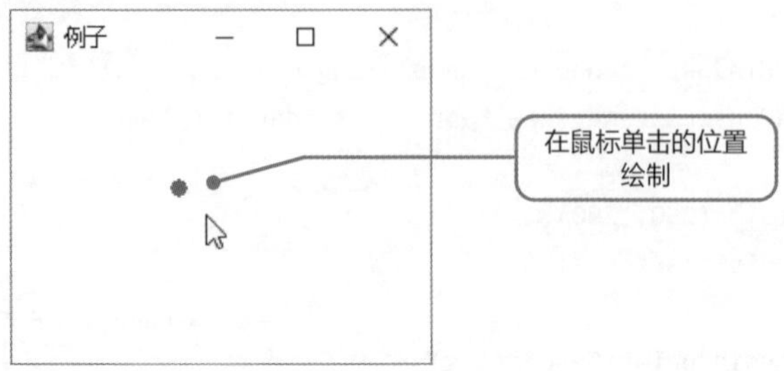

在这个应用程序中，paint( ) 方法也同样进行了重写。这一次是叙述了绘制图形的处理（❶）。然后，进行事件处理，使鼠标单击画面时可以得到反应，请注意这里将源作为 Frame（画面）。

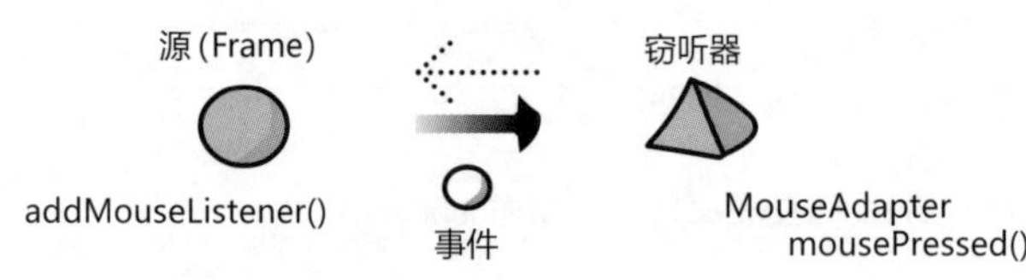

在事件的处理中，首先进行获取鼠标单击位置的处理。查询 MouseEvent 类对象，可以获取鼠标的位置（❷）。

接下来调用 repaint( ) 方法(❸)。由这个方法,可以调用 Frame 的 paint( ) 方法。由此在鼠标单击时，图形被绘制出来。

创建动画

最后介绍一下在画面上创建动画的方法。在创建动画时，使用第 15 章中介绍过的线程。

Sample7.java 创建动画

```
import java.awt.*;
import java.awt.event.*;

public class Sample7 extends Frame implements Runnable
```

```
{
    int num;

    public static void main(String[] args)
    {
        Sample7 sm = new Sample7();

    }
    public Sample7()
    {
        super(" 例子 ");

        addWindowListener(new SampleWindowListener());

        Thread th;
        th = new Thread(this);          开始新的线程
        th.start();

        setSize(250, 200);
        setVisible(true);
    }
    public void run()                   事件的处理
    {
        try {
            for(int i=0; i<10; i++){
                num = i;
                repaint();              ❶绘制
                Thread.sleep(1000);     ❷设置为每 1 秒进行
            }
        }catch(InterruptedException e){}
    }
    public void paint(Graphics g)
    {
        String str = num + " 被显示。";
        g.drawString(str, 100, 100);    ❸设置使绘制文字
    }

    class SampleWindowListener extends WindowAdapter
```

```
    {
        public void windowClosing(WindowEvent e)
        {
            System.exit(0);
        }
    }
}
```

Sample7 的运行画面

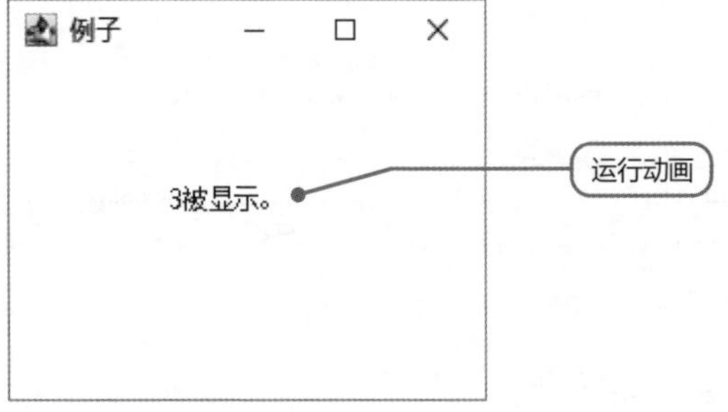

在 run( ) 方法内调用 repaint( ) 方法，使线程暂停 1 秒。这样一来画面就变成了每隔 1 秒绘制一次（❶、❷），这个处理重复进行 10 次。

然后，在 paint( ) 方法中将重复进行的次数作为文字来绘制（❸）。这样就变成了从数字 1 到数字 9，每秒进行变化的动画。

16.3 Java 的运用与拓展

开发智能手机应用程序

前面已经学习了创建图像的应用程序，但是，当今时代不仅是计算机上的应用程序经常被使用，智能手机或者平板电脑等移动设备中运行的应用程序也是经常被使用的。Java 在开发智能手机特别是 Android OS 使用的应用程序时经常被使用到，Android 应用程序开发页面如图 16–2 所示。

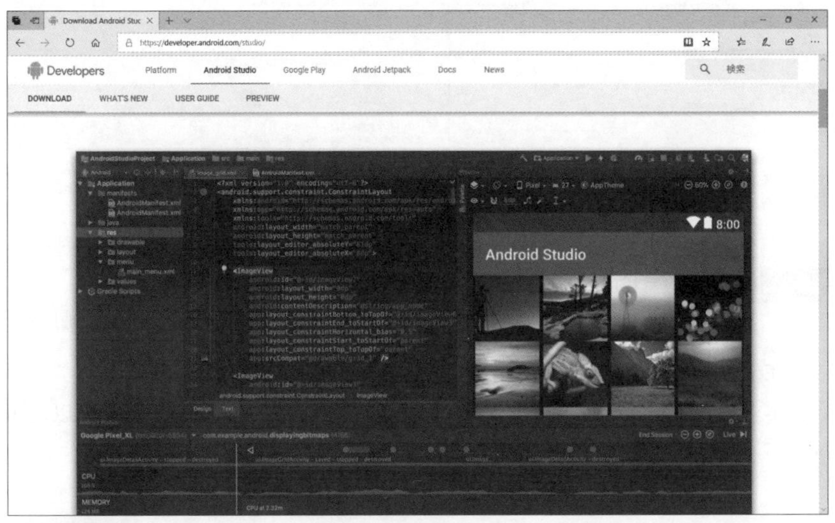

图 16–2　Android 应用程序开发工具的相关页面

Java 在开发 Android OS 使用的应用程序时经常被使用到。

开发 Web 应用程序

使用了网络或 Web 的系统已被广泛使用，这样的系统被称为 Web 系统或 Web 应用程序。Java 在开发 Web 应用程序，特别是开发在服务器上运行的程序时会经常被用到，如图 16-3 所示 。

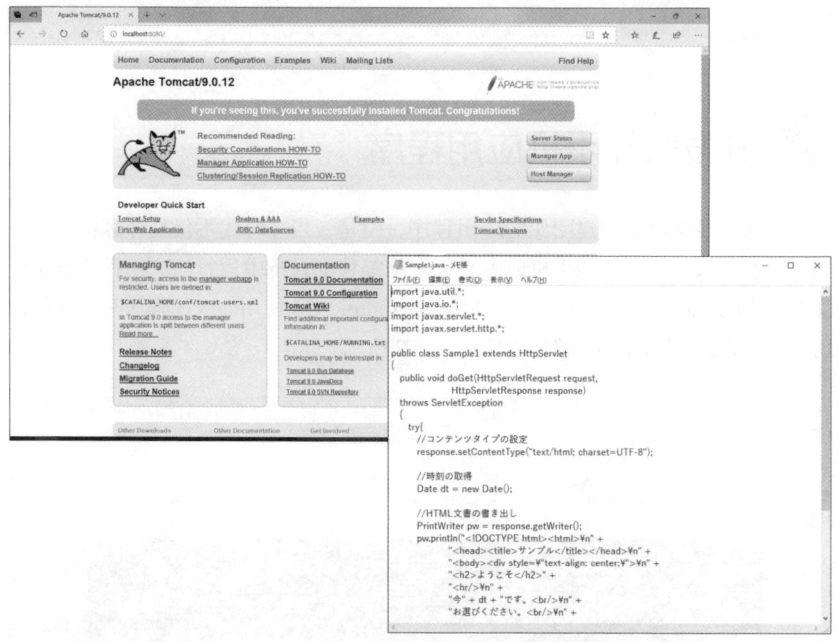

图 16-3 Web 应用程序的开发

Java 在开发 Web 应用程序，特别是开发在服务器上运行的程序时会经常被用到。

在学习了基础知识之后，大家可以根据自己的需求来学习其他知识。

本书主要讲解了 Java 的基础知识，希望大家在学习了基础知识后，可以运用 Java 多进行编程实践。

16.4 本章小结

本章主要学习了以下内容：

- 创建有窗口的应用程序。
- 使用窗口组件（AWT）。
- 进行事件处理，对鼠标等的动作作出反应。
- 使用匿名类或者 Lambda 表达式来使事件处理可以更简洁地叙述。
- 使用线程来创建动画。

本章学习了创建图形化窗口的方法。在 Java 的标准类库中，准备了许多图形化窗口的组件。

另外，使用 Java 可以根据不同需求来进行开发，如智能手机应用程序的开发、Web 系统的开发等。在掌握了本书中 Java 的基础知识后，大家可以根据各自的需求来灵活运用。

练习

1. 请创建一个用 Serif 体、Italik 体、32point、蓝色来表示 Hello 的应用程序。

2. 请创建一个应用程序，绘制左上角坐标为（50,50）、宽与高为（100,100）的填充四边形。

3. 请创建一个应用程序，使图像 Image.jpg 的左上角出现在鼠标单击的位置。

4. 请创建一个应用程序，在坐标（100,100）的位置上，当鼠标进入应用程序时出现“你好。”，当鼠标离开应用程序时出现“再见。”。

5. 更改 Sample7，使每隔 1 秒，文字就向右移动 10。